U0304524

网络空间安全系列丛书

中国科学院大学教材出版中心资助出版
工业和信息产业科技与教育专著出版资金资助出版

云存储安全实践

陈驰 苏帅 马红霞 于晶 编著

電子工業出版社
Publishing House of Electronics Industry
北京•BEIJING

内 容 简 介

本书是“网络空间安全系列丛书”之一。作为中国科学院大学研究生教学辅助用书，本书基于对象存储云服务，构建一个云计算环境下的文件存储应用程序（云盘）。全书共分为5章，首先介绍安全云存储的相关知识，然后介绍如何搭建安全云存储系统的开发环境，接着介绍安全云存储系统基础安全服务的实现方法以及安全云存储系统的数据安全服务，最后介绍安全云存储系统的更新、测试与发布。

本书不仅可以作为网络空间安全专业的研究生教材，也可作为高等院校信息安全、计算机及其他信息学科的高年级本科生或研究生教材，以及信息安全职业培训的教材。本书还可作为广大计算机用户、系统管理员、计算机安全技术人员，以及对云计算安全感兴趣的企业管理人员的技术参考书。

图书在版编目（CIP）数据

云存储安全实践 / 陈驰等编著. —北京：电子工业出版社，2020.6
（网络空间安全系列丛书）
ISBN 978-7-121-39024-1

Ⅰ. ①云… Ⅱ. ①陈… Ⅲ. ①计算机网络－信息存贮－信息安全－研究 Ⅳ. ①TP393.071

中国版本图书馆CIP数据核字（2020）第082017号

责任编辑：田宏峰
印　　刷：大厂聚鑫印刷有限责任公司
装　　订：大厂聚鑫印刷有限责任公司
出版发行：电子工业出版社
　　　　　北京市海淀区万寿路173信箱　　邮编：100036
开　　本：787×1 092　1/16　　印张：17.75　字数：451千字
版　　次：2020年6月第1版
印　　次：2020年6月第1次印刷
定　　价：79.00元

凡所购买电子工业出版社图书有缺损问题，请向购买书店调换。若书店售缺，请与本社发行部联系，联系及邮购电话：（010）88254888，88258888。

质量投诉请发邮件至zlts@phei.com.cn，盗版侵权举报请发邮件至dbqq@phei.com.cn。

本书咨询联系方式：tianhf@phei.com.cn。

丛书编委会

序

如今云计算已步入发展的第二个十年，容器、微服务、DevOps 等新技术正在不断地推动着云计算的变革，基于云的应用已经深入政府、金融、工业、交通、物流、医疗健康和教育等传统行业，云计算市场在高速增长。然而，云计算在应用过程中的安全问题也逐渐显露，如何构建安全的云、如何安全地使用云已成为亟待解决的问题。近年来，国内外相关组织持续推进云安全技术的研究工作，制定了相应的技术标准，在很大程度上解决了云计算的安全问题。特别是，在 2019 年 12 月我国实施等级保护 2.0 标准以来，云安全的实施路线已基本明确。在此背景下，通过专业课程，向网络空间安全专业的大学生和研究生系统地传授云安全的相关知识和基于云计算技术开发安全的应用，具有十分重要的意义。

我与陈驰博士相识多年，他从 2003 年至今一直在信息安全国家重点实验室从事系统安全研究工作，是国内最早开展云安全研究的学者之一。陈驰博士带领团队完成了新疆“天山云”安全防护系统设计、原中央人民广播电台“广播云”安全防护系统设计和广东“数字政府”网络安全体系建设总体规划，对于大型云计算中心的安全建设规划具有比较丰富的经验。陈驰博士带领的团队还积极参与等级保护 2.0 标准、云安全参考架构和政务云安全要求等国家和行业标准的编制工作，为我国云安全标准体系的建设做出了贡献。与此同时，陈驰博士连续多年在中国科学院大学网络空间安全学院为研究生开设“云计算安全”课程，具有丰富的教学经验。

今天，我非常高兴地看到在中国科学院大学教材专项的支持下，通过陈驰博士及其团队的辛勤努力和付出，《云计算安全》《云存储安全实践》两部教材即将和读者见面。这两部教材适合作为网络空间安全专业高年级本科生或研究生的专业课教材，也可以作为该领域从业人员的参考书，其他学科背景的人员也能从本书所讲述的技术中获益，使云安全技术得以更加广泛地应用于政府、商业和工业等部门。

我衷心地希望这两部教材的出版可以帮助广大读者对云安全建立更加系统全面的理解和认识，并将安全的理念和技术应用于云计算实践之中。大数据安全和云安全有密切关系，但有不同的关注点。除了一般云安全，大数据安全还需要解决用户数据的安全审计、安全检索和安全计算外包等问题，特别是在云管理者不可信假设下，有效解决这些问题变得极为困难，也极为重要。除了必要的法律法规建设，还需要有力的技术支撑和广大科技工作者的共同努力。

中国科学院院士　郑建华

前　　言

在云计算、大数据、物联网、移动互联和人工智能飞速发展的全球信息化时代，云存储是至关重要的数据存储基础设施，为越来越多的政府部门、科研院所、企业和个人用户提供按需获取、弹性伸缩、性价比高、便捷访问的数据存储服务。

在云存储广泛应用的同时，云存储安全问题日益凸显。例如，云存储服务平台安全性不足导致用户数据泄露，数据传输信道遭受恶意拦截导致数据丢失，云存储服务商非法对用户数据进行挖掘分析，云存储服务商内部员工非法售卖用户数据等。如何保障云存储安全已成为用户的关键需求和云存储服务商的重要工作。针对这一难题，本书整理、总结作者多年的理论和实践经验，系统地讲解一个安全云存储系统的构建过程，从安全云存储系统概述出发，以系统开发环境搭建介绍为基础，详细讲述安全云存储系统的基础安全服务和数据安全服务的实现过程，并在系统开发完成后针对系统的更新、测试与发布进行细致的讲解，旨在为读者呈现一个完整的安全云存储系统开发实践过程。

本书共分 5 章，各章的具体安排如下：

第 1 章是安全云存储概述，通过介绍云存储服务的基本知识和发展现状，从技术、管理和法律法规三个方面全面剖析云存储面临的各种安全风险，然后结合安全风险深入分析了云存储服务的安全需求，从而提出安全云存储系统的构建方案，描述安全云存储系统的总体框架、功能架构和优势特色，并对为安全云存储系统提供关键安全服务的云安全服务进行了详细阐述。

第 2 章介绍如何搭建安全云存储系统的开发环境。安全云存储系统采用客户端/服务端模式，在客户端开发环境搭建方面，介绍了主流的跨平台桌面开发工具 Qt 的基础知识、安装步骤和使用方法；在服务端开发环境搭建方面，讲解了开源数据库 PostgreSQL 和微服务框架 SpringBoot 的安装、配置、使用方法，并通过示例程序为读者搭建、熟悉安全云存储系统的开发环境提供参考。

第 3 章主要讲述安全云存储系统基础安全服务的实现方法。针对云存储服务的用户管理风险和用户安全管控需求，安全云存储系统提供用户标识、用户鉴别、访问控制、安全审计和管理员“三权分立”等用户安全管控功能。本章首先介绍各项基础安全服务的基础知识和概要设计，然后通过分解步骤和示例程序详细讲解每项基础安全服务的具体实现过程，为读者的动手实践提供详细的指导。

第 4 章主要讲解如何实现安全云存储系统的数据安全服务。数据管理是云存储系统的主要功能，数据安全是云存储系统的核心安全需求。安全云存储系统不仅具备数据上传、数据存储、数据列出、数据下载、数据检索、数据分享等数据管理功能，同时提供数据加密、密钥管理、密文检索等数据安全服务。本章以各项数据安全服务基础知识概述和功能设计介绍为基础，重点讲解各项数据安全管理功能和数据安全服务的具体实现方法，并提供分解步骤和示例程序。

第 5 章针对安全云存储系统的更新、测试与发布进行介绍。为了保障安全云存储系统的完善、稳定和上线运行，后期更新、测试与发布是前期开发任务完成后必不可少的工作。本章首先介绍安全云存储系统客户端在线更新的实现方法，然后分别介绍客户端和服务端的测试工具、测试方法及具体步骤，最后分别介绍客户端打包和服务端打包发布的过程与方法，为读者实现安全云存储系统的对外发布提供指导。

本书包含大量编程方法，因此阅读本书需具备一定信息安全知识和 Java、C++编程基础。为了使书中讲述的知识更加容易理解，思路更加清晰，本书对代码进行了详细的注释；针对部分操作容易出错或理解存在歧义的地方，本书在其下方以“注意”的形式进行了说明。另外，本书附带的实验平台网址为 https://114.55.101.121:8843。

本书是中国科学院大学研究生教材《云计算安全》的配套教学辅导书，同时也可作为信息安全、计算机及其他信息学科高年级本科生或硕士研究生的教材。本书采用知识和实践相结合的方法，按照提出问题、分析问题、解决问题的思路，通过详细的示例程序指导读者完成一个安全云存储系统的开发，使读者逐步掌握利用信息安全技术解决云存储安全问题的方法，有利于培养读者的分析能力和动手实践能力，同时增强读者对云存储系统安全与云计算安全的认识和理解。本书也可作为信息安全职业培训的教材，以及广大计算机用户、系统管理员、计算机安全技术人员、对云存储安全和云计算安全感兴趣的企业管理人员的技术参考书。

本书从构思、写作、修改到出版，不仅凝结了作者的辛勤汗水，还得到了业界和科研领域许多同仁的无私帮助，在此要对他们致以最衷心的感谢。感谢郑建华院士在百忙之中审阅本书，并为之作序。本书的出版得到了电子工业出版社的大力支持，得到中国科学院大学教材出版中心，以及国家重点研发计划（2017YFC0820700 和 2016ZX05047003）、北京市科委大数据平台安全评估与防护关键系统研发（Z191100007119003）等科研项目的支持和资助，在此一并表示感谢。

本书代表作者及研究团队对于云存储安全的观点，由于水平有限，难免会出现错误或考虑不周之处，恳请读者批评指正，使本书得以改进和完善。

作　者
2020 年 3 月

目　　录

第1章
安全云存储

近年来，数据资源的迅猛增长推动了云存储服务的快速发展和广泛应用，云存储已经逐渐成为个人用户或企业用户广泛采用的一种新型存储方式。然而，云存储在广泛应用的同时也存在很多安全问题，来自技术、管理、法律法规等多方面的安全风险导致云存储的数据安全事件频繁发生。因此，云上数据的安全存储和使用已经成为迫切需求，安全、可信、持续服务的云存储系统正在成为云存储服务商和云存储用户的共同诉求。本章从云存储的概述出发，通过详细阐述云存储面临的各种安全风险，深入分析云存储服务的具体安全需求，进而提出安全云存储系统的总体框架及功能架构，为读者构建安全的云存储系统提供参考指导。

1.1 云存储概述

云存储技术蕴含在云计算技术的发展历程之中，云计算技术的发展及网络的大幅提速，为云存储的发展与普及提供了技术支持。互联网、物联网、移动互联网等技术的快速发展，引发了数据规模的爆炸式增长和数据模式的高度复杂化，传统存储方式越来越无法满足用户对大容量、易扩展、低价格的存储资源的需求，进一步激发了云存储技术的发展和应用。2006年3月，亚马逊推出简易存储服务（Amazon Simple Storage Service，Amazon S3），正式开启了云存储的服务模式。随着云存储技术的不断突破和云存储服务的广泛普及，云存储已经逐步成为未来数据存储的发展趋势。

1.1.1 云存储的概念

云存储（Cloud Storage）是在云计算概念的基础上延伸和发展出来的一个新的概念[1]，是一种典型的云计算应用。云存储系统是一个以数据存储和管理为核心的云计算系统，通过互联网、虚拟化、集群等技术，将大量的、廉价的、不同类型的存储设备通过应用软件连接起来协同工作，共同对外提供数据存储和业务访问服务，实现由存储设备向存储服务的转变。云存储服务是云存储系统提供的数据访问服务，使用户能够在任意时间、任意地点，通过任何连网的设备连接到云存储系统中，进行方便、快速的数据存取。

1.1.2 云存储的特征

和传统存储模式相比，云存储不仅具备按需自助服务、泛在的网络访问、位置无关资源池、快速伸缩能力、可被测量的服务这五个云计算的基本特征，还具备分布式并行扩展、分层存储、多重冗余容错、透明服务等特征。

（1）分布式并行扩展。在云存储中，当存储空间不足时，可采用分布式并行扩展架构，通过横向增加主机和存储设备的方式，动态、灵活、按需地扩展存储资源，以便有效分散数据并提高整个存储系统的I/O性能。

（2）分层存储。根据数据的重要性和访问频率，采用分层存储的方式进行数据存储。将经常访问的数据存储在存取速度快但成本较高、容量较小的存储介质中，将历史数据或归档数据存储在存储速度慢但成本低、容量大的存储介质中，并能在不同存储介质间自动迁移数据，既能满足用户在访问速度和存储容量方面的需求，又能节省存储成本。

（3）多重冗余容错。云存储采用多重冗余容错技术，创建多个数据副本，并对数据进行编码纠正，将数据分布在不同的存储设备上，确保数据不会丢失，从而提高数据的容错性和可靠性。

（4）透明服务。云存储对用户提供完全透明的存储服务，用户无须知道数据的存储方式、存储位置和存储设备类型，只需使用连网设备便可随时随地地获取云存储服务。

1.1.3 云存储系统的架构

与传统的存储系统相比，云存储系统是一个由存储设备、网络设备、服务器、应用程序、公共访问接口等多个部分组成的复杂系统，对外提供数据存储和业务访问服务。云存储系统的结构模型[2]如图1.1所示。

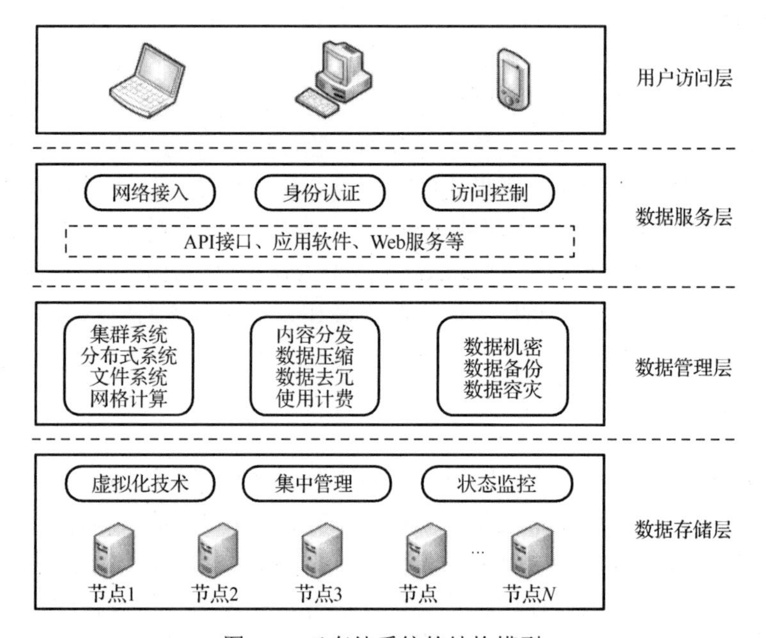

图1.1　云存储系统的结构模型

（1）数据存储层。数据存储层是云存储系统的基础，它将不同类型的存储设备连接起来，基于虚拟化技术对存储设备进行抽象，将所有存储空间集成到存储资源池中，实现从物理设备到逻辑视图的映射，同时实现对存储设备的集中管理、状态监控以及容量的动态扩展。云存储系统的存储设备往往数量庞大且分布于不同地域，彼此之间通过广域网、互联网或光纤通信网络连接在一起。

（2）数据管理层。数据管理层是云存储系统的核心，通过集群系统、分布式系统、文件系统和网格计算等方式，实现多存储设备之间的协同，统一提供对外服务。此外，利用内容分发、数据压缩、数据去冗、使用计费等技术提供高性能的数据存储服务，并通过数据加密、数据备份和数据容灾等技术保证数据安全。

（3）数据服务层。数据服务层是云存储系统中直接面向用户的部分。根据用户需求，开发不同的 API 接口并提供相应的云存储服务，如数据存储服务、空间租赁服务、公共资源服务、多用户数据共享服务、数据备份服务等。

（4）用户访问层。用户访问层是云存储系统的应用接口，云存储系统根据访问对象的不同提供不同的访问类型和访问手段。通过访问该层，授权用户可以在任何地方登录云存储系统，使用云存储服务。

1.1.4　云存储系统的优势

和传统的存储系统相比，云存储系统具有多方面的优势：

（1）灵活性。云存储系统具有高度的灵活性，用户可以根据需要定制相应的存储服务和资源，云存储服务商可以按照用户需求来部署相应的存储能力、资源和服务。

（2）可靠性。云存储系统以完善的容灾备份机制将数据进行多次冗余存储，从而保障了云存储系统的高可靠性。即使发生系统硬件故障或意外删除云存储系统中的数据，也不会影响云存储系统的使用，保证用户能从灾难中快速恢复，保持业务的连续性。

（3）可扩展性。云存储系统具有高可扩展性，可以动态地满足用户在不同场景、不同时间段对存储资源的需求。即使在很难事先估算所需系统容量的情况下，也可以动态地扩展存储资源以满足用户的不同要求。

（4）数据集中存储。云存储系统是一种大规模、集中化的存储基础设施，和企业本地数据中心相比能够提供更大规模的数据存储资源。这种集中化的存储基础设施能够帮助用户实现海量数据的集中存储，提高分析处理效率，并进行统一防护和监控。

（5）成本低。云存储系统的应用不仅为用户降低信息系统建设初期投资，同时也降低了运营开销。在初期投资方面，从硬件来看，云存储系统取代了传统企业的专有数据中心，用户无须进行一次性投入，包括数据中心的营建、硬件设备的购置和定期更换等，而是直接使用云中的存储资源；从软件来看，云存储提供的“按使用付费”的计价模型能降低企业的 IT 成本，并提供有效的服务。在运营开销方面，云存储系统不仅可以省去用户对硬件资源的长期运营成本，还可以帮助用户实现对存储资源和数据的动态管理与自动化管理，减少用户的运营开销，从而获得更高的效率和灵活性。

1.1.5　云存储的类型

根据云存储服务的部署方式，云存储分为公有云存储、私有云存储和混合云存储三种类型。

（1）公有云存储。公有云存储是指存储基础设施由某一组织所拥有，面向公众或某一行业提供云存储服务的部署模式。在公有云存储中，用户所需的服务由独立的第三方云存储服务商提供，该云存储服务商也同时为其他用户服务，这些用户共享云存储服务商所拥有的资源。亚马逊、微软、谷歌、阿里云、腾讯云、华为云等典型云存储服务商均提供公有云存储服务。一般中小型企业和创业公司出于降低成本和快速部署的考虑会优先选用公有云存储，普通个人用户一般也选用公有云存储来保存个人数据。

（2）私有云存储。私有云存储是指某个企业或组织专有的云存储系统。在私有云存储中，用户是这个企业或组织的内部成员，这些成员共享该云存储系统所提供的所有资源，企业或组织以外的用户无法访问这个云存储系统。通常，对数据安全性要求较高的企业或组织机构会优先选用私有云存储，如政府部门、金融机构、医疗机构等。

（3）混合云存储。混合云存储是两种或两种以上存储方式（传统存储、公有云存储、私有云存储）的结合，通常采用以传统存储系统或私有云存储为主、以公有云存储为辅的模式。混合云存储既能提供私有云存储的安全性，也能够提供公有云存储的开放性。通过使用混合云存储，企业或组织可以根据数据的重要程度、业务需求及应用程序对网络延迟和带宽的要求，对数据进行分类，分别部署在企业或组织内部和公有云存储系统中，如在传统存储系统或私有云存储中存储敏感数据、高频访问数据、快速访问数据等，在公有云存储中来完成数据归档、备份、灾难恢复等工作。

根据云存储系统中数据存储和数据访问方式的不同，可将云存储分为块存储、文件存储和对象存储三种类型。

（1）块存储。块存储通过 SCSI（Small Computer System Interface，小型计算机系统专用接口）、SAS（Serial Attached SCSI，串行连接 SCSI）或 FCSAN（Fibre Channel Storage Area Networking，光纤存储区域网络）将大量的磁盘设备与存储服务器连接起来，向应用系统的数据库或文件系统提供原始块存储空间，典型的存储架构包括 DAS（Direct Attached Storage，直连式存储）和 SAN（Storage Area Networking，存储区域网络）。块存储适用于应用系统跟存储系统耦合程度紧密的情况，应用系统通过高带宽、低延迟、可靠的光纤网络存储访问协议访问存储设备，可获得高速、稳定、可靠的数据访问。块存储的性能最优，但不利于扩展，数据不能被共享。

（2）文件存储。文件存储通过标准的 POSIX 文件系统接口（如 Open、Read、Write、Close 等）提供海量非结构化数据存储空间，典型的存储架构为 NAS（Network Attached Storage，网络附属存储）。文件存储系统的可扩展性好、价格低、用户易管理，如目前在集群计算中应用较多的 NFS（Network File System，网络文件系统）。但由于文件存储的协议开销高、带宽低、读写速度慢，不利于在高性能集群中应用。常见分布式文件存储系统有 Lustre、GlusterFS、HDFS 等。

（3）对象存储。对象存储即键值存储，提供面向互联网的简单存储服务，访问接口简单，通过 HTTP 请求中的 PUT、GET、DEL 和其他扩展命令即可进行文件操作。对象存储的核心是将数据通路和控制通路分离，基于对象存储设备构建存储系统，每个对象存储设备能够自动管理其上的数据分布。对象存储兼顾了块存储的高读写特性和文件存储的共享性，一般用来存储长期的静态数据。对象存储不支持在线修改和扩展，适合在云环境中进行大规模的非结构化数据的存储。常见的对象存储系统有 Ceph 的 RADOS、OpenStack 的 Swift 等。

1.1.6 云存储的发展现状

目前，全球云存储发展日趋成熟，云存储的总体市场规模逐步扩大，云存储已经步入相对成熟的产业发展时期。

1.1.6.1　云存储的产业发展

近年来，数据规模的快速增长催生了对云存储产业的巨大需求。据 IDC 统计，2017 年，以 IaaS、PaaS、SaaS 为代表的全球云存储行业市场规模为 307 亿美元，预计 2022 年将增长至 889.1 亿美元，年复合增长率高达 23.7%[3]。其中，在 IaaS 云存储市场方面，由于 IaaS 云存储对规模及技术要求极高，未来仍将保持以亚马逊、微软、谷歌、阿里巴巴等云计算巨头为主的局面。在 PaaS 云存储市场方面，一方面 IaaS 服务商通过自身建设或投资 PaaS 云存储企业向 PaaS 云存储快速延伸；另一方面新兴的 PaaS 云存储企业的快速发展，使得 PaaS 云存储呈现出爆发式增长。在 SaaS 云存储市场方面，全球 SaaS 云存储企业目前还处于不断变化阶段，尚未形成显著特点，发展潜力巨大。

在发展趋势方面，随着产业链的日益完善，云存储市场逐渐进入差异化竞争阶段。用户对云存储服务能力的要求更加具体，在不同业务场景中对云存储服务的安全支持、弹性扩展、集成、升级和变更等特性的选择偏好不同。云存储服务商开始在用户规模大小、垂直行业特点、细分领域需求等多个维度结合自身资源，更准确地定位自身业务范围及市场用户主体，云存储行业竞争趋向差异化。

1.1.6.2　云存储的应用发展

云存储基础设施经过数年的探索和积累，已经日益成熟。云存储服务商开始大力拓展云存储应用市场，包括个人应用、企业应用、行业应用等。

（1）个人应用。由于云存储具备容量大、易访问、价格低等优势，人们逐渐将日常工作和生活中产生的文档、图片、音频、视频等电子文件存放至云存储平台中，使得个人云存储应用发展迅速。典型的产品如亚马逊 Cloud Drive、微软 SkyDrive、苹果 iCloud、Google Drive、Dropbox 及百度网盘、金山快盘、腾讯微云、360 云盘等。

（2）企业应用。很多企业出于降低成本和快速部署的考虑，也逐步从自建存储系统转向使用公有云存储服务，使得企业级云存储应用迅速崛起。在国外，亚马逊、微软、谷歌等云存储服务商巨头占据主导地位，Dropbox、Box 等新兴企业竞争激烈。在国内，阿里云、腾讯云、百度云、华为云等大型云存储服务商占据主要市场，七牛云、青云、亿方云等初创企业也快速发展。

（3）行业应用。由于云存储能够在数据资源整合、业务创新等方面带来明显效用，越来越多的传统行业开始采用云存储应用。出于数据安全性考虑，多数行业云存储应用主要以自建私有云存储系统为主，如政务、金融、医疗、电子商务、工业等行业。

云存储不仅能够为众多的个人应用、企业应用和行业应用提供便捷的存储服务，同时也是大数据、物联网、移动互联网、人工智能等新兴技术发展的重要基石，未来具有广阔的发展和应用前景。

1.2　云存储安全风险

近年来，云存储安全事件屡屡发生。2016 年 9 月，CloudFlare 数百万网络托管用户的数据被泄露；2017 年 3 月，微软 Azure 公有云存储故障导致业务受影响超过 8 小时；2017 年 6

月，亚马逊AWS共和党数据库中的美国2亿选民个人信息被曝光[4]。由此可以看出，云存储的安全问题日益凸显，而安全恰恰是保障云存储可持续发展的先决条件。为了保障云存储的安全，首先应明确云存储面临哪些安全风险。云存储面临的安全风险主要来自技术、管理、法律法规三个方面[5]，本节分别从这三个方面对云存储面临的安全风险进行深入分析。

1.2.1 技术安全风险

云存储是云计算的具体应用，必然也面临着云计算普遍存在的一些技术安全风险，如物理与环境安全风险、主机安全风险、网络安全风险、应用安全风险、接口安全风险及安全漏洞带来的风险等。而针对云存储服务本身，用户数据存储和管理是核心，用户数据安全保护是关键，因此，云存储面临的主要技术风险集中在数据安全风险方面。

一般来说，云存储中数据的生命周期可分为七个阶段，如图1.2所示。

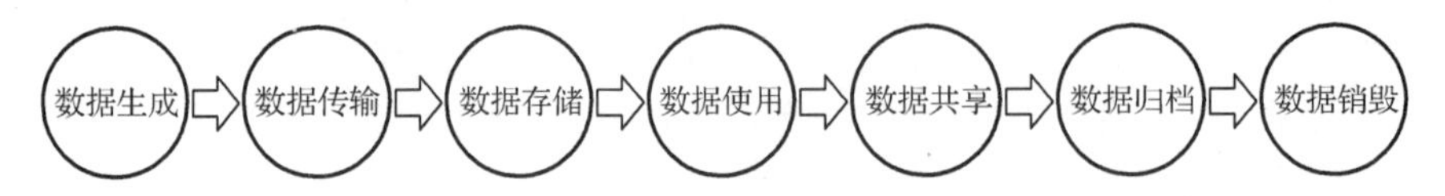

图1.2　云存储中数据的生命周期

在云存储中数据生命周期的每个阶段，数据安全面临着不同方面和不同程度的安全风险。本节根据数据生命周期的各个阶段来分析云存储中数据的安全风险，如表1.1所示。

表1.1　数据安全风险分析

数据生命周期阶段	风 险 分 析
数据生成	数据安全级别划分策略混乱
	数据的预处理风险
	审计策略难以制定
数据传输	传输信道存在安全隐患
	难以实现即时监控
数据存储	数据存放位置不确定
	数据隔离不完全
	数据丢失或被篡改
数据使用	数据访问存在风险
	云存储服务的性能问题
数据共享	数据丢失
	应用存在漏洞
数据归档	法律和合规性
数据销毁	销毁的数据被恢复
	云存储服务商不可信

（1）数据生成阶段的安全风险。数据生成阶段即数据刚被数据所有者所创建，且尚未被存储到云端的阶段。在这个阶段，数据所有者需要为数据添加必要的属性，如数据的类型、

安全级别等一些信息；此外，为了防范云端不可信，数据的所有者在将数据存储之前可能要对数据做一些预处理。在该阶段，根据不同的安全需求，某些用户可能还需要对数据的存储、使用等各方面情况进行跟踪审计。在数据生成阶段，云数据面临以下安全风险：

① 数据安全级别划分策略混乱。不同的用户类别的数据安全级别划分策略可能会各不相同，同一用户类别之内的不同用户对数据的敏感度分类也可能各不相同。在云存储系统中，多个用户的数据可能存储在同一个位置，若数据安全级别划分策略比较混乱，云存储服务商就无法对海量数据制定出切实有效的保护方案。

② 数据的预处理风险。用户存储在云端的数据可能是海量的，因此在对数据进行预处理前，用户必须考虑预处理的计算、时间和存储开销，否则会因为过度追求安全性而失去使用云存储带来的便捷性。

③ 审计策略难以制定。即使在传统的 IT 架构下，审计员制定有效的数据审计策略往往也是很困难的。而在多用户共享存储、计算和网络等资源的云存储系统中，用户对自己数据进行审计更是难上加难。

（2）数据传输阶段的安全风险。数据通过网络传输到云端，在数据传输阶段，云数据面临如下安全问题：

① 传输信道存在安全隐患。当用户通过网络传输数据时，如果网络中的传输信道不安全，则数据可能会被非法拦截；传输信道也可能因遭受攻击而发生故障，导致云存储服务不可用。另外，传输数据需要通过云存储系统一系列的组件支持，硬件系统、通信协议的失效等均会导致数据在传输过程中丧失完整性和可用性[4]。

② 难以实现即时监控。数据在传输的过程中会使用不同的媒介，不同媒介的安全措施有所不同，因此对数据进行即时的安全监控非常困难，若传输过程中数据出现了安全问题，则相关技术操作人员很难及时察觉并进行补救[4]。

（3）数据存储阶段的安全风险。在云存储系统中，用户的数据都存储在云端，云数据面临如下安全风险：

① 数据存放位置不确定。在云存储系统中，用户对自己的数据失去了物理控制权，即用户无法确定自己的数据存储在云存储服务商的哪些服务器中，更无法得知数据存储的地理位置。

② 数据隔离不完全。不同用户的各类数据都存储在云端，若云存储服务商没有有效的数据隔离策略，则可能造成用户的敏感数据被其他用户或者不法分子获取。

③ 数据丢失或被篡改。云存储系统中的服务器可能会遭受病毒、木马攻击；云存储服务商管理可能不可信或管理不当，操作违法；云存储系统中的服务器所在地可能遭受自然灾害、战争等不可抗力因素的影响。这些都会造成数据丢失或被篡改，威胁到数据的机密性、完整性和可用性。

（4）数据使用阶段的安全风险。数据使用即用户访问存储在云端的数据，并对数据进行增、删、改等操作。在数据使用阶段，云数据面临如下安全风险：

① 数据访问存在风险。如果云存储服务商制定的访问控制策略不合理、不全面，就有可能造成合法用户无法正常访问自己的数据或无法对自己的数据进行合规操作，有可能造成未授权用户非法访问甚至窃取、修改其他用户的敏感数据。

② 云存储服务的性能问题。用户在使用数据时，往往会对数据的传输速率、数据处理请

求的响应时间等有一定的要求或期望，但云存储服务的性能受用户所使用的终端、网络环境等多方面因素的影响，因此云存储服务商可能无法切实保障云存储服务的性能。

（5）数据共享阶段的安全风险。数据共享即让在不同地方使用不同终端、不同软件的用户能够读取他人的数据并进行各种运算和分析。在数据共享阶段，云数据除了面临云存储服务商的访问控制策略不当的风险外，还面临着以下安全风险：

① 数据丢失风险。不同云数据的数据内容、数据格式和数据质量千差万别，在数据共享时可能需要对数据的格式进行转换，而数据格式转换后可能面临数据丢失的风险。

② 应用存在漏洞。数据共享可能通过特定的应用实现，如果该应用本身有安全漏洞，则基于该应用实现的数据共享就有可能有数据泄露、丢失和被篡改的风险。

（6）数据归档阶段的安全风险。数据归档就是将不再经常使用的数据迁移到一个单独的存储设备来进行长期保存的过程。在数据归档阶段，云数据除面临和数据存储阶段类似的安全风险外，还面临如下安全风险：

法律和合规性。某些特殊数据对归档所用的介质和归档的时间期限可能有特殊规定，而云存储服务商不一定支持这些规定，造成这些数据无法合规地进行归档。

（7）数据销毁阶段的安全风险。在云存储系统中，当用户需要删除某些云数据时，最直接的方式就是向云存储服务商发送删除命令，由云存储服务商删除对应的数据。但这样会使云数据面临多方面的安全风险。

① 销毁的数据被恢复。计算机数据存储基于磁介质形式（磁带和磁盘）或电荷形式（内存和固态磁盘），一方面可以采用技术手段直接访问这些已删除数据的残留数据；另一方面可以通过对介质进行物理访问，确定介质上的电磁残余所代表的数据[8]。

② 云存储服务商不可信。一方面，用户无法确认云存储服务商是否真正执行了删除命令；另一方面，云存储服务商可能留有被删除数据的多个备份，在用户发送删除命令后，云存储服务商可能只将原数据删除而将备份数据留为己用。

1.2.2 管理安全风险

为保障云存储服务的安全性，仅仅通过技术手段来抵御云存储面临的风险是远远不够的，云存储服务的各参与方还需要制定合理完整的管理策略，真正保障云存储服务的运营安全。

和传统 IT 架构不同的是，云存储系统中数据的所有权和管理权是分离的。用户将自己拥有的数据存储到云存储服务商处，由云存储服务商进行全面管理，用户并不能直接控制云存储系统；云存储服务商没有对数据的所有权，无法直接对数据本身进行查看和处理，管理方法受到了极大的限制；另外，云存储服务商无法得知用户使用的终端及进行的相关操作是否安全，由此可能引发许多不可控的、意料之外的风险。因此，和传统的 IT 架构相比，云存储系统面临着许多新的管理挑战。

1.2.2.1 无法满足 SLA

服务等级协议（Service Level Agreement，SLA）是服务商和用户双方经协商而确定的关于服务质量等级的协议或合同，而制定该协议或合同是为了使服务商和用户对服务、优先权和责任等达成共识，达到和维持特定的服务质量（Quality of Service，QoS）。对于云存储 SLA，从用户的角度来看，它可以消除用户在使用云存储服务时关于服务安全和服务质量的后顾之忧；从云存储服务商的角度来看，它可以方便明确地向用户说明自己所能提供的云存储服务的质量等级、成本、收费等具体情况[9]。一份标准的 SLA 最少应该包含服务等级目标、违约处理方案以及规则例外这三方面的内容，如表 1.2 所示。

表 1.2　SLA 中最少需包含的内容

<table>
<tr><th>SLA 中最少需包含的内容</th><th colspan="2">具体规定</th></tr>
<tr><td rowspan="4">服务等级目标</td><td>可用性</td><td>规定用户能够享受何种服务、服务的收费情况，以及该服务的保证使用时间等</td></tr>
<tr><td>响应时间</td><td>指定给定时间周期内数据包的平均来回延迟时间和数据包丢失数量的限度</td></tr>
<tr><td>安全保障</td><td>保证用户对数据存取的权限和在一定范围内的独享性</td></tr>
<tr><td>退出条款</td><td>当因为云存储服务商不能圆满解决经常发生的可用性、可靠性和安全性问题而使服务中断的频率达到某个程度，或者有其他不可接受的因素时，用户拥有即时终止协议的权利</td></tr>
<tr><td>违约处理方案</td><td colspan="2">如果经过指定的一段时期后云存储服务商无法达到已协商好的服务等级目标，用户就可以要求获得相应的赔偿</td></tr>
<tr><td>规则例外</td><td colspan="2">在规则例外中列出一些特殊情况，当云存储服务商在这些情况下无法达到服务等级目标时，不用对用户进行相应的赔偿</td></tr>
</table>

虽然在 SLA 中，云存储服务商会针对可用性、响应时间、安全保障等对服务等级做出一定的承诺，但在实际服务的过程中，云存储服务商难以完全履行 SLA 中所做出的承诺，已经出现的种种事故就证明了这一点。

（1）2018 年 8 月，前沿数控公司发文声称，在使用腾讯云服务器 8 个月后，其放在腾讯云服务器上的数据全部丢失，给公司的业务带来了灾难性损失。

（2）2017 年 3 月，微软 Azure 公有云存储故障导致业务受影响超过 8 小时。

（3）2017 年，Amazon S3 云存储上的数据库配置错误，导致三台服务器中的数据可公开下载，造成严重的数据泄露。

可见，虽然有 SLA 的限制和约定，但云存储服务商一般不能完全达到和维持特定的 QoS，其中的原因是多方面的：由于云存储面临着传统 IT 架构中所没有的新的安全风险，云存储服务商很难针对各种风险一一制定对应的防御策略；所有的用户传输给云存储系统的数据是海量的，如何对这些数据进行安全存储和安全管理，对云存储服务商来说是一个巨大的挑战；云存储服务的可用性在很大程度上依赖于网络的安全性和性能，但网络攻击事件层出不穷、防不胜防，因此由网络而造成云存储服务不可用的情况是云存储服务商无法控制的；在海量终端接入云存储服务的情况下，终端风险会严重威胁到云存储服务的质量；另外，若用户在使用云存储服务时对云存储服务中某些参数的设置不当，会对云存储服务的性能造成一定的影响。

1.2.2.2　服务不可持续风险

2011 年 4 月，亚马逊云数据中心服务器出现大面积宕机，这一事件被认为是亚马逊史上最严重的云计算安全事件；2017 年 1 月，IBM 云服务出现宕机事故，导致云用户无法管理自身的应用程序。已经发生的种种云服务中断事件充分说明云存储服务无时无刻不在面临着服务不可持续的风险，导致服务不可持续的原因是多方面的。

在云计算中心内部，任何一个小小的代码错误、设备故障或操作失误都可能导致服务故障。例如，2018 年 6 月，因运维上的一个操作失误，阿里云部分产品及账号登录出现访问异常；2017 年 3 月，Amazon S3 存储服务因人为操作失误出现故障，导致包括美国证券交易委员会、苹果 iCloud 在内的多个网站和服务无法正常工作；2017 年 1 月，因员工在维护过程中错误地删除了数据库目录，导致 GitLab 的线上代码库 GibLab.com 遭遇了 18 小时的服务中断。另外，针对云存储系统的攻击层出不穷，也极大地影响了云存储服务的可用性，在云安全联盟发布的《2016 年云计算面临的十二大威胁》中“拒绝服务”赫然在列，从中可以看出网络攻击对云计算安全的威胁越来越大。除了设施故障和人为原因，地震、台风等自然灾害都可能导致服务的中断。

在技术发展日新月异、企业竞争日趋激烈的今天，一些云存储服务商面临着破产或者被大公司收购的风险。如果云存储服务商破产，则云存储服务就存在被终止的风险；如果云存储服务商被收购，则存在原有云存储服务会因技术升级而导致一段时间内服务中断，甚至最终也难逃被终止的厄运。

1.2.2.3 身份管理风险

完善的身份管理策略是实现云存储服务中数据安全隔离的重要前提，一旦用户的身份信息被窃取，用户数据及云存储服务将毫无安全性可言。身份管理涉及身份鉴别、属性管理、授权管理等多个方面，在云存储环境下有着大量的用户和海量的访问认证要求，因此和传统的 IT 架构相比，云存储服务面临着更为严峻的身份管理风险。

云存储服务商是身份管理的主要实施者。首先，对云存储服务商来说，云存储服务面对的是来自不同领域的大量用户，不同用户所具有的身份属性千差万别，对数据的归属管理不清晰是云存储服务商在身份管理上面临的第一个挑战；其次，云数据的所有者可能会将数据的某些访问和操作权限授予其他用户，因而同一用户可能有多重身份，即该用户对于自己的数据来说是所有者身份，对某些数据来说可能是访客身份，对其他数据来说则是非授权身份，对同一个用户设定不同的身份并严格地进行授权是比较困难的，因此权限管理的混乱是云存储服务商面临的又一项挑战；此外，不同领域的数据具有不同的安全等级标准，同一用户所拥有的数据也有敏感度高低之分，难以制定清晰的安全边界也是云存储服务商所要面临的问题。另外，云存储服务商还必须考虑申请使用云存储服务的用户的合法性，如果攻击者可以注册并使用云存储服务，那么攻击者就可能向云端发送恶意数据、对云存储服务进行攻击等，给云存储服务安全带来极大的风险。

用户作为云存储服务的重要参与方，需要对自己的身份信息进行管理。在使用口令进行身份认证的情况下，如果用户设定的密码没有达到一定的安全强度，那么用户的账户就容易被攻击者攻破；如果用户没有对自己的身份信息采取合理的保存措施，造成身份信息泄露或丢失，那么用户身份信息的安全性就无法得到保障。另外，用户还需要对云存储服务商的身份有清醒的认识，不可信的云存储服务商可能会非法窃取用户数据、泄露用户隐私，使用户数据的安全性完全得不到保障。

1.2.3 法律法规风险

云存储作为一种新型的存储服务模式，具有虚拟性、国际性等特点，由此催生出了许多法律和监管层面的问题，使云存储服务除面临技术和管理方面的安全风险之外，还面临着法律法规方面的安全风险。

1.2.3.1　隐私保护

在云存储环境中，用户数据存储在云端，加大了用户隐私泄露的风险，保护用户隐私成为国内外热门议题。云存储服务与各国数据保护法、隐私法的关系也成为目前备受关注的话题。在云存储服务中，云存储服务商需要切实保障用户隐私，不能让非授权用户以任何方法、任何形式获取用户的隐私信息。然而一些国家的隐私保护法却明确规定允许一些执法部门和政府成员在没有获得数据所有者允许的情况下查看其隐私信息，以保护国家安全。因此云存储服务中的隐私保护策略和某些国家的隐私保护法的相关规定可能产生矛盾。

美国有《爱国者法案》《萨班斯法案》以及保护各类敏感信息的相关法律。其中，《爱国者法案》授权美国的执法者为达到反恐的目的，可以经法庭批准后，在没有经过数据所有者允许的情况下查看任何人的个人记录。这意味着，如果用户的数据存储在美国境内，那么美国的执法者可以在经过法庭批准后，在用户毫不知情的情况下获取用户的所有云数据，查看用户的所有隐私信息。另外，加拿大的《反恐法案》和《国防法》也赋予了国防部长检查保存在本国境内的任意数据的权力。

1.2.3.2　犯罪取证

在云存储服务中，不论云存储基础设施还是用户的账号，都很容易受到黑客的攻击，使云存储服务商和用户的利益受到损害。另外，有一些攻击者可能利用云存储的地域性弱、信息流动性大等特点，进行不良信息的传播、网络欺诈等违法行为。因此，在云存储环境中的犯罪行为可能频频发生，为了能够对攻击者进行相应的惩处，需要进行犯罪证据的获取、保存、分析，然而云存储所具有的多租户、虚拟化的特征增加了在云存储环境中进行犯罪取证的难度，在一定程度上阻碍了法律的顺利执行。

在云存储环境中进行犯罪取证时，首先要进行数据采集，即在可能存有证据的数据源中鉴别、标识、记录和获得电子数据。由于云中的数据不再是保存在一个确定的物理节点上，而是由云存储服务商动态提供存储空间，因此数据源可能存储在不同的司法管辖范围内，使司法人员难以采集到完整的犯罪证据[10]。另外，云数据的流动性很强，如果数据的采集顺序不合理，短时间内很多重要的数据就可能丢失且很难被找回。

云存储环境下的犯罪取证过程至少需要涉及云存储服务商和用户。由于多租户环境下有海量的用户接入到云存储服务中，因此云存储服务商和用户之间的依赖关系是动态变化的。另外，云存储服务商和云存储应用大都依赖于其他的服务商和应用，这样就又形成了一条依赖链。在这种情况下，犯罪取证需要针对多条依赖链进行，若任何一条依赖链断开，都可能影响犯罪取证的过程和结果。

在进行犯罪取证时，既需要获取和保存相关证据，又不能给其他用户的数据带来安全风险。由于云数据共享存储设备，因而如何进行数据分离使其他用户的隐私信息不因实施犯罪取证而泄露，也是云存储环境下犯罪取证的一大难题。

1.2.3.3　数据跨境

云存储具有地域性弱、信息流动性大的特点，一方面，当用户使用云存储服务时，并不能确定自己的数据存储在哪里，即使用户选择的是本国的云存储服务商，但由于该服务商可能在世界的多个地方都建有云数据中心，用户的数据可能被跨境存储；另一方面，当云存储服务商要对数据进行备份或对服务器架构进行调整时，用户的数据可能需要迁移，因而数据在传输过程中可能跨越多个国家，产生跨境传输问题。对于是否允许本国的数据跨境存储和跨境传输，每个国家都有相关的法律要求，如表 1.3 所示[11]，而云存储服务中的数据跨境可能会违反用户所在国家的法律要求。

表 1.3　一些国家关于数据跨境流动的相关规定

立法国家	相关内容
美国	1974 年通过《隐私法》。由于美国在世界各地有大量的跨国公司及各种机构，且技术先进、信息处理能力强，因而主张全球信息的自由流通，对数据跨境流动一般不做专门限制
英国	1984 年通过《数据保护法》，规定在数据跨境流动时，需要向主管数据保护的机关登记有关情况；当数据送往非欧洲公约缔约国或者认为接收数据的公约国可能将数据流向至非公约成员国时，主管机关可不同意该数据跨境流动请求。英国对数据跨境流动的监管主要是为了控制本国数据向境外的流动，而对外国数据流入本国的情况不做过多限制
德国	20 世纪 70 年代通过《个人数据保护法》，规定当德国与其他国家有协定时，按照协定执行数据跨境流动的相关事项；如果没有协定，当申请人能够证明数据跨境流动为业务上的必要或者数据接收者从跨境流动的数据中获取的是正当利益时，才允许数据进行跨境流动
俄罗斯	2006 年确立《俄罗斯联邦个人数据法》，规定在进行个人数据跨境流动前，处理者有义务确认数据跨境流向的其他国家保证会对个人数据主体的权利进行同等保护；为了保护俄罗斯联邦宪法制度体系，维护道德、保护公民权利以及保障国防和国家安全，政府可以中止或者限制数据跨境流动
印度	2018 年 8 月通过的《个人数据法（草案）》规定个人数据跨境流动时必须在境内留有副本。另外，该法案对三种类型的个人数据（个人数据、关键个人数据、个人敏感数据）规定了不同的出境方案，关键个人数据不得出境
澳大利亚	2013 年 7 月发布了《政府信息外包、离岸存储和处理 ICT 安排政策与风险管理指南》，规定政府信息中属于安全分类中的数据不能存储在任何境外公有云数据库中，应存储在拥有较高级别安全协议的私有云或社区云的数据库中
法国、挪威、丹麦、奥地利等国	都规定个人数据的跨境流动需要得到数据安全主管单位的许可
中国	2016 年 11 月发布的《网络安全法》第三十七条规定，关键信息基础设施的运营者在中华人民共和国境内运营中收集和产生的个人信息及重要数据应当在境内存储。因业务需要确需向境外流动的，应当按照国家网信部门会同国务院有关部门制定的办法进行安全评估；法律、行政法规另有规定的，依照其规定

欧盟拥有世界上最全面的数据保护法，并被很多国家作为立法的参照。欧盟在 2018 年出台的《通用数据保护条例》中明确指出了对数据跨境流动的相关规定。按照条例规定，欧盟公民的个人数据要流动到欧盟外的国家、地区或国际组织，若该国家、地区或国际组织通过欧盟的“充分保护水平”①的评估，数据无须经过特别授权即可向其自由流动。而对于没有通过“充分保护水平”认定的国家，数据也可以向其流动，但必须提供充分保障措施，充分保

① “充分保护水平”指国家、地区或国际组织的数据保护体制必须包含基本的数据保护内容及实施机制，并且得到有效的执行。

障措施包括[12]：

（1）标准合同。数据输出者和接收者可以以签订合同的形式进行数据跨境流动，欧盟委员会分别于 2001 年、2004 年和 2010 年通过了三个版本的合同，目前这三个版本的合同均有效。

（2）约束性公司规则。跨国公司的内部机构间要跨境流动个人数据，必须根据其自身需要及特点制定数据保护政策，并通过欧盟的授权。

（3）行为准则和认证机制。行为准则是代表各类数据控制者或数据处理者的机构和协会起草的，用于规范协会成员数据处理的行为。对于未达到"充分保护水平"的国家、地区或国际组织，数据处理者或控制者可做出有约束力的承诺，承诺遵守行为准则的规定，进而可向其转移数据。

虽然《通用数据保护条例》在数据跨境流动方面的规则更加清晰、细化、可操作，但是数据跨境流动规则只是解决了云存储服务商的部分问题。首先，由于《通用数据保护条例》对个人数据隐私保护的规定十分严格，云存储服务商想要达到合规标准并通过欧盟的认定存在着一定的困难。另外，《通用数据保护条例》规则的设定与云存储商业模式之间可能存在冲突，例如，《通用数据保护条例》中规定数据处理者必须在收到数据控制者书面通知后才可以处理数据，这就意味着得不到上层应用的书面通知，底层的基础设施和平台就不能对数据进行处理，这与云存储服务的实际应用场景是存在矛盾的。云存储服务商面临的问题十分复杂，可能因为保护条例中的其他规定而无法进行数据跨境流动，或者面临违规的风险。

1.2.3.4　安全性评价与责任认定

云存储服务商和用户之间通过合同来规定双方的权利与义务，明确安全事件发生后的责任认定及赔偿方法，从而确保双方的权益都能得到保障。然而，由于目前云计算安全标准及测评体系尚未完善，用户的安全目标和云存储服务商的安全服务能力无法参照一个统一的标准进行度量，在出现安全事件时也无法根据一个统一的标准进行责任认定。再加上目前国际社会对云存储服务中的跨境数据存储、流动和交付的监管政策尚未达成一致，也没有专门针对云计算安全的相关法律，因此云存储服务商和用户之间签订的合同的合规性、合法性是无法得到认定的，一旦发生安全事件，云存储服务商和用户可能会各持己见，根据不同的标准来进行责任认定，确保自己的利益最大化，由此会产生许多争议和纠纷。

云计算安全标准既需要支持用户描述其数据安全保护目标、指定其所属资产安全保护的范围和程度，还需要支持用户尤其是企业用户的安全管理需求，如使用一定的手段、在特定的程度和范围内，在不触犯其他用户权益的前提下，分析查看日志信息、了解数据使用情况以及开展违法操作调查等。此外，云计算安全标准应支持对灵活、复杂的云存储服务过程的安全评估，还应规定云存储服务安全目标验证的方法和程序[13]。因此，建立并完善以安全目标验证、安全服务等级测评为核心的云计算安全标准及其测评体系是极具挑战性的。

1.3　云存储安全需求

为了构建一个安全、可信、持续服务的云存储系统，首先必须围绕云存储在技术、管理、法律法规等方面面临的各种安全风险，逐一深入分析安全云存储系统的建设需求，进而才能提出能够应对各种风险、有效可行的解决方案。本节通过对云存储安全风险的应对方法进行分析，导出云存储安全需求，如表 1.4 所示。

表 1.4 云存储安全风险与安全需求映射表

安全风险大类	安全风险小类	安全风险描述	安全需求描述
技术安全风险	数据生成阶段的安全风险	数据安全级别划分策略混乱：导致用户或云存储服务商难以制定具有针对性和差异化的保护方案	制定数据安全分级标准，在数据生成后对数据进行安全分级，并通过数据元信息管理标记数据安全级别
		数据的预处理风险：在对数据进行预处理时，如果过度追求安全性，则会导致预处理时的计算、时间、存储开销较大，同时影响数据的可用性	一方面，云存储系统应具备多种数据脱敏方法，支持用户根据应用场景选择合适的数据预处理方案；另一方面，云存储系统应具备密文检索功能，在保护数据安全性的情况下不影响数据的可用性
		审计策略难以制定：云存储系统中的多租户特性导致用户难以对自身数据的存储、使用等情况进行审计	云存储系统应具备数据使用安全审计功能，支持用户对自身数据的使用情况进行审计分析
	数据传输阶段的安全风险	传输信道存在安全隐患：可能导致用户数据在传输过程中被非法拦截或丧失完整性和可用性	云存储系统应提供专用的、安全的数据传输信道，或采用安全性高的数据传输协议
		难以实现即时监控：用户难以对数据传输过程进行即时的安全监控，如果发生了安全事件，很难及时察觉并进行补救	云存储系统应实时显示数据传输进度和结果
	数据存储阶段的安全风险	数据存放位置不确定：导致用户无法确定自身数据存储在云存储服务商的哪些服务器中，更无法得知数据存储的地理位置	云存储系统应支持用户查询自身数据的具体存储位置
		数据隔离不完全：若云存储服务商没有有效的数据隔离策略，可能会造成用户的敏感数据被其他用户或者不法分子获取	一方面，云存储系统应制定严格的访问控制策略，严禁用户数据被非授权用户非法访问；另一方面，云存储系统应采用数据加密机制对用户数据进行加密保护
		数据丢失或被篡改：云存储服务商不可信或云存储系统中的服务器遭受人为攻击、自然灾害等，都会造成用户数据丢失或被篡改	一方面，云存储系统应支持用户端数据加密功能，防止云存储服务商不可信造成的数据泄露问题；另一方面，云存储系统应具备多副本异地备份功能，确保一般的人为攻击和自然灾害不会造成用户数据丢失或被篡改
	数据使用阶段的安全风险	数据访问存在风险：如果云存储服务商制定的访问控制策略不合理，可能造成合法用户无法正常访问自身数据，或未授权用户非法访问甚至窃取、修改其他用户的敏感数据	云存储系统应制定严格的访问控制策略，严禁用户数据被非授权用户非法访问
		云存储服务的性能问题：云存储服务商可能无法切实保障云存储服务的性能，从而影响用户数据的传输速率或用户的数据处理请求响应时间	云存储系统应具备高性能，尽可能地提供较高的数据传输速率和较小的数据处理请求响应时间
	数据共享阶段的安全风险	数据丢失：在数据共享时可能需要对数据的格式进行转换，从而可能导致数据丢失	对应的风险不可避免

续表

<table>
<tr><th>安全风险大类</th><th>安全风险小类</th><th>安全风险描述</th><th>安全需求描述</th></tr>
<tr><td rowspan="4">技术安全风险</td><td>数据共享阶段的安全风险</td><td>应用存在漏洞：进行数据共享的应用软件如果存在漏洞，则可能会导致数据泄露、丢失和被篡改</td><td>云存储系统应具备数据加密功能，支持用户在数据共享之前进行数据加密，防止用户数据因应用存在漏洞等导致的数据泄露问题</td></tr>
<tr><td>数据归档阶段的安全风险</td><td>法律和合规性：某些特殊数据对归档所用的介质和归档的时间期限可能有特殊规定，而云存储服务商不一定支持这些规定，造成这些数据无法合规地进行归档</td><td>用户和云存储服务商应通过云存储服务水平协议（SLA）或合同约定数据归档要求，以及云存储服务商无法满足要求时的处理方法</td></tr>
<tr><td rowspan="2">数据销毁阶段的安全风险</td><td>云存储服务不可信：一方面，用户无法确认云存储服务商是否真正执行了删除命令；另一方面，云存储服务商可能只将原数据删除而将备份数据留为己用</td><td rowspan="2">云存储系统应具备数据加密功能，支持用户数据以密文形式存储在云存储系统的介质中，确保用户数据即使在云存储服务商不完全执行删除命令或删除后被重新恢复的情况下也不会被泄露</td></tr>
<tr><td>销毁的数据被恢复：计算机数据存储基于磁介质形式或电荷形式，可采用技术手段或物理访问手段，恢复已删除的数据</td></tr>
<tr><td rowspan="6">管理安全风险</td><td>无法满足SLA的风险</td><td>虽然云存储服务商会通过SLA对可用性、响应时间、安全保障等对服务等级做出一定的承诺，但在实际服务的过程中，云存储服务商难以完全履行在SLA中所做的承诺</td><td rowspan="2">一方面，用户和云存储服务商应通过合同，约定云存储服务商无法完全履行在SLA中的承诺或无法继续提供云存储服务时的处理方法；另一方面，相关部门机构应加快制定、完善云存储服务安全及数据安全相关的法律法规和标准规范，明确对云存储服务商在履行SLA或发生服务中断等方面的相关要求</td></tr>
<tr><td>服务不可持续的风险</td><td>云存储服务设施因设备故障、遭受拒绝服务攻击、遭受自然灾害而宕机，或云存储服务商因破产或被收购而中断服务，都会造成云存储服务不可持续的风险</td></tr>
<tr><td rowspan="4">身份管理的风险</td><td>云存储服务的用户数量多、身份属性差异大，云存储服务商可能对数据的归属管理不清晰</td><td>云存储系统应具备统一用户身份管理功能，对用户身份标识、属性、数据权限等进行统一管理</td></tr>
<tr><td>在云存储系统中，同一用户可能有所有者、访问者、非授权用户等多重身份，对同一个用户设定不同的身份并严格地进行授权是非常困难的，存在权限管理混乱的风险</td><td>一方面，云存储系统应具备身份认证技术，对用户身份进行鉴别确认，防止攻击者假冒合法用户访问系统；另一方面，云存储系统应支持基于角色的访问控制策略，根据用户具体身份分配相应的角色和权限，避免因权限控制缺失或不当造成的数据泄露问题</td></tr>
<tr><td>不同领域的数据或同一用户的数据均有敏感度高低之分，难以制定清晰的安全边界</td><td>云存储系统应根据数据安全级别制定差异化的防护策略</td></tr>
<tr><td>申请使用云存储服务的用户可能是恶意攻击者，存在向云端发送恶意数据、对云存储服务进行攻击等风险</td><td>一方面，云存储系统应具备攻击检测、入侵防御等安全防护功能，确保系统具备抗攻击能力；另一方面，云存储系统应具备安全审计功能，对所有用户在云存储系统中的所有操作行为进行记录、保存，确保发生安全事件时有据可查，为责任认定提供依据</td></tr>
</table>

续表

安全风险大类	安全风险小类	安全风险描述	安全需求描述
法律法规风险	隐私保护的风险	用户数据存储在云中，非法访问者或政府执法者可能会获取用户隐私数据	相关部门机构应加快制定、完善云存储服务中用户隐私保护、犯罪取证、数据跨境、云存储服务安全性评价与责任认定等方面相关的法律法规和标准规范，加强对云存储服务商的监测监管
	犯罪取证的风险	云存储具有多租户、虚拟化、存储位置动态变化、数据流动性强、第三方服务商多等特性，增加了在云存储环境中进行犯罪取证的难度	
	数据跨境的风险	云存储具有地域性弱、信息流动性大等特点，造成用户数据可能会被跨境存储或跨境流动，可能会违反用户所在国家的法律要求	
	安全性评价与责任认定的风险	云计算安全法律法规、标准及测评体系尚未完善，导致用户的安全目标和云存储服务商的安全服务能力无法参照一个统一的标准进行度量，在出现安全事件时也无法根据一个统一的标准进行责任认定	

此外，云存储系统还应具备物理与环境安全、主机安全、网络安全、应用安全、接口安全等云计算平台基础安全防护功能。

1.4 安全云存储系统

围绕云存储系统的安全需求，本书提出一种安全云存储系统的框架，通过引入云安全服务的新模式，能够解决云存储系统普遍存在的云存储服务商主动窥探用户数据和云存储系统遭受攻击被动泄露用户数据等主要安全问题，可为用户提供安全可靠的云存储服务。

1.4.1 系统功能分析

为了实现表 1.4 中列出的安全云存储系统建设需求，安全云存储系统应具备的功能如表 1.5 所示。

表 1.5 安全云存储系统需求与功能映射表

序号	安全需求描述	功 能 描 述
1	制定数据安全分级标准，在数据生成后对数据进行安全分级，并通过数据元信息管理标记数据安全级别	数据元信息管理：针对用户数据生成数据名称、大小、创建时间、存储位置等数据元信息，并标记数据安全级别
2	一方面，云存储系统应具备多种数据脱敏方法，支持用户根据应用场景选择合适的数据预处理方案。 另一方面，云存储系统应具备密文检索功能，在保护数据安全性的情况下不影响数据的可用性	数据脱敏：采用数据脱敏技术对用户数据中的敏感信息进行遮蔽。 密文检索：采用密文检索技术对用户加密数据进行高效检索
3	云存储系统应具备数据使用安全审计功能，支持用户对自身数据的使用情况进行审计分析	数据使用审计：记录所有对用户数据的访问和操作情况

续表

序号	安全需求描述	功 能 描 述
4	云存储系统应提供专用的、安全的数据传输信道，或采用安全性高的数据传输协议	数据加密：将用户数据加密之后再上传至云存储系统中，确保数据传输过程和存储过程中的安全性。 密钥管理：对数据加密过程中使用的密钥进行管理
5	云存储系统应实时显示数据传输进度和结果	数据传输管理：实时显示数据上传和数据下载的进度及结果
6	云存储系统应支持用户查询自身数据的具体存储位置	数据元信息管理：在数据元信息中标记数据存储位置，并支持用户查看
7	一方面，云存储系统应制定严格的访问控制策略，严禁用户数据被非授权用户非法访问。 另一方面，云存储系统应采用数据加密机制对用户数据进行加密保护	访问控制：采用基于角色的访问控制机制，根据用户角色分配对应的访问权限。同时，对用户的访问操作进行权限判断。 数据加密：同上
8	一方面，云存储系统应支持用户端数据加密功能，防止云存储服务商不可信造成的数据泄露问题。 另一方面，云存储系统应具备多副本异地备份功能，确保一般的人为攻击和自然灾害不会造成用户数据丢失	数据加密：同上。 数据备份与恢复：采用数据备份技术为用户数据保存多个副本，并在因恶意攻击或自然灾害造成的数据丢失后快速恢复用户数据
9	云存储系统应制定严格的访问控制策略，严禁用户数据被非授权用户非法访问	访问控制：同上
10	云存储系统应具备高性能，尽可能地提较高好的数据传输速率和较小的数据处理请求响应时间	对应的需求难以通过技术手段实现，需结合安全管理方法和法律法规等方式满足
11	云存储系统应具备数据加密功能，支持用户在数据共享之前进行数据加密，防止用户数据因应用存在漏洞等导致的数据泄露问题	数据加密：同上。 数据共享：支持用户将加密数据分享给其他用户
12	用户和云存储服务商应通过云存储服务水平协议（SLA）或合同约定数据归档要求，以及云存储服务商无法满足要求时的处理方法	对应的需求难以通过技术手段实现，需结合安全管理方法和法律法规等方式满足
13	云存储系统应具备数据加密功能，支持用户数据以密文形式存储在云存储系统中，确保用户数据即使在云存储服务商不完全执行删除命令或删除后被重新恢复的情况下也不会被泄露	数据加密：同上
14	一方面，用户和云存储服务商应通过合同，约定云存储服务商无法完全履行 SLA 中的承诺或无法继续提供云存储服务时的处理方法。 另一方面，相关部门机构应加快制定、完善云存储服务安全及数据安全相关的法律法规和标准规范，明确对云存储服务商在履行 SLA 或发生服务中断等方面的相关要求	对应的需求难以通过技术手段实现，需结合安全管理方法和法律法规等方式满足
15	云存储系统应具备统一用户身份管理功能，对用户身份标识、属性、数据权限等进行统一管理	用户标识：对用户身份标识和关键属性进行注册管理。 用户管理：对所有用户进行统一管理

续表

序号	安全需求描述	功 能 描 述
16	一方面，云存储系统应具备身份认证技术，对用户身份进行鉴别确认，防止攻击者假冒合法用户访问系统。 另一方面，云存储系统应支持基于角色的访问控制策略，根据用户具体身份分配对应的角色和权限，避免因权限控制缺失或不当造成的数据泄露问题	用户鉴别：用户登录安全云存储系统时，对其身份信息进行鉴别。 访问控制：同上
17	云存储系统应根据数据安全级别制定差异化的防护策略	对应的需求难以通过技术手段实现，需结合安全管理方法和法律法规等方式满足
18	一方面，云存储系统应具备攻击检测、入侵防御等安全防护功能，确保系统具备抗攻击能力。 另一方面，云存储系统应具备安全审计功能，对所有用户在云存储系统中的所有操作行为进行记录、保存，确保发生安全事件时有据可查，为责任认定提供依据	安全审计：对用户在安全云存储系统中的所有操作行为进行记录、保存
19	相关部门机构应加快制定、完善云存储服务中用户隐私保护、犯罪取证、数据跨境、云存储服务安全性评价与责任认定等方面相关的法律法规和标准规范，加强对云存储服务商的监测监管	对应的需求难以通过技术手段实现，需结合安全管理方法和法律法规等方式满足

综上所述，一个安全云存储系统应具备用户标识、用户管理、用户鉴别、访问控制、安全审计等用户安全管控功能，以及数据元信息管理、数据脱敏、数据加密、密钥管理、密文检索、数据传输管理、数据备份与恢复、数据共享、数据使用审计等数据安全管理功能。

1.4.2 系统总体框架

为了实现表 1.5 列出的安全云存储系统应具备的功能，本书提出了如图 1.3 所示的安全云存储系统总体框架，共包含三部分，分别为云存储系统、云存储服务和云安全服务。

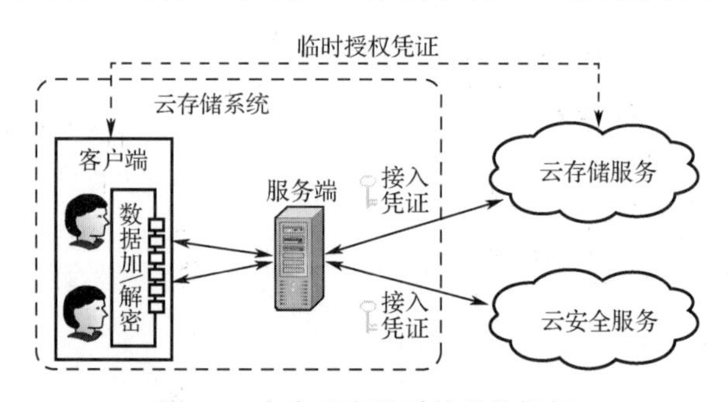

图 1.3 安全云存储系统总体框架

（1）云存储系统。包括客户端和服务端，客户端直接面向用户，通过与服务端交互，完成用户登录认证、访问鉴权和数据管理等功能；服务端是云存储系统的中心，负责与客户端、云安全服务和云存储服务进行对接。服务端的功能有：首先，通过实现用户管理、权限管理、数据管理等功能，与客户端进行交互，响应用户登录认证、访问鉴权和数据管理等请求；其次，通过与云安全服务的对接获取数据加/解密、密钥管理、密文检索等安全能力，实现数据安全功能；然后，通过与云存储服务的对接获取数据上传、检索、访问、下载等云存储能力，实现云存储功能。

（2）云安全服务。通过将数据加/解密、密钥管理、密文检索等安全技术以云服务的方式提供给云存储系统的服务端，使其在不需要了解技术原理、功能逻辑的情况下，便能通过相应的云安全服务接口快速获得专业的数据加/解密、密钥管理、密文检索等数据安全能力，为其免去实现复杂性的同时节省时间和维护成本。

（3）云存储服务。以接口的形式为云存储系统提供海量数据存储、检索、访问、下载等能力，可支持 Amazon S3、阿里云等公有云存储，以及 OpenStack Swift 等私有云存储。在进行数据存储或访问操作时，用户还可采用临时授权凭证的方式，使客户端和云存储服务直接进行数据通信。首先，由客户端向服务端发送获取云存储服务临时授权的请求；然后，由服务端使用云存储服务接入凭证获得云存储服务的临时授权凭证，并将其传送给客户端；这样，客户端便可使用临时授权凭证直接与云存储服务进行数据通信。这种方式能够减轻服务端的传输和计算压力，特别是在客户端向云存储平台上传大文件时，网络传输速率不会受制于服务端租用的带宽，传输速率可达到客户端和云存储平台之间通信的最大带宽。

1.4.3　系统功能架构

根据安全云存储系统的总体框架设计，安全云存储系统的用户标识、用户管理、用户鉴别、访问控制、安全审计等用户安全管控功能，以及数据元信息管理、数据传输管理、数据备份与恢复、数据共享等数据安全管理功能需通过系统开发实现，而数据加密、密钥管理、密文检索等数据安全管理功能则可直接调用云安全服务的服务接口来快速实现。安全云存储系统的详细功能架构如图 1.4 所示。

1.4.3.1　客户端

客户端是安全云存储系统中直接与用户交互的终端应用，功能包括可视化用户界面、用户注册、用户认证、用户管理、数据上传、数据展示、数据下载、数据检索、数据加/解密、密钥管理、密文检索、数据分享等。

（1）用户界面：为用户提供简洁、友好、易操作的客户端可视化界面，包括用户注册界面、登录认证界面、用户管理界面、数据上传界面、数据展示界面、数据下载界面、数据检索界面、数据分享界面等。

（2）用户注册：为用户提供注册功能，获取用户的账户名及口令，向服务端提交用户注册请求。

（3）用户认证：为用户提供登录认证入口，向服务端提交用户登录认证请求，确保只有合法的用户在认证成功后才能进入安全云存储系统，保障用户数据的安全。

（4）用户管理：为普通用户提供用户信息修改功能，为管理员提供用户查看、用户新建、用户删除等功能，向服务端提交相应的用户管理请求。

（5）数据上传：为用户提供数据上传操作界面，将用户数据上传至服务端，并实时展示数据上传的进度和结果。

（6）数据展示：为用户提供数据展示界面，向服务端提交数据列出请求，并展示用户全部数据信息。

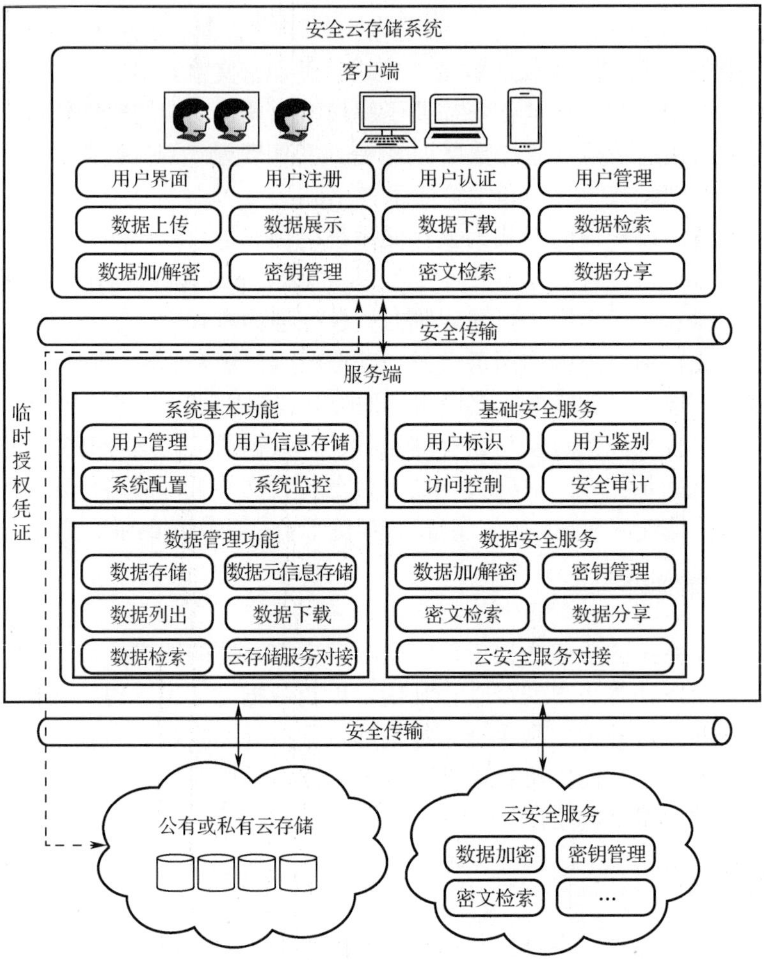

图 1.4　安全云存储系统的详细功能架构

（7）数据下载：为用户提供数据下载操作界面，向服务端提交数据下载请求，并实时展示数据下载的进度和结果。

（8）数据检索：为用户提供普通检索和高级检索两种检索方式，向服务端提交数据检索请求，并展示数据检索的结果。

（9）数据加/解密：为用户提供数据透明加/解密功能，保证用户在客户端本地即可使用密钥对数据进行加/解密操作，解决云存储服务商不可信带来的数据安全问题。

（10）密钥管理：为用户提供数据加/解密密钥管理功能，包括密钥生成、密钥上传和密钥获取，向服务端提交相应的密钥管理请求并接收返回的结果。

（11）密文检索：为用户提供密文检索功能，包括密文索引生成、密文索引上传和密文索引检索，向服务端提交密文上传请求或密文检索请求，并接收检索的结果，保证用户在无须解密全部数据的情况下即可直接对密文进行快速检索。

（12）数据分享：为用户提供数据分享功能，向服务端提交数据分享操作请求，并接收处理的结果，将密文数据安全地分享给其他用户。

此外，为便于管理员进行管理，根据“三权分立”的原则，客户端还包括系统管理员客户端、安全保密管理员客户端、安全审计员客户端三种类型，不同客户端根据管理员权限实现不同功能。其中，系统管理员客户端主要包括系统常规配置管理、系统状态查看、数据备份恢复等功能；安全保密管理员客户端主要包括系统安全配置、用户权限管理、安全事件分析和处理等功能；安全审计员客户端主要包括安全审计日志浏览、查询、分析等功能。

1.4.3.2 服务端

服务端是安全云存储系统的核心模块，向上响应客户端的各项请求，提供相应的服务调用，同时为管理员提供管理员操作界面；向下负责云存储服务和云安全服务的对接与调度，获取云存储服务和云安全服务。服务端的功能分为四类：系统基本功能、基础安全服务、数据管理功能和数据安全服务。

（1）系统基本功能。系统基本功能包括安全云存储系统需要具备的基本功能模块，包括用户管理、用户信息存储、系统配置、系统监控。

① 用户管理：对用户进行新建、删除、修改、查询等基本管理操作。

② 用户信息存储：建立用户信息数据库，存储用户信息。

③ 系统配置：对系统相关参数进行配置，包括服务器参数配置、数据库参数配置等。

④ 系统监控：对系统运行状态进行监控，包括服务器运行状态、数据库运行状态、磁盘使用情况、内存占用情况等。

（2）基础安全服务。基础安全服务以安全云存储系统的用户安全为核心，包括用户标识、用户鉴别、访问控制和安全审计等功能模块。

① 用户标识：响应客户端的用户注册请求，标识用户所有信息，包括账户名、口令、注册时间等信息，并保存至用户信息数据库中。

② 用户鉴别：响应客户端的用户认证请求，鉴别用户的身份信息，并将鉴别结果返回至客户端。

③ 访问控制：采用基于角色的访问控制机制，将用户分为普通用户、系统管理员、安全保密管理员和安全审计员，根据角色类型分配相应的权限。当用户通过鉴别后进入系统进行访问或操作时，通过获取用户角色信息判断其是否具备相应的访问或操作权限。

④ 安全审计：对用户的所有操作行为进行日志记录，包括主体、客体、行为、时间、行为结果等内容，同时提供日志查询和日志分析功能。

（3）数据管理功能。数据管理功能包括安全云存储系统需要具备的数据管理功能模块，包括数据存储、数据元信息存储、数据列出、数据下载、数据检索和云存储服务对接。

① 数据存储：响应客户端的数据上传请求，接收用户数据并存储至云存储平台中。

② 数据元信息存储：建立数据元信息数据库，存储数据元信息，包括数据名称、数据大小、数据创建时间、数据修改时间、数据存储位置等内容。

③ 数据列出：响应客户端的数据列出请求，查询、获取请求用户的所有数据元信息，并发送至客户端。

④ 数据下载：响应客户端的数据下载请求，从云存储平台中下载指定数据，并发送至客户端。

⑤ 数据检索：响应客户端的数据检索请求，根据检索条件对数据元信息或密文索引信息进行检索，并将检索结果返回至客户端。

⑥ 云存储服务对接：采用标准接口获取公有云存储服务或私有云存储服务，将数据上传至云存储平台中或从云存储平台中下载数据。

（4）数据安全服务。数据安全服务以安全云存储系统的数据安全为核心，包括数据加/解密、密钥管理、密文检索、数据分享和云安全服务对接等功能模块。

① 数据加/解密：响应客户端的数据加/解密请求，调用云安全服务对接模块的数据加/解密组件，并返回至客户端。

② 密钥管理：响应客户端的密钥管理请求，调用云安全服务对接模块的密钥管理服务进行密钥管理操作，包括密钥上传、密钥获取和密钥删除。

③ 密文检索：响应客户端的密文检索请求，调用云安全服务对接模块的密文检索服务进行密文索引管理操作，包括密文索引上传、密文索引检索和密文索引删除。

④ 数据分享：响应客户端的数据分享请求，进行数据分享管理操作，包括分享数据、获取分享列表、取消分享、获取被分享列表、下载打开被分享的数据等。被分享的数据均为密文数据，被分享者在打开时需申请获取解密密钥，没有密钥则无法打开数据，从而保证数据的安全性。

⑤ 云安全服务对接：采用标准接口获取云安全服务中的各项功能，包括数据加/解密、密钥管理、密文检索等。

1.4.4 云安全服务

云安全服务作为网络安全服务的最新服务形式，将云计算技术和业务模式应用于网络安全领域，以云的方式交付安全能力，已经成为安全服务行业新的竞争领域，各种云安全服务产品竞相推出，目前常见的主要有主机安全类、网络安全类、数据安全类、应用安全类和安全运营类等产品。本书安全云存储系统提供的是数据安全类云安全服务，以规范化、易集成、跨平台的接口调用形式对外提供数据安全能力，包括数据加密、密钥管理、密文检索等。安全云存储系统建设者不必了解相关密码学知识，不必构建纷繁复杂的密钥管理系统，不必关心数据安全功能的内部实现逻辑，只需调用开放接口即可获得专业、强大的数据安全能力，免去了密码定制开发的工作。

云安全服务基于云计算平台实现，包括安全组件和安全服务端两部分，系统架构如图 1.5 所示。其中，安全组件以一种易集成的、标准 API 的形式对外提供服务，使用多种编程语言实现，兼容目前主流的桌面和移动操作系统，便于用户简单、快速地将安全组件集成到自身应用中，调用安全组件提供的开放接口即可实现数据加/解密、密钥管理、密文检索等功能。安全服务端为安全组件的各个功能接口提供配套服务，并存放用户认证信息、密钥信息、密文索引信息等。安全组件和安全服务端之间使用安全传输信道进行通信。

使用云安全服务的用户首先需使用接入凭证进行用户认证，认证通过后便可获取数据加/解密、数据同步、密钥管理和密文检索等安全服务。

（1）数据加/解密：以安全组件的形式为用户提供基于国际密码标准和国产密码算法的统一加/解密功能，用户只需获取该安全组件并调用相应接口，即可获取数据加/解密能力。数据加/解密服务采用“一文一密”的加密方式，支持用户自定义加/解密配置和加/解密算法，支持的密码算法包括且不限于 SM1、SM4、3DES、AES-128、AES-196、AES-258 等。其中，SM1 算法和 SM4 算法是我国自主设计的分组对称密码算法，均可用于实现数据的加/解密运算，以保证数据和信息的机密性。

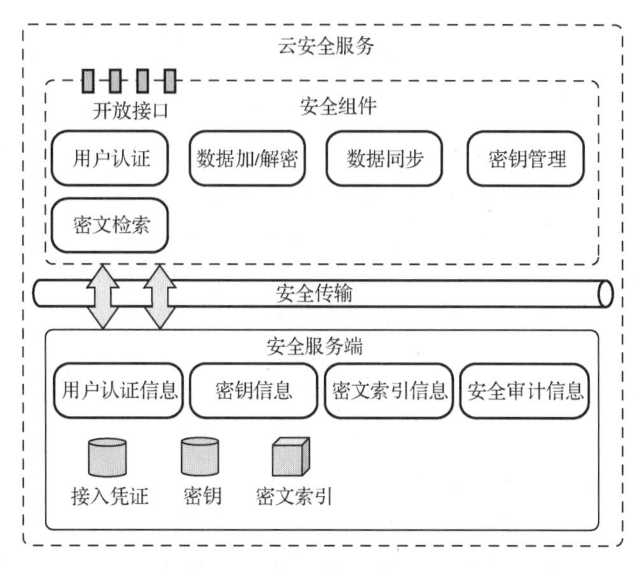

图 1.5 云安全服务的系统架构

（2）数据同步：通过安全组件中的数据同步接口对外提供数据同步服务，将用户上传的数据密文索引信息发送至安全服务端进行存储。

（3）密钥管理：通过安全组件中的密钥管理接口对外提供密钥管理服务，采用主密钥、密钥加密密钥、会话密钥、文件加密密钥等多级密钥管理方法，实现多级密钥生成、使用、更新、备份和恢复等全生命周期管理方案，根据密钥管理策略对用户授予多级密钥的使用权限。通过密钥备份功能对主密钥、密钥加密密钥和文件加密密钥等进行备份，防止密钥丢失带来的安全问题。备份的数据也包括和加密密钥有关的其他数据库文件（如加密密钥和文件的对应关系表、用户表）等。

（4）密文检索：通过安全组件中的密文检索接口对外提供密文检索服务，采用倒排表或聚类数据结构建立良好的密文索引模型，支持针对 txt、pdf、word 等非结构化数据的密文快速检索，支持多关键词可排序密文全文检索，同时不泄露检索内容。

此外，云安全服务还具备安全审计功能，可对获取云安全服务的用户操作行为进行日志记录，日志信息包括操作主体、客体、行为、时间、行为结果等内容，同时提供日志浏览查询和系统行为分析等审计功能。

1.4.5 系统优势特色

通过引入灵活、便捷、专业的云安全服务，安全云存储系统能够提供安全、可靠的云存储服务，具有安全自主可控、用户隐私保护、密文高效检索等优势特色。

（1）安全自主可控。在目前常用的典型云存储案例中，用户数据的安全性完全依赖于云存储服务商的安全、可信，从而存在云存储服务商主动或被动泄露用户数据的隐患。安全云存储系统实现所有数据安全功能，脱离了对云存储服务商的依赖，可解决由于云存储服务商不可信造成的用户数据泄露问题，从而为用户提供安全的数据存储服务。

（2）用户隐私保护。在大多云存储系统中，用户数据普遍以明文形式保存，存在用户隐私数据被云端管理员或其他用户窥探、窃取的风险。安全云存储系统通过获取云安全服务中的数据加密能力，实现了用户数据上传之前的加密功能，且采用“一文一密”的加密方式、多级密钥管理模式、密钥和密文分离存储的管理方式，可解决云存储服务商浏览、窥探用户数据的安全隐患，保护用户隐私数据。

（3）密文高效检索。数据加密存储后将不再具备明文数据的一些特征，传统的明文内容检索技术将无法应用在密文上，给实际应用带来很大的局限性。安全云存储系统通过获取云安全服务中的密文检索能力可提供密文检索服务，使得用户在无须解密数据的情况下就能够直接对密文内容进行高效检索，便捷、安全且快速。

1.5 小结

本章对云存储进行了概述，全面分析了云存储面临的安全风险，深入分析了云存储存在的安全需求，详细阐述了安全云存储系统的框架，为读者构建安全云存储系统提供参考和指导。

在云存储概述方面，首先阐述了云存储的含义，分析了云存储具备的特征，然后介绍了云存储的架构和优势，并从云存储服务部署方式和数据存储访问方式两个方面介绍了云存储的主要类型，最后分析了云存储的发展现状和趋势。

在云存储安全风险分析方面，从技术、管理、法律法规三个方面深入分析了云存储面临的安全风险。其中，在技术安全风险方面，围绕云存储数据的生命周期，分析了各个阶段面临的数据安全风险；在管理安全风险方面，从云存储服务是否满足 SLA、云存储服务不可持续和身份管理三个方面进行了深入分析；在法律法规风险方面，分析了云存储在隐私保护、犯罪取证、数据跨境、安全性评价与责任认定四个方面的风险。

在云存储安全需求分析方面，针对云存储在技术、管理、法律法规等方面面临的各种安全风险，逐一深入分析了安全云存储系统的各项建设需求，列出了云存储安全风险与安全需求映射表。

在安全云存储系统构建方面，从系统功能分析、系统总体框架、系统功能架构、云安全服务和系统优势特色五个方面进行了全面介绍。其中，系统功能分析部分列出了安全云存储系统的需求与功能映射表；系统总体框架部分提出了安全云存储系统总体框架，包括云存储系统、云安全服务和云存储服务三部分，描述了每部分的功能以及三者之间的关系；系统功能架构部分详细介绍了客户端和服务端的各个功能模块；云安全服务部分介绍了云安全服务的架构，及其对外提供的数据加/解密、数据同步、密钥管理、密文检索等安全服务；系统优势特色部分介绍了安全云存储系统具备的核心优势，包括安全自主可控、用户隐私保护和密文高效检索。

习题 1

一、选择题

（1）关于云存储的含义，下列说法不正确的是____。

（A）云存储是在云计算概念的基础上延伸和发展出来的一个新的概念

（B）云存储是一个以数据存储和管理为核心的云计算系统

（C）云存储使用户能够在任意时间、任意地点，通过任何连网的设备访问云存储系统中的数据

（D）用户使用云存储，就只是使用云存储系统中的某一个存储设备存放数据

参考答案：D。

（2）在云存储架构中，哪一层的作用是对存储设备进行抽象，将所有存储空间集成到存储资源池中，实现从物理设备到逻辑视图的映射？（　　）

（A）数据存储层

（B）数据管理层

（C）数据服务层

（D）用户访问层

参考答案：A。

（3）根据数据存储和访问方式，云存储主要包括块存储、文件存储和________三种类型。

（A）公有云存储

（B）私有云存储

（C）混合云存储

（D）对象存储

参考答案：D。

（4）在云存储服务中，数据存放位置不确定性、数据隔离不完全等是数据生命周期哪个阶段面临的技术安全风险？（　　）

（A）数据生成阶段

（B）数据传输阶段

（C）数据存储阶段

（D）数据共享阶段

参考答案：C。

（5）数据恢复漏洞与哪些关键的云特性相关？（　　）

（A）按需自主服务

（B）泛在的网络访问

（C）位置无关资源池和快速的伸缩能力

（D）可被测量的服务

参考答案：C。

（6）云存储面临的管理风险不包括________。

（A）云存储服务无法满足 SLA

（B）云存储服务不可持续风险

（C）身份管理风险

（D）安全漏洞带来的风险

参考答案：D。

（7）通常情况下，与网络或云存储环境中的数据有关的大部分法律和规章都是被设计用

于____的。

（A）实施多种管理职责

（B）保护个人数据防止丢失、误用、替换

（C）确保毫无疑问安全规程合规性

（D）管理公司责任

参考答案：B。

（8）欧盟《通用数据保护条例》中，对于没有通过“充分保护水平”认定的国家，数据也可以向其流动，但必须提供充分保障措施，充分保障措施指________。

（A）标准合同

（B）约束性公司规则

（C）行为准则和认证机制

（D）以上都是

参考答案：D。

（9）云安全服务的优势特点包括________。

（A）以规范化、易集成、跨平台的接口调用形式对外提供数据安全能力

（B）云安全服务提供的安全组件兼容目前主流的桌面和移动操作系统

（C）云安全服务提供的安全组件能够简单、快速地集成到用户的应用中

（D）以上都是

参考答案：D。

（10）安全云存储系统具有的优势特色包括________。

（A）安全自主可控

（B）用户隐私保护

（C）密文高效检索

（D）以上都是

参考答案：D。

二、简答题

（1）简述云存储具备的特征。

（2）相比于传统的存储方式，云存储具有哪些优势？

（3）简述云存储服务的主要类型。

（4）围绕云存储数据的生命周期，分析云存储面临的技术安全风险。

（5）从 SLA、服务不可持续、身份管理三个方面简述云存储管理面临的安全风险。

（6）简述云存储在法律法规方面面临的安全风险。

（7）简述云存储的各项安全需求。

（8）简述安全云存储系统总体框架。

（9）简述安全云存储系统的功能架构。

（10）简述云安全服务的系统架构和其提供的安全服务。

参考资料

[1] 刘洋. 云存储技术[M]. 北京：经济管理出版社，2017.

[2] 云存储相关技术及术语的探讨. https://blog.csdn.net/qq_40402685/article/details/85688876.

[3] 计世资讯. 2018—2019 年中国公有云存储服务市场发展趋势研究. 2019 年 5 月.

[4] 中国信息通信研究院. 云计算发展白皮书. 2018.

[5] 陈驰，于晶，马红霞. 云计算安全[M]. 北京：电子工业出版社，2020.

[6] 云计算开源产业联盟. 云计算安全白皮书[R]. 2018.

[7] 梁波. 大数据云计算环境下的数据安全研究[J/OL] . 现代工业经济和信息化，2018(15):74-75.

[8] Winkler V J R. Securing the Cloud：Cloud Computer Security Techniques and Tactics[M]. Elsevier，2011.

[9] 张健. 云计算服务等级协议（SLA）研究[J]. 电信网技术，2012(2):7-10.

[10] 丁秋峰，孙国梓. 云计算环境下取证技术研究[J]. 信息网络安全，2011,11:37.

[11] 丁惠强. 征信数据跨境流动监管研究[J]. 征信，2011,29(2):17-20.

[12] 吴迪. 个人数据跨境流动的国际规制[D]. 武汉大学，2018.

[13] 冯登国，张敏，张妍. 云计算安全研究[J]. 软件学报，2011,22(1):71-83.

第2章

安全云存储系统开发环境的搭建

安全云存储系统采用C/S（Client/Server，客户端/服务端）架构提供安全云存储服务，其中，客户端使用跨平台桌面开发工具Qt进行开发，服务端使用微服务框架SpringBoot和开源数据库PostgreSQL进行开发。本章分别介绍客户端和服务端开发环境的搭建和使用方法，帮助读者快速搭建安全云存储系统的开发环境，并根据示例程序快速掌握编程方法。

2.1 客户端开发环境的搭建

安全云存储系统的客户端是直接与用户交互的终端应用，需提供友好的可视化界面。Qt是目前主流的跨平台图形界面开发工具，非常适合桌面客户端的应用开发。本节从Qt概述、Qt安装和Qt使用三个方面详细介绍基于Qt的客户端开发环境的搭建和使用方法。

2.1.1 Qt概述

Qt是跨平台C++应用程序开发框架，通常应用于图形界面开发。Qt通过与不同操作系统的底层API接口进行对接，可以轻松实现应用程序"一次编写，随处编译"，运行在主流的桌面操作系统上。Qt图形界面应用程序与部分支持平台的底层API的关系如图2.1所示。

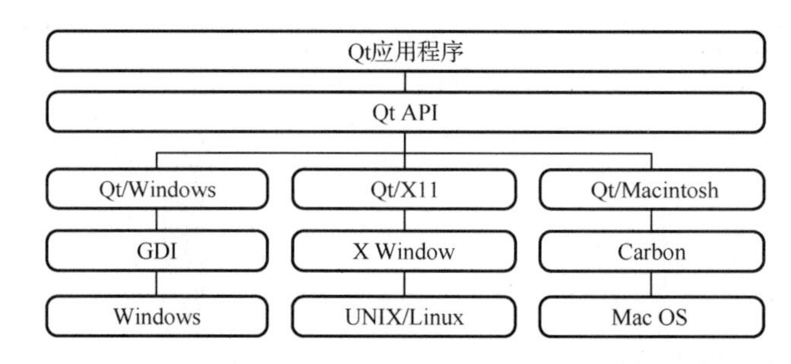

图2.1 Qt图形界面应用程序与部分支持平台的底层API的关系

Qt API通过与所支持的操作系统底层API进行对接，使Qt图形界面能够显示对应操作系统的图形风格。其中，GDI（Graphics Device Interface）是Windows操作系统中图形绘制及显示的主要API，Qt应用程序通过封装Qt/Windows与GDI进行交互；X Window是UNIX/Linux操作系统的底层图形界面应用程序，Qt/X11依赖X Window与UNIX/Linux操作系统进行交互；Carbon是Mac OS操作系统下的应用开发环境，包含了应用程序的图形部分。

2.1.1.1 Qt功能模块

Qt功能模块分为五部分：Qt基本模块（Qt Essentials）、Qt扩展模块（Qt Add-Ons）、增值模块（Value-Add Modules）、技术预览功能（Technology Preview Features）和开发工具（Qt Tools），详细信息可以在 Qt 官方帮助文档中查看 All Modules 相关内容[1]。其中，Qt 基本模块是 Qt 的核心，定义了适用于所有平台的基础功能，所有 Qt 应用程序都需要使用该模块的功能，其架构如图 2.2 所示。

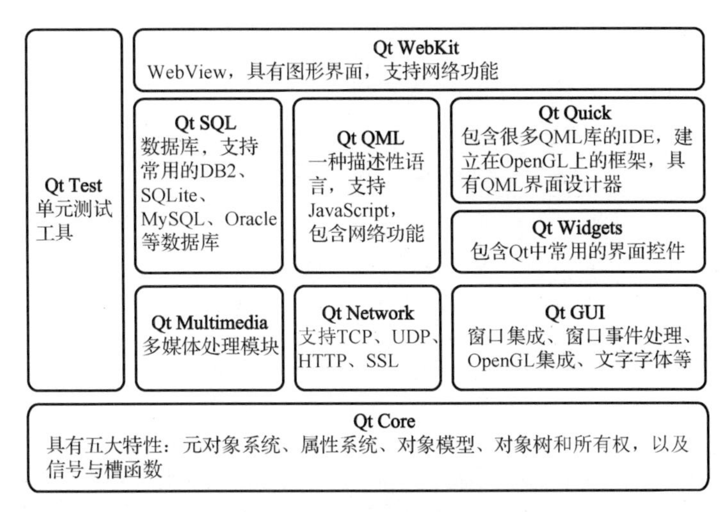

图 2.2　Qt 基本模块架构

在 Qt 基本模块中，Qt Core 是所有基本模块的基础，其他的基本模块都依赖于 Qt Core。Qt Core 具备五大特性，分别是元对象系统、属性系统、对象模型、对象树和所有权、信号与槽函数。

（1）元对象系统（Meta-Object System）：元对象系统提供了对象间通信机制（信号与槽函数）、运行时（Run-Time）类型信息和动态属性系统，要求所有类都继承 QObject，在类的开头定义 Q_Object 宏，然后通过元对象编译器 MOC（Meta Object Compiler）将 C++源文件编译成以 moc_开头的中间文件。

（2）属性系统（Property System）：属性系统是 Qt 在操作系统提供的非标准编译器之上封装的一个与平台和编译器无关的系统，程序代码能够被 Qt 支持的平台的标准 C++编译器进行编译。

（3）对象模型（Object Model）：对象模型为图形界面编程提供了高度的灵活性，也确保了图形界面程序具有较高的运行效率。

（4）对象树和所有权（Object Trees & Ownership）：对象树是 Qt 管理对象的一种机制，当创建一个对象时，若使用了其他对象作为其父对象，则它会被添加到父对象的子列表中；当父对象被销毁时，这个对象也会被销毁。该机制非常适合管理 GUI 对象。

（5）信号与槽函数（Signals & Slots）：信号与槽函数是 Qt 的一个核心特性，主要用于对象间的通信。

Qt 的其他基本模块均以 Qt Core 为基础，Qt 的基本模块被编译为动态库，供上层应用调用，部分基本模块简介如表 2.1 所示。

表 2.1　Qt 部分基本模块简介

模　　块	简　　介
Qt GUI	图形用户界面（GUI）开发的最基础的类库，包括各种交互事件等；同时，这个模块还包括有关 OpenGL 的内容
Qt Network	提供网络编程类库
Qt Multimedia	提供对视频、音频、无线电以及摄像头的支持
Qt Widgets	提供针对 Qt GUI 的扩展 C++组件
Qt Quick	提供一个用于创建高度动画效果的应用程序的声明框架，该框架建立在 QML 和 JavaScript 的基础上
Qt QML	提供对 QML 和 JavaScript 的支持
Qt SQL	提供对关系型数据库 SQL 的支持
Qt WebKit	提供基于 WebKit 引擎的 Qt 移植，以及新的面向 QML 的 API
Qt Test	提供应用程序和类库使用的单元测试工具

2.1.1.2　Qt 编译器

针对不同的开发平台，Qt 的编译器也不同。在 Linux 和 Mac OS 操作系统下，一般使用操作系统默认的编译器。而在 Windows 操作系统下，编译器有以下三种：

（1）MinGW：即 Minimalist GNU for Windows，是将 GCC 编译器移植到 Windows 平台下的产物。使用 MinGW 可以在 Windows 平台下编译 Linux 代码而不需要依赖第三方依赖库。

（2）MSVC：即 Microsoft Visual C++ Compiler，微软的 VC 编译器。

（3）UWP：即 Universal Windows Platform，开发者使用它编译程序可以得到 Windows 10 通用的应用程序，实现一次编写、一套业务逻辑和统一的用户界面。编译后的程序适用于所有 Windows 10 设备，包括手机、平板电脑、笔记本电脑、PC、Xbox、3D 全息眼镜、巨屏触控和物联网设备等，如网易云音乐和爱奇艺都发布了 UWP 版本的应用程序。

2.1.1.3　Qt 授权方式

Qt 提供商业授权和开源授权两种授权方式。商业授权允许开发者开发和发布专有应用程序，开源授权种类包括 GPL2.0、GPL 3.0、LGPL2.1 和 LGPL3.0 等。GPL（GNU General Public License，GUN 通用公共许可证）授权不是为了保护开发者利益，而是为了鼓励开发者相互共享各自的成果。该授权允许开发者使用 Qt 的源代码和类库，但要求新开发的软件也必须遵循 GPL 协议，新开发的软件源代码也必须开源，从而极大地限制了软件在商业领域的应用。LGPL（Lesser GNU General Public License，宽松的 GPL）授权是一种宽松的 GPL 授权，一般针对类库。该授权允许开发者基于 Qt 的类库开发任何闭源程序，但如果要把类库和源程序打包成静态库，开发者就必须要遵守以下规定：

（1）必须在开发者文档中说明新开发的程序使用了 LGPL 类库。

（2）必须在新开发的程序中包含一份 LGPL 授权。

（3）必须开源所有使用了 LGPL 类库的源代码，如某些封装器，但使用这些封装器的代码不必公开。

说明： 根据 LGPL 授权要求，所有使用了 LGPL 类库的代码都需要开源，所以一般情况下，开发者会编写一个封装器把 LGPL 类库封装起来，这样就只需开源封装器的代码，而使用这个封装器的代码就不需要开源。

（4）必须开源应用程序余下的目标文件（通常是.o 文件）或其他等价文件，源代码不需开源。

说明： 这条规定是对第（3）条的补充，使用了封装器的代码需开源编译生成的中间文件，如编译生成的.o 文件。

不同版本 Qt 中的不同组件适用的授权方式不同，如果使用 Qt 作为开发工具发布商业软件，则需要仔细查看依赖组件的授权方式，以免造成不必要的麻烦。

2.1.2　Qt 安装

Qt 在不同操作系统中的安装过程略有区别，本节分别介绍 Qt 在 Windows、Linux 和 Mac OS 中的安装过程。本书使用的开发平台是 Windows 10，为了避免由于 Qt 版本差异而产生不必要的问题，建议读者根据自己的操作系统在 Qt 官网[2]下载、安装与本书相同的 Qt 版本，即 Qt 5.12.3。

2.1.2.1　在 Windows 操作系统中安装 Qt

在 Windows 操作系统中，下载 Qt 安装包后，双击 exe 文件，出现安装向导界面，单击“下一步”按钮，选择“安装位置”，单击“下一步”按钮进入选择组件界面。

注意： 在安装向导界面，当用户计算机处于连网状态时，会出现用户账户登录和注册界面；当用户计算机处于断网状态时，这一步可以跳过。

在选择组件界面，需要选择安装 Qt 所需要的组件。单击各项前面箭头可展开子项的内容，如图 2.3 所示。根据需要选择需要安装的模块，如果希望使用 MinGW 进行编译，则勾选 MinGW 选择框；如果希望使用 MSVC VS 进行编译，则需要勾选 MSVC；如果要开发 UWP 程序，则需要勾选 UWP 选项。此外，可以根据需要选择适当的扩展模块，如 Qt Charts、Qt Purchasing 等。

注意： 使用 MinGW 或 MSVC 编译的应用程序在运行效果上没有区别，使用 MSVC 编译器的前提是必须安装 Visual C++或者 Visual Studio，使用 MinGW 编译器则不需要安装其他依赖，所以，建议初学者使用 MinGW 编译器。

在“Developer and Designer Tools”选项中，第一项中的 CDB 调试器用于微软系统命令行调试，如果仅使用 MinGW 进行编译，则可以不选此项；第二、三项是不同平台的 MinGW 交叉编译（交叉编译即在某一平台上编译用于其他平台的程序），如果无须使用，也可以不选；第四项是用于 Perl 的，如果计算机没有安装 Perl，则不必选择。

选择完成后，单击“下一步”按钮即可进行软件安装。

2.1.2.2　在 Linux 操作系统中安装 Qt

针对 Linux 操作系统，本节以 Ubuntu 系统为例介绍 Qt 的安装方法。

首先进入软件安装包的目录，取得安装包的执行权限，然后使用命令行运行安装包，如下：

```
$ cd /Download/                                      # /Download/为 Qt 安装包的存放路径
$ chmod +x qt-opensource-linux-x64-5.12.3.run        #添加执行权限
$ ./qt-opensource-linux-x64-5.12.3.run               #运行程序
```

图 2.3　选择安装编译器

弹出安装界面后，按照界面提示进行安装即可。在 Ubuntu 系统中安装 Qt 时，安装组件需要勾选“Desktop gcc 64-bit”，如图 2.4 所示。

图 2.4　在 Ubuntu 系统中安装 Qt 时选择的组件

此外，在安装过程中还需注意两点：

（1）检查 Linux 操作系统是否安装了 GCC/G++编译器，若没有安装则需要手动安装，安装方法如下：

```
$ sudo apt-get install build-essential          #安装依赖项
$ sudo apt-get install gcc                      #安装 gcc
$ sudo apt-get install g++                      #安装 g++
```

（2）若 Linux 操作系统没有自带 OpenGL 库，则需手动安装 OpenGL，否则 Qt 程序在运行时会报错，安装 OpenGL 库的方法如下：

```
$ sudo apt-get install mesa-common-dev
$ sudo apt-get install libglu1-mesa-dev –y
```

2.1.2.3　在 Mac OS 操作系统中安装 Qt

在 Mac OS 操作系统中安装 Qt 时需选择对应系统的编译器，其他操作方法和步骤与在 Ubuntu 系统中安装 Qt 类似。

2.1.3　Qt 使用

由于 Qt 具有跨平台特性，其使用方法和代码编写规范等在各个操作系统中基本相同（单独调用系统底层 API 的情况除外），因此在介绍 Qt 的使用方法时不再区分操作系统。本节从应用创建、图形界面设计、信号与槽函数、多线程、网络通信、链接库六个方面对 Qt 使用方法进行介绍。本书示例代码运行的平台为 Windows 10 操作系统，也可在其他操作系统中运行。

2.1.3.1　应用创建

下面从新建一个简单的应用开始，介绍创建 Qt 应用的方法步骤和组成 Qt 应用的基本要素。

（1）选择项目模板。在“欢迎”窗口中，单击“Projects→New Project”，也可单击菜单栏“文件→新建文件或项目”，或直接按下“Ctrl+N”快捷键，在“新建项目”界面中选择“Application”中的“Qt Widgets Application”项，然后单击“Choose”按钮。

（2）输入项目信息。在“名称”输入框中输入项目名称，然后单击创建路径右边的“浏览”按钮选择项目路径，如果选中了“设置默认的项目路径”，则以后创建的项目会默认使用该路径。单击“下一步”按钮进入下一个界面。

注意：本实验使用的 Qt 5.12.3 版本不支持中文的项目路径，所以在实验过程中，应该避免将项目建在一个中文的目录下，以免发生编译失败的错误。

（3）选择构建套件。选择“Desktop Qt 5.12.3 MinGW 64-bit”，如果使用 MSVC 或者 UWP 编译器，则勾选对应套件的选择框。单击套件右边的“详情”，则会显示 Debug 版本、Release 版本和 Profile 版本的路径，如图 2.5 所示。操作完成后单击“下一步”按钮。

注意：Profile 版本是 Release 版本和 Debug 版本的一个平衡，兼顾性能和调试，可以看成性能更优并且方便调试的版本。另外，编译器对应的套件可以多选，编译器可以在项目中切换。

图 2.5　选择编译套件

（4）输入类信息。在“类信息”界面创建一个自定义类，这里设置类名为“MainWindow”，基类选择“QMainWindow”，表明该类继承自 QMainWindow 类，使用这个类可以产生一个窗口界面。操作完成后单击“下一步”按钮。

（5）设置项目管理。这里可以看到该项目的汇总信息，还可使用版本控制系统。直接单击“完成”按钮完成项目创建。项目创建成功的界面如图 2.6 所示。

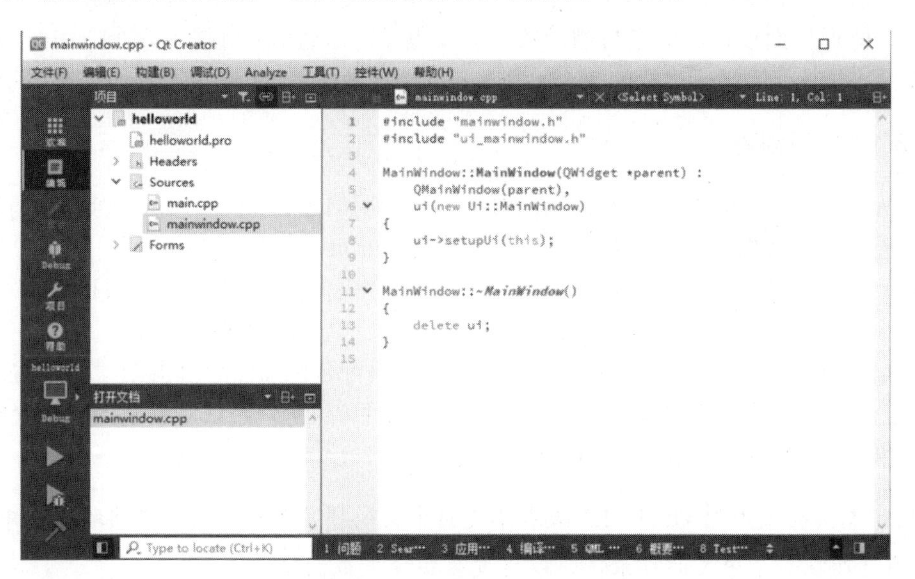

图 2.6　项目创建成功的界面

注意： 本书将“工程”“项目”“应用”作为同义词，都指某个项目；“目录”与“文件夹”也作为同义词。

项目创建完成后会直接进入编辑模式。

打开项目目录（本书示例的项目目录是“D:\QtWorkspace\helloworld”）可以看到，项目包括 6 个文件，各个文件的说明如表 2.2 所示。

表 2.2　项目目录中各个文件说明

文　件	说　明
helloworld.pro	该文件是项目文件，其中包含了项目相关信息
helloworld.pro.user	该文件包含了与用户有关的项目信息
main.cpp	该文件中包含了 main()主函数
mainwindow.cpp	该文件是新建的 MainWindow 类的源文件
mainwindow.h	该文件是新建的 MainWindow 类的头文件
mainwindow.ui	该文件是用户设计的界面对应的界面文件

（6）运行程序。可直接使用“Ctrl+R”快捷键或者通过按左下角的运行按钮来运行程序。如果修改了代码，则会弹出“保存修改”对话框，可以选中“构建之前总是先保存文件”选项，则以后再运行程序时便可自动保存文件。程序运行成功后会弹出一个窗口，如图 2.7 所示。

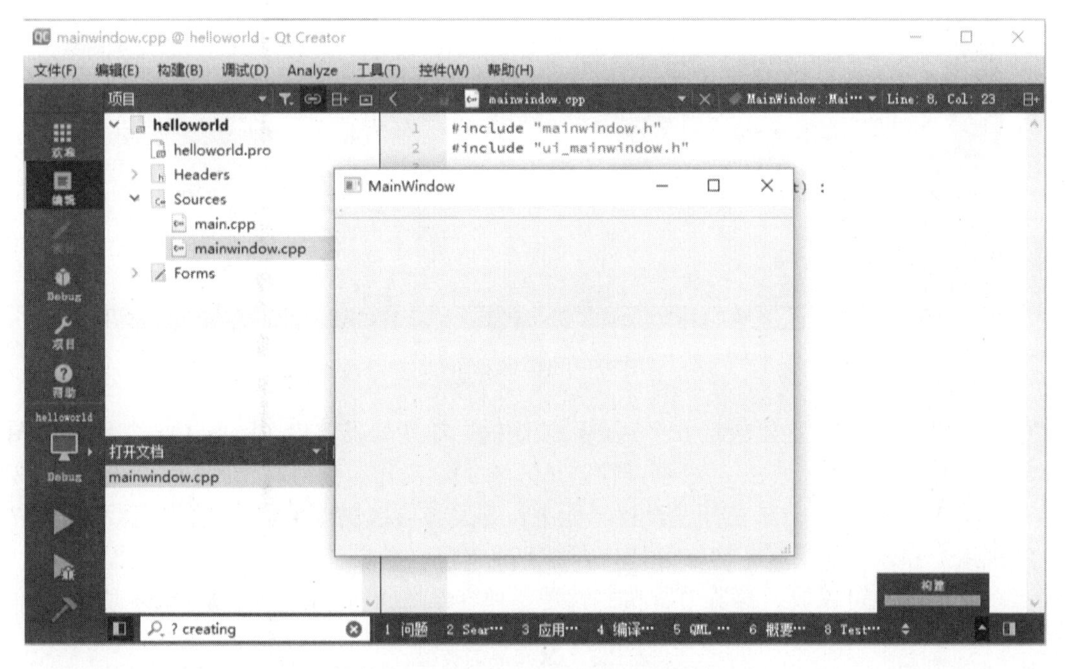

图 2.7　程序运行成功后弹出的窗口

注意：源代码编码格式为 UTF-8 编码。

2.1.3.2　图形界面设计

下面介绍 Qt 应用中的图形界面设计方法。

新建 Qt Widgets 项目，项目名称为“GuiStyleDesign”，类名为“MainWindow”，基类为“QMainWindow”。项目创建完成后，在项目的导航栏里找到 Forms 文件夹中的界面文件 mainwindows.ui，如图 2.8 所示，双击该文件进入如图 2.9 所示的开发设计界面。

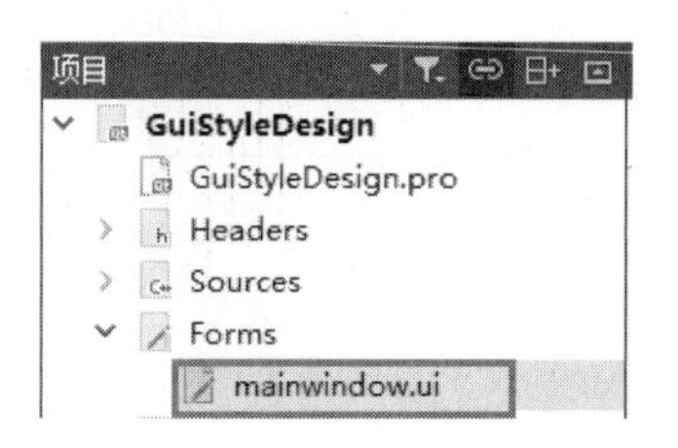

图 2.8　项目中的界面文件

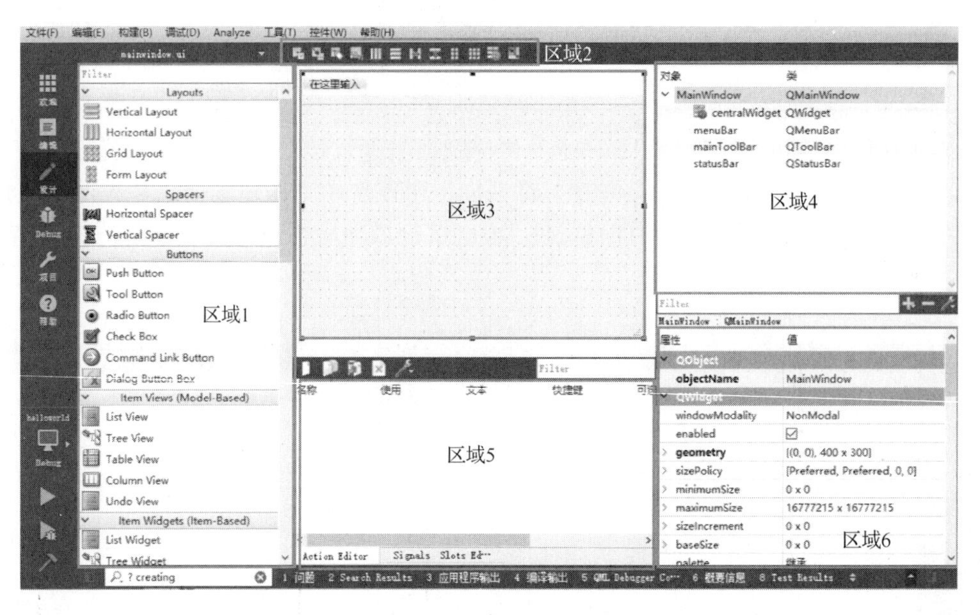

图 2.9　开发设计界面

Qt 的开发设计界面主要包括 6 个区域，依次为：部件列表窗口（区域 1）、常用功能图标（区域 2）、主设计区（区域 3）、对象查看器（区域 4）、动作、信号与槽函数编辑器（区域 5）以及属性编辑器（区域 6）。在开发设计界面中，开发者可以快速地将所需的部件添加到界面上，实现用户和软件的交互。部件可分为容器和元素，单个或者多个元素可以放置在容器中，一个或多个容器也可以放入容器中。布局就是一种容器，Qt 布局的类型如表 2.3 所示。

表 2.3　Qt 布局的类型

布局类型	描　述
垂直布局（Vertical Layout）	布局中的元素以垂直方式排列
水平布局（Horizontal Layout）	布局中的元素以水平方式排列
网格布局（Grid Layout）	布局中的元素以网格方式排列
表格布局（Form Layout）	实现表格方式的布局，用户可以很方便地自定义表格样式

在开发应用程序时，一般首先将布局拖入开发设计界面，再将其他元素拖入布局。在本例中，首先在 MainWindow 中拖入一个水平布局，再将一个标签（QLabel）、一个输入框（QLineEdit）、一个按钮（QPushButton）拖入水平布局中。为了防止窗口在左右拉伸时导致元素变形，需要在水平布局的左右各添加一个水平间隔器（Horizontal Spacers），可以看到水平

布局中的各个元素按照比例排列在布局中。接下来设置 MainWindow 的布局为垂直布局，同样，为了防止窗口在上下拉伸时导致元素变形，需要在垂直布局的上下各添加一个垂直间隔器（Vertical Spacers），设计界面如图 2.10 所示。

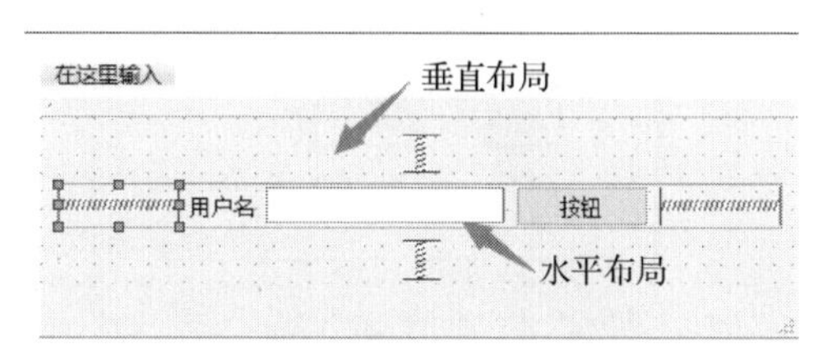

图 2.10　设计界面

以上通过拖曳的方式添加到开发设计界面中的部件均为系统默认状态。为了使开发设计界面更加美观，需要对开发设计界面上的部件进行美化设计，作为跨平台的开发框架，Qt 提供了强大且灵活的界面外观设计机制，其中 Qt 样式表（Qt Style Sheets，QSS）是一个可以自定义部件外观的、功能十分强大的机制。Qt 样式表和 HTML 的层叠样式表（Cascading Style Sheets，CSS）非常类似，与 CSS 不同的是，Qt 样式表应用于 Qt 的部件设计。

Qt 样式表的使用和 Qt 资源文件（后缀为.qrc 文件）使用密不可分，在应用中使用的各种素材（如图片、QSS 等）需首先在 Qt 资源文件中进行登记。如果应用中使用的素材没有在 Qt 资源文件中登记，程序在编译过程中会出现找不到相应文件的错误。Qt 资源文件的使用方法比较简单，右键单击项目，在弹出的快捷菜单中选择“添加新文件”（Add New...），在弹出的界面中选择“Qt→Qt Resource File”，如图 2.11 所示。

图 2.11　添加 Qt 资源文件

单击“Choose”按钮，在新弹出的对话框中填写资源文件名称，如“resource”。单击“下一步”按钮，在新弹出的对话框中单击“完成”按钮，便在工程中生成了 resource.qrc 文件，如图 2.12 所示。

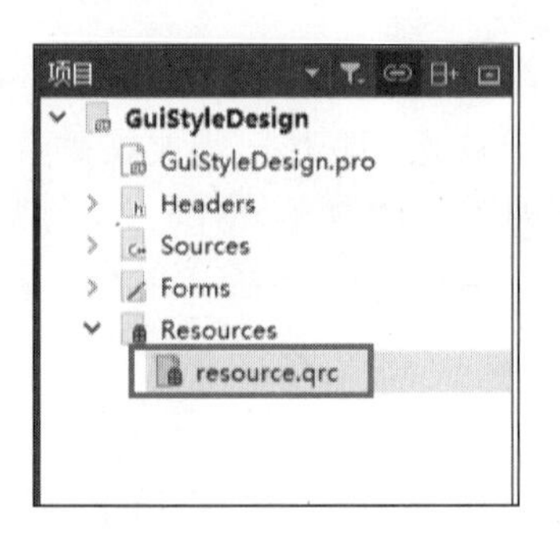

图 2.12　生成 Qt 资源文件

以上步骤实际上是在项目的根目录下新建了一个 resource.qrc 文件，并在项目的.pro 文件中添加了如下代码：

```
RESOURCES += \
    resource.qrc
```

双击 resource.qrc 文件，进入资源文件编辑界面。单击“添加→添加前缀”可编辑需要添加的前缀，示例中添加的前缀为“/resource/prefix”。在项目根目录下新建专门存放 Qt 资源文件的文件夹，如“resource”。将应用中用到的所有 Qt 资源文件存放在资源文件夹下，如，示例中将三张图片复制到“resource/pic/”目录下，三张图片分别是按钮默认（button_default）、按钮划过（button_hover）、按钮按下（button_pressed）的状态。将一个后缀为.qss 的文件复制到“resource/qss/”目录下示例图片和样式文件如图 2.13 所示。

图 2.13　示例图片和样式文件

在.qrc 的编辑界面单击“添加→添加文件”，在弹出的对话框中添加这 4 个文件，如图 2.14 所示。

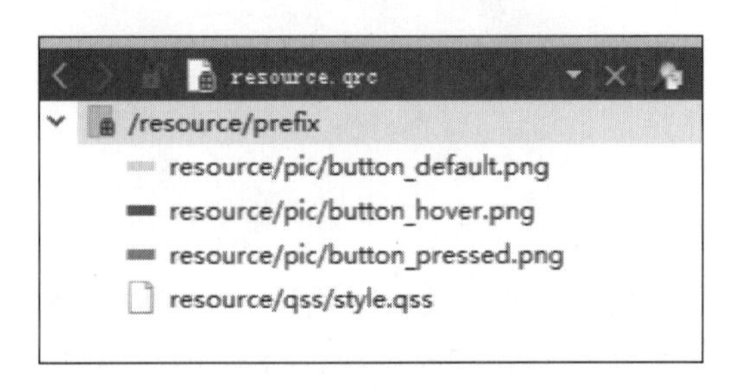

图 2.14　添加资源后的样式

Qt 界面样式设计的方法可分为使用代码设置样式表、在设置模式中设置样式表和使用 Qt 样式表设置样式，读者可以根据实际情况选择合适的方法。

（1）使用代码设置样式表。在 mainwindow.ui 的界面上拖入一个“Push Button”，在属性编辑器中将“objectName”设置为“mypushbutton”，在 mainwindow.cpp 文件中的构造函数中添加如下代码：

```
ui->mypushButton->setStyleSheet("QPushButton{border-radius:5px;background-image:url(:/resource/prefix/resource/pic/button_default.png);}"
    "QPushButton:hover{background-image:url(:/resource/prefix/resource/pic/button_hover.png);}"
    "QPushButton:pressed{background-image:url(:/resource/prefix/resource/pic/button_pressed.png);}");
```

上述代码设置了这个按钮的样式，其中 radius 表示边角的弧度，示例中设置为 5px；background-image 表示按钮背景图片，示例中设置的按钮默认的背景图片为 button_default.png，按钮划过的背景图片为 button_hover.png，按钮按下的背景图片为 button_pressed.png。通过这种方式调用指定部件的 setStyleSheet()函数会对这个部件应用该样式表。如果想对所有相同部件应用相同的样式表，可在它的父部件上设置样式表，即在 QMainWindow 类的构造函数中添加如下代码：

```
setStyleSheet("QPushButton{border-radius:5px;background-image:url(:/resource/prefix/resource/pic/button_default.png);}"
    "QPushButton:hover{background-image:url(:/resource/prefix/resource/pic/button_hover.png);}"
    "QPushButton:pressed{background-image:url(:/resource/prefix/resource/pic/button_pressed.png);}");
```

这样在主窗口的所有按钮都会应用这个样式表。

（2）在设置模式中设置样式表。双击 mainwindow.ui 文件进入设计模式，单击需要进行样式设计的按钮，在属性编辑器中，单击“stylesheet”后面“…”按钮，弹出如图 2.15 所示的“编辑样式表”对话框，在对话框中输入代码。

图 2.15 “编辑样式表”对话框

另外，也可以使用编辑样式表中自带的功能添加其他样式，如“添加资源”“添加渐变”“添加颜色”“添加字体”等。

（3）使用 Qt 样式表设置样式。双击打开“resource/qss”文件夹下的 style.qss 文件，填入如下代码：

```
QPushButton{
    border-radius:5px;
    background-image:url(:/resource/prefix/resource/pic/button_default. png);
}
QPushButton:hover{
    background-image:url(:/resource/prefix/resource/pic/button_hover. png);
}
QPushButton:pressed{
    background-image:url(:/resource/prefix/resource/pic/button_pressed. png);
}
```

在 main.cpp 函数中使用 qApp->setStyleSheet()函数设置样式，如下所示：

```
#include "mainwindow.h"
#include <QApplication>
#include <QFile>
int main(int argc, char *argv[])
{
    QApplication a(argc, argv);
    QFile file(QString(":/resource/prefix/resource/qss/style.qss")); //初始化 QFile
    file.open(QFile::ReadOnly);                                      //以只读方式打开 QSS 文件
    QString qss = QLatin1String(file.readAll());                     //读取 QSS 文件的内容
    qApp->setStyleSheet(qss);                                        //设置应用的样式
    //设置程序图标，logo.ico 是应用的图标，其路径需要添加在 resouce.qrc 文件中
    qApp->setWindowIcon(QIcon(":/resource/prefix/resource/pic/logo. ico"));
    file.close();                                                    //关闭 QSS 文件
    MainWindow w;
    w.show();
    return a.exec();
}
```

程序运行界面如图 2.16 所示。

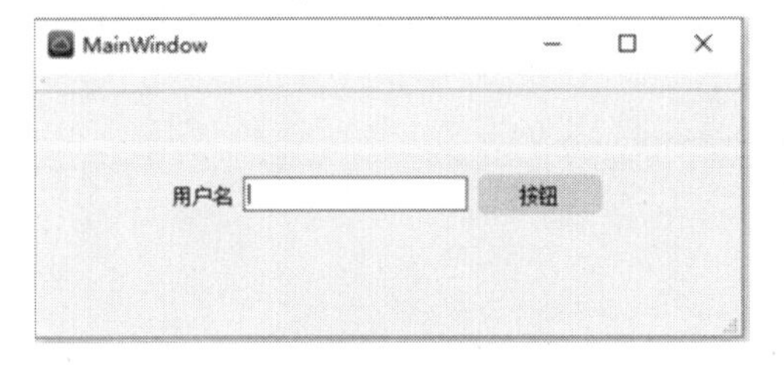

图 2.16 程序运行界面

2.1.3.3 信号与槽函数

信号与槽函数是 Qt 框架的核心特征之一，也是 Qt 不同于其他开发框架的最突出的特征，用于两个对象之间的通信。下面从信号与槽函数的概述、使用、关联和断开四个方面对信号与槽函数进行讲解。

（1）信号与槽函数的概述。信号是从某个对象内部发出的状态改变的信息，槽函数是接

收信号的函数。例如，当检测到按钮被单击之后，就会发出一个信号（signal），这个信号类似广播，如果有对象对这个信号感兴趣，它就会使用连接（connect）函数，将想要处理的信号和自己的一个函数（称为槽函数）进行绑定。当发送信号时，被连接的槽函数会自动被回调。在 Qt 图形界面编程中，当改变一个部件的状态时，通常也希望其他部件能了解到变化。更一般地说，开发者希望任何对象可以和其他对象进行通信。

注意： 关于对象之间的通信，也可以使用回调函数。回调函数实际上是函数指针，函数指针的原理是将其作为参数传递给对象函数，对象函数在适当时机调用这个函数指针。和回调函数相比，信号与槽函数更加灵活，但是运行效率不如回调函数。

信号与槽函数是类型安全的，信号与槽函数的传参必须是匹配的（实际上，槽函数接收的参数可能比信号传参的数量少，因为槽函数可以忽略额外的参数），编译器还可以帮助检查传参类型是否匹配。另外，信号与槽函数是松耦合的，发出信号的对象既不知道也不关心哪个槽函数接收信号。开发者根据需要将信号与槽函数连接起来，这样在发送信号时，槽函数才可以被正确调用。信号与槽函数跟普通函数的调用一样，如果使用不当，在程序执行时也可能产生死循环。因此，在定义槽函数时，一定要注意避免间接产生无限循环，即在槽函数中再次发送所接收到的信号。

继承自 QObject 或其子类（如 QWidget）的所有类都可以直接使用信号与槽函数。开发者可以将任意多的信号连接到一个槽函数，也可以将一个信号连接到任意多的槽函数，甚至可以将一个信号直接连接到另一个信号，如图 2.17 所示。信号与槽函数一起构成了一个强大的编程机制，如果一个信号与多个槽函数相关联，那么当信号被发送时，与之相关的槽函数被激活的顺序将是随机的。

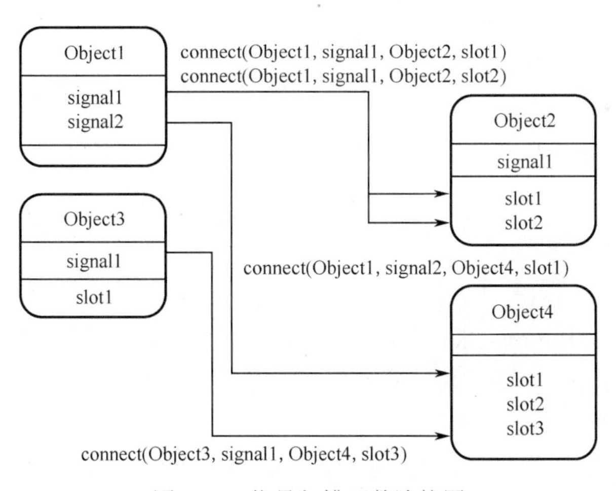

图 2.17　信号与槽函数连接图

（2）信号与槽函数的使用。下面分别介绍系统的信号与槽函数以及用户自定义的信号与槽函数的使用方法。

① 系统的信号与槽函数。Qt 中的很多类都内置了信号函数。例如，按钮类（QPushButton）内置了鼠标单击信号函数（clicked()）、鼠标按下信号函数（pressed()）、鼠标释放信号函数（released()），网络接入类（QNetworkAccessManager）内置了接收网络返回信息的信号函数

（finished()）等。开发者可以直接利用这些信号函数进行开发，本书将这一类信号与槽函数统称为系统的信号与槽函数，下面介绍其使用方法。

新建 Qt Widgets 项目，项目名称设置为“signalandslot1”，类名设置为“MainWindow”，基类设置为“QMainWindow”。项目建立完成后，进入设计模式，在 mainwindow.ui 的界面上拖入一个 Push Button，单击鼠标右键后，在弹出的快捷菜单中选择“转到槽…”，如图 2.18 所示。

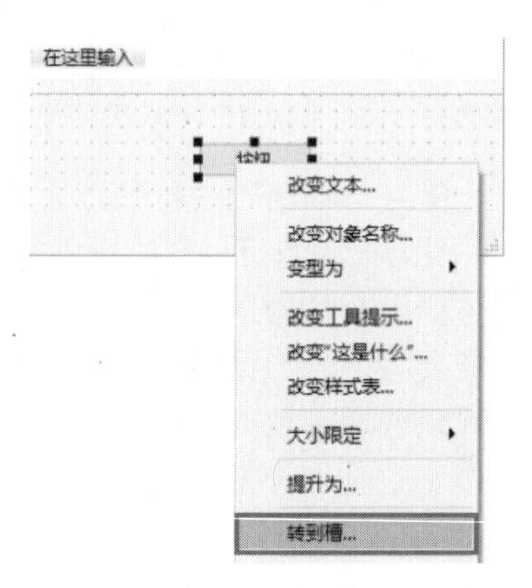

图 2.18　在快捷菜单中选择“转到槽…”

选择“clicked()”，界面会自动跳到 mainwindow.cpp 编辑界面，自动增加了 on_pushButton_clicked()槽函数，然后在槽函数中添加 QApplication::quit()让程序退出，如下所示：

```
void MainWindow::on_pushButton_clicked()
{
    QApplication::quit();
}
```

同时，在 mainwindow.h 文件中也自动生成了一个槽函数声明：

```
private slots:
    void on_pushButton_clicked();
```

运行程序后单击鼠标按键，发现程序会退出。这是因为单击鼠标按键时会触发 clicked()信号函数，信号被 on_pushButton_clicked()槽函数接收，然后在槽函数中执行了退出程序的代码。

② 用户自定义的信号与槽函数。Qt 不仅可以使用系统的信号与槽函数，还允许开发者设计自己的信号与槽函数，下面介绍使用方法。

新建 Qt Widgets 项目，项目名称设置为“signalandslot2”，类名设置为“MainWindow”。双击 mainwindow.h 进入编辑模式，在头文件中增加如下代码：

```
signals:
    void send(QString);            //自定义 send()信号函数，参数为一个字符串
private slots:
    void receive(QString);         //自定义 receive()私有的槽函数，参数为一个字符串
```

进入 mainwindow.cpp 编辑模式，新增如下代码：

```
MainWindow::MainWindow(QWidget *parent) :
    QMainWindow(parent),
    ui(new Ui::MainWindow)
{
    ui->setupUi(this);
QObject::connect(this,SIGNAL(send(QString)),this,SLOT(receive(QString)));    //连接信号与槽函数
    emit send("message"); //发送信号
}
void MainWindow::receive(QString para)
{
    qDebug()<<"receive para is "<<para;
}
```

MainWindow 在构造函数中调用 QObject::connect 函数将 send()信号函数与 receive()槽函数进行了连接。然后使用 emit 发送了信号，传参为"message"字符串。信号被自定义的 receive()槽函数接收，在 receive()槽函数中将接收到的字符串显示出来。

注意： qDebug()是 Qt 的日志打印函数，打印的日志在控制台显示，该函数中"<<"右边为需要打印的字符串。使用该函数时需要在头文件中添加"#include <QDebug>"。

（3）信号与槽函数的关联。信号与槽函数的关联使用 QObject 类的 connect()函数，该函数的原型为：

```
static QMetaObject::Connection connect(const QObject *sender, const QMetaMethod &signal, const QObject *receiver, const QMetaMethod &method, Qt::ConnectionType type = Qt::AutoConnection);
```

其中，第一个参数为发送信号的对象，第二个参数为发送信号的函数，第三个参数为接收信号的对象，第四个参数为槽函数。对于信号与槽函数，必须使用 SIGNAL()和 SLOT()宏进行包括，这两个宏定义可以将函数的参数转化成 const char *类型。信号与槽函数的传参只能有类型，不能有变量名，且信号与槽函数的传参类型要求一致，信号传递的参数的个数可以多于槽函数接收的个数，多余的参数将被自动忽略。connect()函数的最后一个参数 type 表示关联的方式，由 Qt::ConnectionType 枚举类型指定，编程中一般使用默认值 Qt::AutoConnection。

注意： 信号与槽函数的关联还需注意以下几点：

① 宏定义不能用在信号与槽函数的参数中。

② 函数指针不能作为信号或槽函数的参数。

③ 信号与槽函数不能有缺省的参数，如"public slots: void myslot(int x = 1)"这样的使用方法是不合法的。

④ 信号与槽函数不能携带模板类参数。

⑤ 嵌套的类不能位于信号或槽函数内。

⑥ 友元声明不能位于信号或槽函数的声明区内。

（4）信号与槽函数的断开。若想将信号与槽函数的关联断开，则需使用 disconnect()函数。该函数一般有如下几种用法：

① 断开与一个对象所有信号的所有关联：

```
disconnect(object,0,0,0);
```

等价于：

```
object->disconnect();
```

② 断开与一个指定信号的所有关联：

```
disconnect(object,SIGNAL(signal()),0,0);
```

等价于：

```
object->disconnect(SIGNAL(signal()));
```

③ 断开与一个指定接收者的所有关联：

```
disconnect(object,0,receiver,0);
```

等价于：

```
object->disconnect(receiver);
```

④ 断开一个指定信号与槽函数的关联：

```
disconnect(object,SIGNAL(signal()),receiver,SLOT(slot()));
```

等价于：

```
object->disconnect(SIGNAL(signal()),receiver,SLOT(slot()));
```

2.1.3.4 多线程

Qt 的 QThread 类专门用于处理多线程，开发者使用 QThread 类可以开发与平台无关的、可移植的多线程 Qt 应用。QThread 类的使用方法有两种，第一种是直接继承 QThread 类的 run 函数，第二种是将继承自 QObject 的类转移到一个 QThread 中。第二种方法更加灵活，故 Qt 官方建议使用第二种方法。

下面举例说明 Qt 多线程的使用方法。

新建 Qt Widgets 项目，项目名称设置为“multithread”，类名设置为“MainWindow”，基类设置为“QMainWindow”。项目建立完成后，右键单击项目，在弹出的快捷菜单中选择“Add New…→C++→C++ Class”，在弹出的对话框中填入类名称“SonoBject”，基类选“QObject”，在头文件 sonobject.h 中添加头文件引用：

```
#include <QThread>
#include <QEventLoop>
#include <QTimer>
#include <QDebug>
```

并在头文件的类中添加如下声明：

```
public:
    void DoSetup(QThread &cThread );
signals:
```

```
    void sendsignal(QString);
public slots:
    void operation();
```

其中，DoSetup()函数是公有函数，参数为 QThread 引用；sendsignal()是信号函数，参数为一个字符串；operation()是公共的槽函数。在 sonobject.cpp 中加入如下代码：

```
void SonObject::DoSetup(QThread &cThread ){
    connect(&cThread,SIGNAL(started()),this,SLOT(operation()));
}
void SonObject::operation(){
    for(int i = 0; i < 10; i ++)
    {
        QEventLoop eventloop;
        QTimer::singleShot(1000, &eventloop, SLOT(quit()));    //等待 1 s
        eventloop.exec();
        qDebug()<<"tick";
    }
    emit sendsignal("complete!");
}
```

其中，在 DoSetup()函数中，使用 connect()函数将线程开始的信号与 operation()槽函数进行连接，在槽函数中执行耗时的操作。在示例中，我们使用 QEventLoop 使线程等待 10 s，最后发送一个函数执行完成的信号。

在 mainwindow.h 文件中添加头文件引用：

```
#include <QThread>
#include <QDebug>
#include "sonobject.h"
```

并添加一个槽函数：

```
private slots:
    void receiveslot(QString);
```

在 mainwindow.cpp 中实现对线程的调用：

```
MainWindow::MainWindow(QWidget *parent) : QMainWindow(parent),ui(new Ui::MainWindow)
{
    ui->setupUi(this);
    QThread *sonthread=nullptr;
    SonObject *sonobject=nullptr;
    if(nullptr==sonthread){
        sonthread = new QThread();
    }
    if(nullptr==sonobject){
        sonobject = new SonObject();
        connect(sonobject, SIGNAL(sendsignal(QString)),this, SLOT(receiveslot (QString)));
        sonobject->DoSetup(*sonthread);
        sonobject->moveToThread(sonthread);
```

```
        }
        if (!sonthread->isRunning()) {
            sonthread->start();
        }
    }
    void MainWindow::receiveslot(QString message){
        qDebug()<<"receive message is "<<message;
    }
```

上述代码首先定义了 QThread 对象和 SonObject 对象，接下来对其进行初始化，使用 connect()函数将 SonObject 对象发出的信号与 MainWindow 对象的 receiveslot()槽函数进行绑定，调用 DoSetup()函数将 Qthread 对象的开始信号与 SonObject 对象的执行函数进行绑定，最后调用 QThread 对象的 start()函数开始线程的执行。程序执行成功后，可以在控制台看到打印的日志，在日志打印的过程中，可以随意拖动窗口，且不会出现卡顿，说明新线程的使用并不会给主线程造成阻塞。

线程的停止和析构方法如下：

```
if(nullptr!=sonthread){
    if(sonthread->isRunning()){
        sonthread->quit();
        sonthread->wait();
    }
    delete sonthread;
    sonthread = nullptr;
}
```

2.1.3.5 网络通信

Qt 中的 Qt Network 模块用于编写基于 TCP/IP 的网络程序，需要使用的类有 QNetworkRequest、QNetworkReply、QNetworkAccessManager 等。

下面介绍 Qt 网络通信程序的编写方法。

新建 Qt Widgets 项目，项目名称设置为“Network”，类名设置为“MainWindow”，基类设置为“QMainWindow”。项目建立完成后，在.pro 文件中添加“QT+=network”，表示程序中要使用 Qt Network 模块，在 mainwindow.h 中加入头文件引用：

```
#include <QtNetwork/QNetworkAccessManager>
#include <QtNetwork/QNetworkRequest>
#include <QtNetwork/QNetworkReply>
```

在头文件的类中添加如下声明：

```
private:
    QNetworkAccessManager *manager{ manager = nullptr };
    QNetworkReply *get_reply{ get_reply = nullptr };
private slots:
    void slot_replyFinished(QNetworkReply* reply);
    void slot_sslErrors(QNetworkReply *reply, const QList<QSslError> &errors);
```

```
    void slot_provideAuthenication(QNetworkReply* reply, QAuthenticator* authenticator);
    void slot_NetWorkError(QNetworkReply::NetworkError);
```

首先声明了 QNetworkAccessManager 和 QNetworkReply 两个变量，并初始化为 nullptr；然后声明了 4 个槽函数，其中，slot_replyFinished()是当返回网络请求结果时触发的槽函数，slot_sslErrors()是 https 协议错误时触发的槽函数，slot_provideAuthenication()是当网络需要认证时触发的槽函数，slot_NetWorkError()是网络发生错误时触发的槽函数。

在 mainwindow.cpp 中添加如下代码：

```
MainWindow::MainWindow(QWidget *parent) :
    QMainWindow(parent),
    ui(new Ui::MainWindow)
{
    ui->setupUi(this);
    if (nullptr == manager) {
        manager = new QNetworkAccessManager(this); //对 manager 进行初始化
        //连接 finished 信号与自定义的 slot_reply Finished 槽函数
        connect(manager, SIGNAL(finished(QNetworkReply*)),this, SLOT (slot_replyFinished
                                    (QNetworkReply*)));
        //连接 sslErrors 信号与自定义的 slot_sslErrors 槽函数
        connect(manager, SIGNAL(sslErrors(QNetworkReply*, QList <QSslError>)), this,
                                    SLOT(slot_sslErrors(QNetworkReply*, QList <QSslError>)));
        //连接 authenticationRequired 信号与自定义的 slot_provideAuthenication 槽函数
        connect(manager,SIGNAL(authenticationRequired(QNetworkReply*, QAuthenticator*)),this,
                            SLOT(slot_provideAuthenication(QNetworkReply*, QAuthenticator*)));
    }
    QNetworkRequest network_request;
    network_request.setUrl(QUrl("http://www.sklois.cn/"));  //设置网络请求的网址
    get_reply = manager->get(network_request);              //发送 get 请求
    //连接 error 信号与自定义的 slot_NetWorkError 槽函数
    connect(get_reply, SIGNAL(error(QNetworkReply::NetworkError)), this, SLOT(slot_NetWorkError
                                            (QNetworkReply::NetworkError)));
}
//网络请求返回结果触发的槽函数
void MainWindow::slot_replyFinished(QNetworkReply* reply){
    QString ret_data;
    if (nullptr != reply) {
        ret_data = reply->readAll();
        //调用 qDebug()函数打印网络请求返回的内容
        qDebug() << Q_FUNC_INFO << "reply readAll is " << ret_data;
        reply->deleteLater();
        reply = nullptr;
    }
}
//网络请求发生错误时触发的槽函数
void MainWindow::slot_sslErrors(QNetworkReply *reply, const QList <QSslError> &errors) {
    reply->ignoreSslErrors();
```

```
}
//网络请求需要提供认证信息触发的槽函数
void MainWindow::slot_provideAuthenication(QNetworkReply* reply, QAuthenticator* authenticator) {
}
//网络请求发生错误时触发的槽函数
void MainWindow::slot_NetWorkError(QNetworkReply::NetworkError errorCode) {
        if (nullptr != get_reply) {
                get_reply->deleteLater();
                get_reply = nullptr;
        }
        if (nullptr != manager) {
                delete manager;
                manager = nullptr;
        }
}
```

在上述代码中，首先，判断 manager 是否为 nullptr，若是，则对它进行初始化。初始化完成后，使用 connect()函数将 QNetworkAccessManager 对象的 finished()、sslErrors()、authenticationRequired()信号函数与自定义的槽函数进行绑定。

然后，初始化 network_request，设置需要访问的 url，使用 manager 的 get()函数发送一个请求，get()函数返回一个 QNetworkReply 对象。

QNetworkAccessManager 提供的网络请求方法如表 2.4 所示。

表 2.4　QNetworkAccessManager 提供的网络请求方法

方　法	描　述
get	请求指定的界面信息，并返回响应信息
head	类似于 get 请求，只不过返回的响应信息中只有消息头，没有具体的内容
post	向指定资源提交数据进行处理请求（如提交表单或者上传文件），数据被包含在请求中，post 请求可能会导致新的资源的建立和/或已有资源的修改
put	向服务器上传数据，取代原来的数据
deleteResource	请求服务器删除指定的内容
connectToHost	初始化一个连接，只完成 TCP 握手，还未发送请求

每种访问方法所需的参数可能不同，开发者需根据实际情况选择合适的调用方式。

最后，使用 connect()函数对 get_reply 的 error 信号和自定义的 slot_NetWorkError()槽函数进行绑定，当网络出现错误时，会自动触发这个槽函数。

当程序得到网络返回结果后，会自动触发 slot_replyFinished()槽函数，网络返回内容可以从槽函数的参数 QNetworkReply 中获得。因为 QNetworkReply 继承自 QIODevice 类，所以可以像操作一般 I/O 设备一样来操作该类，这里使用 readAll()函数来读取所有返回数据，并使用 qDebug()函数打印返回数据。使用 deleteLater()函数来删除 QNetworkReply 对象。

在 slot_sslErrors()槽函数中，使用 reply->ignoreSslErrors()来忽略 ssl 的错误。在 slot_NetWorkError()槽函数中，对 get_reply 和 manager 两个全局变量进行了删除。

以上网络请求的示例访问的是 HTTP 请求，如果访问 HTTPS 请求，还需在

QNetworkRequest 初始化之后加入如下代码：

```
QSslConfiguration config;
config.setPeerVerifyMode(QSslSocket::VerifyNone);
config.setProtocol(QSsl::TlsV1_2);
network_request.setSslConfiguration(config);
```

注意：在 Windows 操作系统中，使用上面的示例程序发送 HTTPS 请求可能会产生“qt.network.ssl:QSslSocket::connectToHostEncrypted:TLS initialization failed”错误。这是因为系统缺少 ssleay32.dll 和 libeay32.dll 这两个库文件，这两个库文件可以在目录“\Tools\mingw730_64\opt\bin\”下找到，将其复制到 Qt 安装目录“\Tools\mingw730_64\bin\”目录下或应用程序运行目录下即可。

2.1.3.6　链接库

在软件开发过程中，软件往往会被分割成很多模块独立进行开发，各个模块之间是松耦合的关系，各个模块之间通过接口来调用。而模块一般被编译成易被调用的链接库，模块内部对用户来说是一个黑盒，用户并不关心其内部是如何实现的，上层应用只需通过事先规定的标准接口对模块进行调用。下面介绍 Qt 链接库的编译和使用方法。

（1）链接库的编译。

第一步，选择项目模板。单击“文件→新建文件或项目→Library→C++库”。

第二步，填入项目信息。在弹出的“项目介绍和位置”对话框中，类型选择“共享库”，填写项目名称和路径，示例中的项目名称是“Library”，单击“下一步”按钮。

第三步，选择构建套件。在弹出的“编译器套件选择”对话框中，选择编译器套件，示例中选择“MinGW 编译器套件”，单击“下一步”按钮。

第四步，选择依赖模块。在弹出的“选择需要的模块”对话框中，根据需要选择所需模块，示例中只勾选“QtCore”，单击“下一步”按钮。

第五步，输入类信息。在弹出的“详情”对话框中，查看默认生成的类名、头文件和源文件，也可更改类名称、头文件和源文件名称，单击“下一步”按钮。

第六步，设置项目管理。这里可以看到这个项目的汇总信息，还可以使用版本控制系统，直接单击“完成”按钮完成项目创建。

项目建立完成后，直接进入项目编辑模式，可以看到项目生成如表 2.5 所示的 4 个文件。

表 2.5　项目各个文件说明

文　件	描　　述
Library.pro	项目文件，其中包含了项目相关信息，其中“TARGET = Library”表示动态链接库名称，“TEMPLATE = lib”表示这个工程是一个链接库
library.h	新建的 Library 类头文件，类名使用 LIBRARYSHARED_EXPORT 声明表示这个类是可以被导出的，可以被外部调用
library_global.h	项目全局头文件，包含了一些宏定义，在示例中定义 LIBRARYSHARED_EXPORT 为 Q_DECL_EXPORT
library.cpp	新建的 Library 类源文件，编写库文件实现逻辑

注意：链接库中被外部程序调用的类或者函数需要被 Q_DECL_EXPORT 修饰，这样才能使被调用的类或者函数添加到链接库的导出表中，进而被外部调用，在 Windows 操作系统中，Q_DECL_EXPORT 表示 __declspec(dllexport)，在 Linux 操作系统中，Q_DECL_EXPORT 表示 __attribute__((visibility ("default")))。

第七步，编写链接库代码。在这一步，开发者可以根据自己需求编写链接库的代码，示例中编写了一个简单的加法函数，在 library.h 头文件中添加一行声明：

```
int add (int a, int b);
```

在 library.cpp 文件中添加 add()函数的实现：

```
int Library::add (int a, int b){
        return a+b;
}
```

第八步，编译链接库。链接库的编译可分为 Debug 版本、Release 版本和 Profile 版本，用户可以在 Qt Creater 左下角切换编译的版本。本示例选择 Release 版本，单击“构建项目”按钮或者按下“Ctrl+B”组合键可进行项目构建。项目构建成功之后，会在“项目构建路径\release”目录下生成对应的库文件。

注意：Debug 版本的库文件名字与 Release 版本和 Profile 版本略有不同，其库文件名字尾部多一个“d”字母，表示这个库文件为调试库。

静态链接库的编译需要在.pro 文件中加入“CONFIG+=staticlib”配置，代码如下所示：

```
TEMPLATE = lib
CONFIG += staticlib                    #加上则生成静态链接库
```

注意：使用 MinGW 编译器套件编译的动态链接库文件包括一个.dll 文件和一个.a 文件（这里的.a 文件为导入库）；使用 MSVC 编译器套件生成的动态链接库包括一个.dll 文件和一个.lib 文件（这里的.lib 文件为导入库）；使用 MinGW 编译器套件生成的静态链接库包括一个.a 文件；使用 MSVC 编译器套件生成的静态链接库包括一个.lib 文件。

（2）链接库的使用。新建一个 Qt Widgets 项目作为链接库调用项目，项目名称设置为“MainApp”，类名设置为“MainWindow”，基类设置为“QMainWindow”。项目建立完成后，在项目目录下手动建立 include 和 lib 目录，分别用于存放链接库的头文件和库文件。将链接库编译中生成的 library.h 和 library_global.h 头文件复制到 include 目录下，将链接库编译中生成的动态链接库或者静态链接库复制到 lib 目录下。右键单击项目，在弹出的快捷菜单中选择“添加库”，由于添加的是外部库，因此在“库类型”中选择“外部库”，如图 2.19 所示。

单击“下一步”按钮，填写外部库详细信息，如图 2.20 所示。

首先，根据操作系统选择库类型（Library type）；接下来，单击“库文件”的“浏览”按钮，选择动态或者静态链接库文件路径，示例中为新建的 lib 目录。然后，单击“包含路径”的“浏览”按钮，选择头文件地址，示例中为新建的 include 目录。设置完成后，单击“下一步”按钮进入汇总界面，单击“完成”按钮，把依赖的库文件信息添加到项目的.pro 文件中，如下：

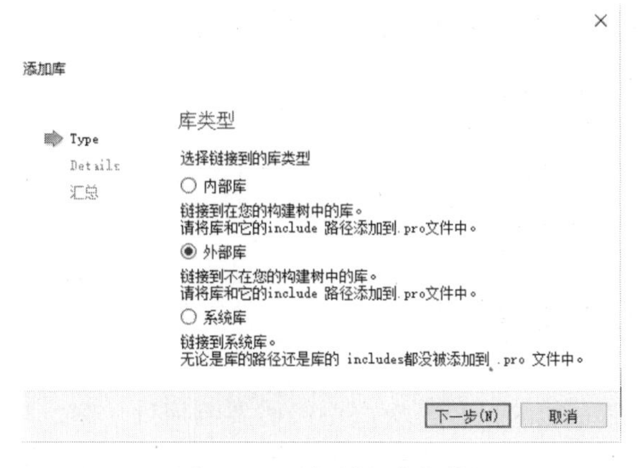

图 2.19　添加外部库依赖

添加库
Type
Details
汇总
外部库
指定链接库和包含路径
Library type: Windows (*.lib lib*.a)
库文件:　浏览...
包含路径:　浏览...
平台
Linux
Mac
Windows
链接：动态
动态　静态
Mac：库
库　框架
Windows:
debug或release子目录下的库
为debug版本添加'd'作为后缀
移除release版本中的'd'后缀
下一步(N)　取消

图 2.20　填写外部库详细信息

```
#选择 Release 版本时依赖的库文件名称为 Library
win32:CONFIG(release, debug|release): LIBS += -L$$PWD/lib/ -lLibrary
#选择 Debug 版本时依赖的库文件名称为 Libraryd
else:win32:CONFIG(debug, debug|release): LIBS += -L$$PWD/lib/ -lLibraryd
else:unix: LIBS += -L$$PWD/lib/ -lLibrary

INCLUDEPATH += $$PWD/include
DEPENDPATH += $$PWD/include
```

注意：项目的 Release 版本和 Debug 版本需要依赖对应版本的库文件。例如，该项目中 Release 版本依赖的库文件为 Library.dll，Debug 版本依赖的库文件为 Libraryd.dll。开发者要注意项目与库文件版本的对应关系，以免出现库文件未找到的错误。

在 mainwindow.h 中添加头文件引用：

```
#include  "library.h"
```

在 mainwindow.cpp 文件的 MainWindow 构造函数中添加如下代码：

```
Library *library = new Library();
int out = library->add(10,19);
qDebug()<<"out is "<<out;
```

运行程序后可以在控制台查看打印输出结果。

2.2 服务端开发环境的搭建

服务端是安全云存储系统的核心模块，不仅需要响应处理客户端的各种请求、存储用户及数据信息，还需要对接外部云存储和云安全服务。本节将讲述服务端开发环境搭建的过程，服务端开发环境的搭建包括数据库的搭建和服务端开发框架的搭建。数据库的搭建将讲述开源数据库 PostgreSQL 的安装和使用方法，服务端开发框架的搭建将讲述目前流行的微服务框架 SpringBoot 的使用方法。本书使用的服务器运行平台为 64 位的 CentOS 7.6 桌面版，数据库版本为 PostgreSQL 11，SpringBoot 版本为 2.1.7。

2.2.1 数据库的搭建

PostgreSQL 起源于加利福尼亚大学伯克利分校 Postgres 软件包，至今已有三十多年的历史，是世界上先进的开源数据库之一，其功能强大，特性丰富，使用非常广泛。PostgreSQL 支持大多数操作系统，使用 PostgreSQL License 声明，不限制其在商业环境和具有版权的应用中使用。用户也可以选择其他操作系统和软件版本进行实践。

2.2.1.1 PostgreSQL 的安装

PostgreSQL 的安装分为在线安装和离线安装。在线安装适合服务器可连接网络的情况，操作简单方便；离线安装适合服务器断网的情况，需提前将安装包复制到服务器进行安装。下面介绍 PostgreSQL 11 在 64 位的 CentOS 7.6 操作系统上的安装和使用方法，其他平台和版本请参考官方文档。

（1）PostgreSQL 的在线安装。进入 PostgreSQL 官网，单击“Download”按钮将会看到在线安装的方法[3]，安装过程如下：

第一步，选择版本，数据库版本为 11。

第二步，选择操作系统，选择 RedHat Enterprise、CentOS、Scientific or Oracle version 7。

第三步，选择架构，x86_64。

第四步，安装 RPM 包，安装命令如下：

```
$ yum install https://download.postgresql.org/pub/repos/yum/reporpms/EL-7-x86_64/pgdg-redhat-repo-latest.noarch.rpm
```

第五步，安装客户端安装包，安装命令如下：

```
$ yum install postgresql11
```

第六步，安装服务端安装包，安装命令如下：

```
$ yum install postgresql11-server
```

第七步，数据库初始化和设置数据库自启动，设置命令如下：

```
$ /usr/pgsql-11/bin/postgresql-11-setup initdb
$ systemctl enable postgresql-11
$ systemctl start postgresql-11
```

注意：使用 yum 安装数据库时，如果操作系统中不存在 postgres 本地用户，安装程序会自动创建名为 postgres 的操作系统用户和名为 postgres 的数据库超级用户。

（2）PostgreSQL 的离线安装。PostgreSQL 官网向用户开放离线包下载地址[4]，如图 2.21 所示，用户可以根据自己的操作系统下载相应的版本。

Index of /pub/

Name↓	Last Modified:	Size:	Type:
../		-	Directory
binary/	2019-Jun-20 13:03:26	-	Directory
dev/	2017-Dec-28 15:56:45	-	Directory
latest/	2019-Jun-20 13:02:50	-	Directory
misc/	2009-Jul-22 19:27:21	-	Directory
odbc/	2005-Nov-28 03:34:58	-	Directory
pgadmin/	2017-Apr-13 10:58:54	-	Directory
postgis/	2018-Oct-19 04:16:14	-	Directory
projects/	2005-Nov-28 03:39:30	-	Directory
repos/	2017-Oct-25 08:28:37	-	Directory
snapshot/	2018-Jul-08 20:40:22	-	Directory
source/	2019-Jun-20 22:28:48	-	Directory
README	2019-Jan-01 00:00:01	1.7K	application/octet-stream
sync_timestamp	2019-Jul-03 08:19:15	0.1K	application/octet-stream

lighttpd/1.4.45

图 2.21　PostgreSQL 数据库离线包下载地址

其中，“binary”目录下是对应苹果操作系统的安装包，“latest”目录下是最新的安装包，“pgadmin”目录下是 PostgreSQL 的图形化软件安装包，“repos”目录下是 Linux 操作系统的安装包，“source”目录下是源代码。单击进入“repos”目录，如图 2.22 所示。

Index of /pub/repos/

Name↓	Last Modified:	Size:	Type:
../		-	Directory
apt/	2016-Aug-10 18:34:52	-	Directory
yum/	2019-Jun-13 15:59:57	-	Directory
zypp/	2019-Apr-10 23:41:06	-	Directory

lighttpd/1.4.45

图 2.22　repos 目录内容

“apt”目录下保存的是使用 apt 命令进行安装的软件包，如 Ubuntu 等操作系统；“yum”目录下保存的是使用 yum 命令进行安装的软件包，如红帽系列的 CentOS、Fedora 等操作系统；“zypp”目录下存放的是 SuSE 或 OpenSuSE 操作系统的安装包。根据操作系统的版本下载 3 个安装包，如下：

```
postgresql11-11.4-1PGDG.rhel7.x86_64.rpm
postgresql11-libs-11.4-1PGDG.rhel7.x86_64.rpm
postgresql11-server-11.4-1PGDG.rhel7.x86_64.rpm
```

然后依次安装：

```
$ rpm -ivh postgresql11-*
```

2.2.1.2 PostgreSQL 的配置

PostgreSQL 安装完成后，需要在硬盘上初始化一个数据的存储区域，用来存放数据文件和数据库实例的配置文件，该存储区域可以创建在任何合适的位置。初始化数据库需要使用 initdb 工具，操作命令如下所示：

```
$ {postgresql 安装目录}/bin/initdb -D {数据存储路径}
```

也可直接使用如下的命令让系统使用默认配置进行数据库初始化操作：

```
$ service postgresql initdb
```

初始化完成后，需要对 PostgreSQL 进行配置。PostgreSQL 有两个重要的全局配置文件：postgresql.conf 和 pg_hba.conf，这两个文件都位于初始化的数据存储区域中。

注意：一般情况下，在 CentOS 操作系统中，默认的安装目录为“/usr/pgsql-{version}/bin/”，默认的配置文件在“/var/lib/pgsql/{version}/data”下；在 Ubuntu 操作系统中，默认的安装目录为“/usr/lib/postgresql/{version}/”，默认的配置文件在“/etc/postgresql/{version}/main”下。

其中，postgresql.conf 主要负责配置文件位置、资源限制等，由多个 configparameter=value 形式的行组成。PostgreSQL 管理监听地址的配置项为 listen_address，默认安装的是只监听本地环回地址 localhost 的连接，不允许使用 TCP/IP 建立远程连接，启用远程连接时需要修改 listen_address 的参数，“*”表示可监听所有的地址，同时将端口的配置项 port 修改为 5432，如下所示：

```
listen_address='*'
port=5432
```

pg_hba.conf 负责客户端连接和认证，通过如下格式来规定客户端连接和认证的方式。

```
TYPE    DATABASE    USER    ADDRESS    METHOD
```

即允许 ADDRESS 列的主机以 TYPE 方式和 METHOD 认证方式通过 USER 用户连接 DATABASE 数据库。下面对以上参数进行说明：

（1）连接方式（TYPE）：TYPE 列的标识表示允许的连接方式，可用的值有 local、host 等，说明如下：

① local 适合使用 UNIX 域套接字建立的连接。如果没有 TYPE 为 local 的条目，则不允许通过 UNIX 域套接字连接，UNIX 域套接字一般使用命令行连接数据库。

② host 适合使用 TCP/IP 建立的连接。默认安装的是只监听本地环回地址 localhost 的连接，不允许使用 TCP/IP 建立远程连接，启用远程连接时需要修改 postgresql.conf 中的

listen_address 参数。TCP/IP 一般使用网址和端口进行连接。

（2）目标数据库（DATABASE）：DATABASE 列的标识表示该行的设置对哪个数据库生效，“all”表示对所有数据库生效。

（3）目标用户（USER）：USER 列的标识表示该行的设置对哪个数据库用户生效，“all”表示对所有用户生效。

（4）访问来源（ADDRESS）：ADDRESS 列的标识表示该行的设置对哪个 IP 地址或 IP 地址段生效；一般在连接方式为 TCP/IP 时才配置 IP 地址或 IP 地址段。

（5）认证方式（METHOD）：METHOD 列的标识表示客户端认证方法，常见的认证方法有 peer、trust、reject、md5 等。

① peer：使用连接发起端的操作系统用户名来进行身份认证，并检查该用户名是否与请求的数据库用户名匹配，仅适用于本地连接。

② trust：只需数据库用户名、不需要密码即可登录，建议不要在生产环境中使用。

③ reject：拒绝某个用户或某个网段的主机登录。

④ md5：认证密码以 md5 的形式传送给数据库，比较安全。

可以同时使用多种身份认证方式，对于每一个连接请求，PostgreSQL 会按照 pg_hba.conf 文件中记录的规则条目从上到下地进行检查。当检查到满足条件的规则时，就不再向下检查；如果到文件末尾都没有满足条件的规则，则按照默认的规则处理，即拒绝该连接。一般情况下，建议认证方式选择 md5。示例中 pg_hba.conf 文件的配置如下：

```
local   all    all    md5
host    all    all    0.0.0.0/0    md5
```

2.2.1.3 PostgreSQL 的使用

在 PostgreSQL 配置完成后即可启动数据库服务。使用 service 方法对数据库进行启动、停止等相关操作的命令如下：

```
$ service postgresql-11 start           #启动数据库服务
$ service postgresql-11 status          #查看数据库运行状态
$ service postgresql-11 stop            #停止数据库服务
$ service postgresql-11 restart         #重启数据库服务
$ systemctl enable postgresql-11        #设置数据库开机自动启动
$ systemctl disenable postgresql-11     #设置数据库开机不自动启动
```

在启动 PostgreSQL 后，还需使用命令行连接数据库。因为 PostgreSQL 只允许指定用户对数据库进行访问，所以必须切换到指定用户。

```
# su - postgres                         #切换到 PostgresSQL 用户
$ psql                                  #执行 psql 命令来连接数据库
```

数据库连接成功如下所示：

```
-bash-4.2$ psql
psql (11.4)
Type "help" for help.
postgres=#
```

然后，修改默认用户的口令，示例中口令为'0My0PassWOrd!'，开发者可将其更改为任何想要的口令，建议修改为安全强度很高的口令。

```
postgres=# ALTER USER postgres WITH PASSWORD '0My0PassWOrd!';
```

PostgreSQL 为用户提供了丰富的元命令，使用这些元命令可以高效、便捷地对数据库进行管理。元命令的格式是反斜杠（“\”）加一个命令动词，再加一些参数。可以使用“\?”来获取帮助信息，了解可以使用的命令清单。下面列出一些简单的元命令操作说明：

```
\l                  #查看数据库列表
\c databasename     #切换数据库或者用户
\d table_name       #查看表定义
\d+ table_name      #查看表结构
\du                 #查看所有用户
\q                  #退出数据库
```

PostgreSQL 支持执行正常的 SQL 语句，下面列出一些简单的 SQL 语句操作示例：

```
#创建数据库
create database mydatabase;
#创建新表
CREATE TABLE user_table(id int primary key not null,name VARCHAR(20), sign_date DATE);
#插入数据
INSERT INTO user_table (id ,name, sign_date) VALUES(1,'张三', '2019-09-04');
#选择记录
SELECT * FROM user_table;
#更新数据
UPDATE user_table set name = '李四' WHERE name = '张三';
#删除记录
DELETE FROM user_table WHERE name = '李四';
#删除表
DROP TABLE user_table;
```

关于 PostgreSQL 的更多说明和操作方法请查看 PostgreSQL 的官方文档[5]。

2.2.1.4 PostgreSQL 的迁移

数据库在长期使用过程中，数据会慢慢积累在特定目录下的数据存储空间，可能会因为存储空间不够而导致数据库运行错误，常用的解决办法就是将数据库迁移到足够大的存储空间内。数据库迁移的方法有两种：一种是将数据库的数据导出为 sql 文件，当准备好更大的存储空间之后，再将 sql 文件导入其中；另一种直接将数据复制到更大的存储空间内，再做简单操作即可完成数据库的迁移。下面对第二种法进行介绍。

第一步，关闭数据库。

第二步，将数据库存储目录下的数据复制到新的目录下。例如，将“/var/lib/pgsql/11/data/”目录下的数据复制到“/home/user/Db/pgsql/data/”目录下，并设置用户和权限，操作命令如下：

```
# sudo cp -rf /var/lib/pgsql/11/data/ /home/user/Db/pgsql/data/
# sudo chown -R postgres:postgres /home/user/Db/pgsql/data/
# sudo chmod 700 /home/user/Db/pgsql/data/
```

第三步，将 postgresql.conf 中的 data_directory 修改为新的目录，操作命令如下：

```
data_directory = '/home/user/Db/pgsql/data'
```

第四步，重新初始化数据库，操作命令如下：

```
$ service postgresql initdb
```

第五步，启动数据库，操作命令如下：

```
$ service postgresql-11 start
```

至此即可完成 PostgreSQL 的迁移。

2.2.1.5　PostgreSQL 的图形化客户端工具

目前已有很多针对 PostgreSQL 的图形化客户端工具，其中，pgAdmin 是使用最广泛的 PostgreSQL 图形化客户端工具，该工具支持 Linux、UNIX、Mac OS 和 Windows 等诸多操作系统。下面以在 Windows 10 操作系统上安装 pgAdmin 为例，简单介绍 pgAdmin 的安装和使用方法。

在 pgAdmin 官网主页上下载安装包[6]，下载完成后即可根据提示进行安装，安装完成后打开 pgAdmin 的界面如图 2.23 所示。

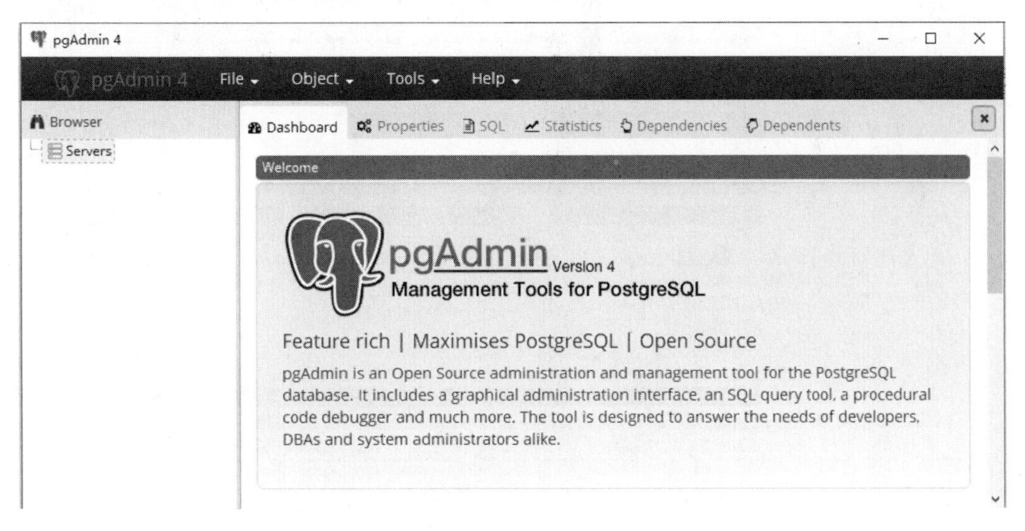

图 2.23　pgAdmin 的界面

右键单击“Servers”，在弹出的快捷菜单中选择“Create→Server”或者选择菜单“Object→Create→Server”，均可弹出“Create→Server”对话框，在对话框的“Connection”选项卡中填写相关信息，如图 2.24 所示。

图 2.24　在“Connection”选项卡中填写相关信息

在“General”选项卡中填写数据库连接别名，在“Connection”选项卡中填写连接数据库的地址、用户和口令等信息，单击“Save”按钮，即可进入连接数据库成功后的界面，如图 2.25 所示。

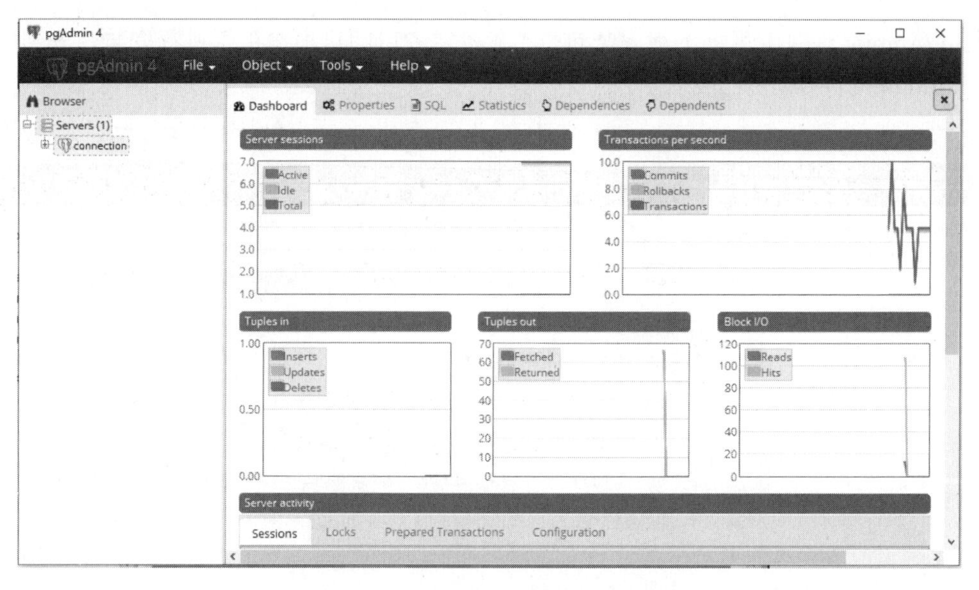

图 2.25　连接数据库成功后的界面

可以看到，pgAdmin 具有丰富的监控功能，如显示数据库进程、每秒事务数、I/O 变化等。选择菜单“Tools→Query Tool”，在弹出的对话框中输入数据库语句，即可进行日常的数据库操作。单击左侧导航目录，依次展开“Servers→{ConnectionName}→Databases→{databasename}→Schemas→public→tables”，可以查看数据库的表。

2.2.2　服务端开发框架的搭建

SpringBoot 是目前流行的微服务框架，提供了很多核心功能，如自动化配置、简化 Maven 配置、内嵌 Servlet 容器、应用监控等。使用 SpringBoot 可以很容易地创建一个独立运行、准生产级别的项目。SpringBoot 常见的开发工具包括 start.spring.io、Spring Tool Suite（STS）、IntelliJ IDEA、SpringBoot CLI 等。由于 IntelliJ IDEA 运行稳定且速度较快，故本节以 IntelliJ IDEA 为主要开发工具介绍 SpringBoot 项目的开发过程，读者也可以选择其他开发工具进行项目开发。

2.2.2.1　IntelliJ IDEA 的安装和使用

根据需求在 IntelliJ IDEA 的官网上[7]下载对应操作系统的 IntelliJ IDEA 开发工具。下载完成后，解压后即可使用。本书使用的是 IntelliJ IDEA 2019.2 版本，读者也可以选择使用其他版本的 IntelliJ IDEA。

注意： IntelliJ IDEA 的运行需要依赖 Java 运行环境，操作系统需安装 Java，并进行环境变量配置。

下面介绍 IntelliJ IDEA 创建 SpringBoot 项目的方法。

第一步，新建项目。在命令行中运行 IntelliJ IDEA 启动脚本 idea.sh，启动软件界面。单击“Create New Project”按钮弹出“New Project”对话框，如果是社区版 IntelliJ IDEA，则选择“Spring Assistant”（若无“Spring Assistant”选项，则需要在 IntelliJ IDEA 中安装第三方插件。在“Plugins”的检索框中输入“Spring Assistant”，选择“Install”即可）；如果是专业版 IntelliJ IDEA，则选择“Spring Initializer”。在“Project SDK”下拉框中选择 JDK 的安装路径；初始化服务网址（Initializer Service URL）选择默认的 https://start.spring.io。设置完成后，单击“Next”按钮。

第二步，填写项目信息。在项目信息对话框中填写项目信息后，单击“Next”按钮。项目信息（因 IntelliJ IDEA 版本不同，项目元信息的名称可能会有所区别，用户需根据实际情况进行区分）如表 2.6 所示。

表 2.6　项目信息

项目信息	描　述
Group	项目组织唯一标识符，对应项目的包结构，也对应 Java 目录结构
Artifact	项目唯一标识符，实际对应项目名称，只支持小写字母
Type	选择“Maven Project”，说明本项目是一个 Maven 项目
Language	选择“Java”，说明本项目使用 Java 开发语言
Packaging	选择“Jar”，说明项目采用是 Jar 包的形式，也可以选择“War”
Java Version	Java 版本
Version	项目的当前版本，SNAPSHOT 意为快照，说明该项目还处于开发中，是不稳定的版本
Name	项目名称
Description	项目的描述
Package	项目默认包名

第三步，选择项目使用的技术。在新弹出的对话框中选择 SpringBoot 版本和项目依赖。由于本项目是网站项目，所以依赖选择“Web→Spring Web”。选择完毕后，单击“Next”按钮。

第四步，填写项目名称和路径。填写完成后，单击“Finish”按钮，进入创建完成界面。

第五步，下载依赖。在 IntelliJ IDEA 上单击 Maven，找到并单击刷新依赖按钮（Reimport All Maven Projects），下载相关依赖包，如图 2.26 所示。

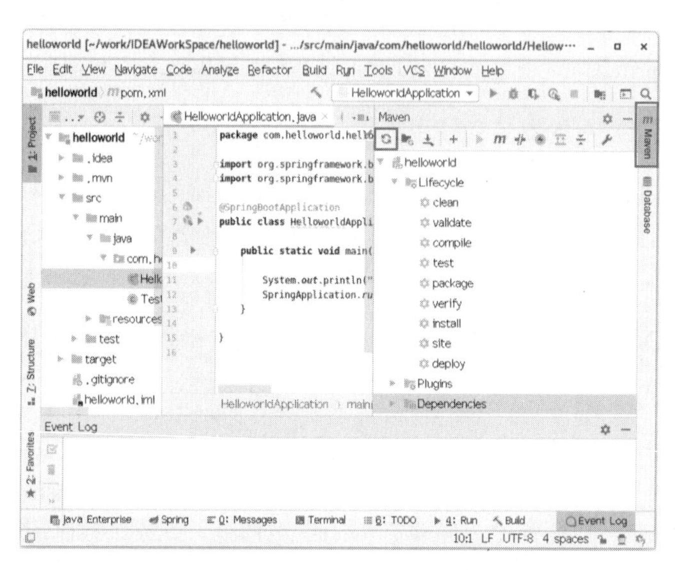

图 2.26　下载相关依赖包

注意：初次运行由于需要下载较多依赖包，需等待较长时间。

IntelliJ IDEA 默认使用国外 Maven 源进行依赖包更新，访问速度较慢，可更换为国内的源。更换方法为：选择 IntelliJ IDEA 的菜单“File→Settings→Build，Execution，Deployment→Build Tools→Maven”，找到“User settings file”，单击后面的“Override”选择框，在对应的路径下新建 settings.xml 文件，然后在这个文件中输入如下内容：

```
<?xml version="1.0" encoding="UTF-8"?>
<settings xmlns="http://maven.apache.org/SETTINGS/1.0.0"
xmlns:xsi="http://www.w3.org/2001/XMLSchema-instance"
xsi:schemaLocation="http://maven.apache.org/SETTINGS/1.0.0 http://maven.apache.org/xsd/settings
                                                                      -1.0.0.xsd">
    <mirrors>
        <!-- 阿里云仓库 -->
        <mirror>
            <id>alimaven</id>
            <mirrorOf>central</mirrorOf>
            <name>aliyun maven</name>
            <url>http://maven.aliyun.com/nexus/content/repositories/ central/</url>
        </mirror>
        <!-- 仓库 1 -->
        <mirror>
```

```
            <id>repo1</id>
            <mirrorOf>central</mirrorOf>
            <name> Mirror 1</name>
            <url>http://repo1.maven.org/maven2/</url>
        </mirror>
        <!-- 仓库 2 -->
        <mirror>
            <id>repo2</id>
            <mirrorOf>central</mirrorOf>
            <name> Mirror 2</name>
            <url>http://repo2.maven.org/maven2/</url>
        </mirror>
    </mirrors>
</settings>
```

输入完成后单击“OK”按钮，即可完成 Maven 源地址更换，这样可以大大加快依赖包的下载速度。

第六步，运行项目。在成功下载依赖包后，在项目包中找到入口类文件（Application 类文件），右键单击这个文件，在弹出框中单击运行按钮。当看到如图 2.27 所示内容时，表示项目启动成功，同时可以看到项目启动耗费的时间和端口（8080）。

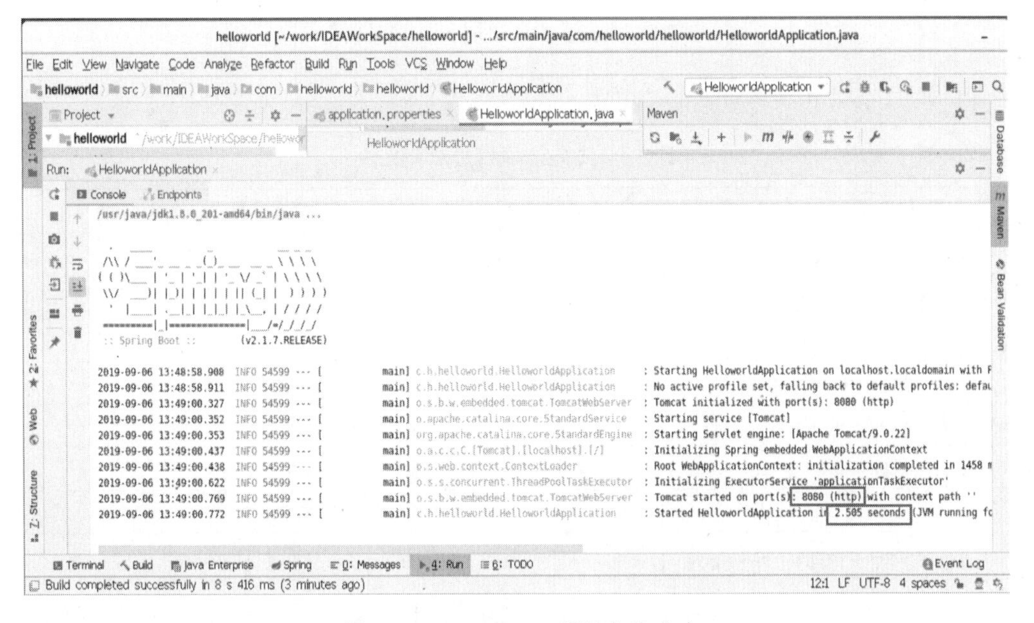

图 2.27　SpringBoot 项目启动成功

2.2.2.2　SpringBoot 的项目目录和文件

新建的 SpringBoot 项目目录和文件如图 2.28 所示。

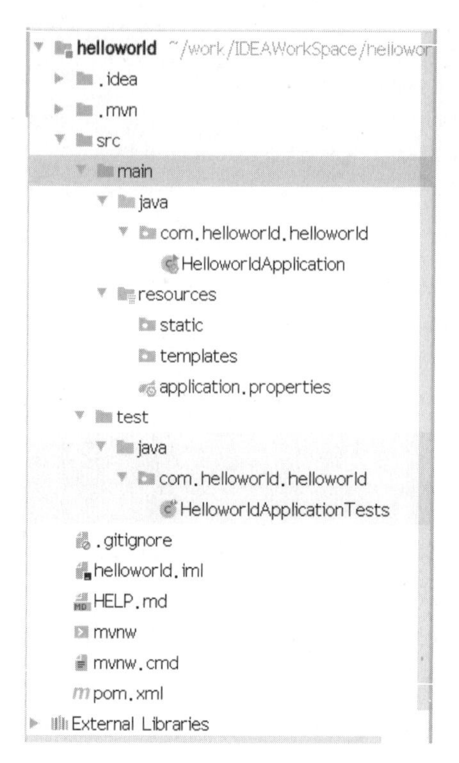

图 2.28 SpringBoot 项目目录和文件

主要的项目目录和文件如表 2.7 所示。

表 2.7 主要的项目目录和文件

目录或文件	描　述
/src/main/java	放置所有 Java 源代码文件
/src/main/resources	存放所有资源文件，包括静态文件、配置文件、网页文件等
/src/main/resources/static	放置各种静态资源
/src/main/resources/templates	存放模板文件
/src/main/resources/application.properties	SpringBoot 配置文件
/src/test/java	放置所有测试类 Java 代码
/target	放置编译或者打包后的文件
pom.xml	配置文件，主要存放项目依赖信息

下面分别对入口类文件、application.properties 文件、测试类文件、pom.xml 文件进行详细介绍。

（1）入口类文件。入口类文件在“/src/main/java/{包名}”下，入口类的类名是根据项目名称生成的，生成规则是项目名+Application。例如，项目名是“HelloWorld”，入口类名为“HelloWorldApplication”。入口类的代码比较简单，如下所示：

```
import org.springframework.boot.SpringApplication;
import org.springframework.boot.autoconfigure.SpringBootApplication;
@SpringBootApplication
```

```
public class HelloworldApplication {
    public static void main(String[] args) {
        SpringApplication.run(HelloworldApplication.class, args);
    }
}
```

@SpringBootApplication 是一个注解，表示这是一个项目启动入口。在 main()函数中直接调用 SpringApplication 的 run()函数启动应用程序。程序运行会扫描入口类当前目录下所有子包的源代码文件，所以在一般情况下，入口类应该放置在最外层，以便能够扫描到所有子包中的类。

（2）application.properties 文件。SpringBoot 简化了 Spring 的配置项，项目的很多属性都可以在这个文件中进行配置。例如，将 Tomcat 的默认端口号 8080 改为 8090，并将默认的访问路径“/”修改为“/MainDir”，代码如下：

```
server.port=8090
server.context-path=/MainDir
```

另外，使用 application.properties 还可以配置自定义属性、数据库连接、SSL 配置等，更多配置请查看官方文档[8]。

（3）测试类文件。SpringBoot 的测试类文件在“/src/test/java”目录下，其类名生成规则是项目名+ApplicationTests。测试类代码如下：

```
import org.junit.Test;
import org.junit.runner.RunWith;
import org.springframework.boot.test.context.SpringBootTest;
import org.springframework.test.context.junit4.SpringRunner;
@RunWith(SpringRunner.class)
@SpringBootTest
public class HelloworldApplicationTests {
    @Test
    public void contextLoads() {
    }
}
```

@RunWith(SpringRunner.class)表示使用 SpringRunner 来运行测试环境；@SpringBootTest 表示引用入口类文件的配置对 SpringBoot 程序进行测试；@Test 表示这是一个单元测试，右键单击这个注释运行可以执行单元测试。

（4）pom.xml 文件。pom.xml 文件主要存放项目信息和依赖信息。部分代码如下所示：

```
<parent>
    <groupId>org.springframework.boot</groupId>
    <artifactId>spring-boot-starter-parent</artifactId>
    <version>2.1.7.RELEASE</version>
    <relativePath/> <!-- lookup parent from repository -->
</parent>
<dependencies>
    <dependency>
```

```
            <groupId>org.springframework.boot</groupId>
            <artifactId>spring-boot-starter-web</artifactId>
        </dependency>
        <dependency>
            <groupId>org.springframework.boot</groupId>
            <artifactId>spring-boot-starter-test</artifactId>
            <scope>test</scope>
        </dependency>
    </dependencies>
    <build>
        <plugins>
            <plugin>
                <groupId>org.springframework.boot</groupId>
                <artifactId>spring-boot-maven-plugin</artifactId>
            </plugin>
        </plugins>
    </build>
```

spring-boot-starter-parent 提供相关 Maven 默认依赖，使用它之后，常用的包依赖可以省去 version 标签；spring-boot-starter-web 中包含很多关于 Web 的依赖包，不需要做任何 Web 配置就可以获得相关 Web 服务；spring-boot-starter-test 会引入所有与测试相关的包；spring-boot-maven-plugin 是一个 Maven 插件，为 SpringBoot 提供支持，能够将 SpringBoot 项目打包成 Jar 或者 War。

开发者还可以根据需求添加其他依赖，更多依赖可以参考 Maven 中央仓库官网[9]。

2.2.2.3 SpringBoot 集成数据库

SpringBoot 包含强大的数据库资源库，使得集成数据库变得非常简单，不需要编写原始的数据库访问代码，也不需要调用 JDBC（Java Data Base Connectivity）等。下面介绍在 SpringBoot 项目中集成 PostgreSQL 数据库的方法。

使用 IntelliJ IDEA 新建一个 Web 项目，项目名称为“databasedemo”，该示例将介绍如何使用 SpringBoot 框架实现数据库访问。

（1）建立数据库。使用命令行连接数据库，如下：

```
$ su - postgres
$ psql
```

进入数据库后，使用命令行新建数据库，如下：

```
# create database dbtest;
```

（2）引入依赖。在项目的 pom.xml 文件中添加 PostgreSQL 数据库依赖和 JPA 依赖，具体代码如下：

```
<dependency>
    <groupId>org.postgresql</groupId>
    <artifactId>postgresql</artifactId>
</dependency>
```

```
<dependency>
    <groupId>org.springframework.boot</groupId>
    <artifactId>spring-boot-starter-data-jpa</artifactId>
</dependency>
```

其中，org.postgresql 是 PostgreSQL 数据库依赖，spring-boot-starter-data-jpa 为 JPA 依赖，JPA（Java Persistence API）是一套官方的 Java 持久化规范，可使开发者使用极简的代码实现对数据库的访问和操作，它提供包括增删查改等在内的常用功能，且易于扩展，可极大提高开发效率。

（3）添加数据库配置。在 pom.xml 文件中引入 PostgreSQL 数据库依赖后，需要在 application.properties 文件中添加如下配置信息：

```
#PostgreSQL 连接信息，dbtest 为数据库名称
spring.datasource.url = jdbc:postgresql://localhost:5432/dbtest
#数据库用户名
spring.datasource.username=postgres
#数据库口令
spring.datasource.password=0My0PassWOrd!    #此处口令需要修改为 2.2.1.3 节中设置的口令
#数据库驱动
spring.datasource.driver-class-name=org.postgresql.Driver
#数据库会自动更新数据表结构
spring.jpa.properties.hibernate.hbm2ddl.auto=update
#其他配置
spring.jpa.properties.hibernate.dialect = org.hibernate.dialect. ostgreSQLDialect
spring.jpa.properties.hibernate.temp.use_jdbc_metadata_defaults = false
```

（4）编写实体类和 JPA 接口类。首先编写 TestUser 实体类，代码如下所示：

```
/*因篇幅有限，此处省略类库引用，即 import 部分*/
@Entity //实体类注解
public class TestUser {
    @Id                              //表示是主键
    //表示主键由数据库自动生成（主要是自动增长型）
    @GeneratedValue(strategy = GenerationType.IDENTITY)
    private Integer id;
    private String name;
    private Date date;
    //此处略去 set 和 get 方法
}
```

注意： 因篇幅有限，以上 Java 代码中省略了类库引用，即 import 部分。本书接下来讲述的 Java 代码除特殊说明外均省略了类库的应用，用户可自行添加，类库的添加可参考本书实验平台提供的示例代码。

示例代码中对 TestUser 实体类使用@Entity 进行注解，在程序启动时，会自动检查数据库是否存在和类名对应的表结构，若不存在则按照实体类中定义的变量类型自动创建。实体类中的变量也可使用注解，如@Id 表示主键，@GeneratedValue 表示主键自动增长的策略。此外，

还有很多其他类型的注解，具体请参考 JPA 注解参考的官方网站[10]。

编写 JPA 接口类，代码如下所示：

```
import org.springframework.data.jpa.repository.JpaRepository;
public interface TestUserRepository extends JpaRepository<TestUser, Integer> {
}
```

TestUserRepository 接口继承自 JpaRepository 类，JpaRepository 类中包含了大量操作数据库的方法，开发者可以直接调用。另外，开发者还可使用自定义的接口类实现自定义的数据库操作方法，更多 JpaRepository 类的方法请参考 Spring 官方网站[11]。

（5）编写测试类进行测试。在 DatabasedemoApplicationTests 类中加入如下测试代码：

```
@AutoWired
Private TestUserRepository testuserrepository;
@Test
public void testdb() {
    TestUser testuser = new TestUser();          //定义一个实体类
    testuser.setName("testname");                //给实体类赋值
    Date now = new Date();
    testuser.setDate(now);                       //给实体类赋值
    testuserrepository.save(testuser);           //数据库保存
    List<TestUser> findout= testuserrepository.findAll();                //数据库查询
    for (TestUser one : findout) {
        System.out.println(one.getId()+"  "+one.getName()+"  "+one.getDate());     //打印数据
    }
}
```

首先定义一个 TestUserRepository 类型的变量类，并用@AutoWired 进行注解；然后在测试方法 testdb()中定义一个 TestUser 实体类，对这个实体类中的变量进行赋值；接着调用 TestUserRepository 的 save()方法对数据进行保存；接下来调用 TestUserRepository 的 findAll()方法对数据库进行查询；最后遍历查询结果并将数据打印出来。右键单击运行测试类，结果如图 2.29 所示。

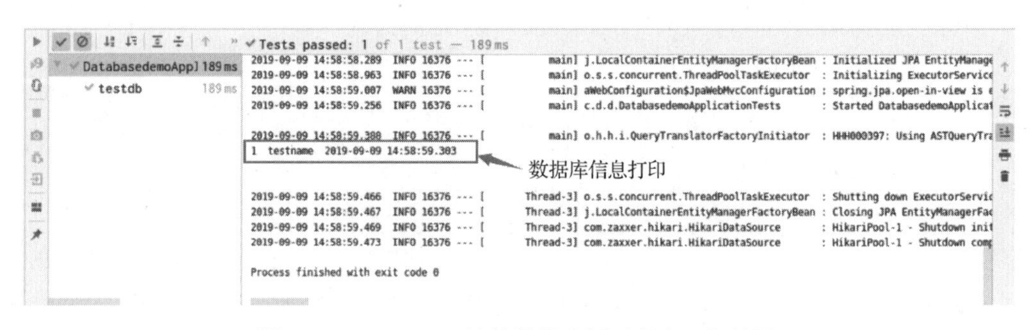

图 2.29　SpringBoot 连接数据库测试程序运行结果

使用命令行登录数据库进行查看，可以看到程序插入的数据。

2.2.2.4　SpringBoot 项目开发框架

SpringBoot 项目开发框架一般分为 Controller 层、Service 层、Repository 层、Entity 层和 View 层等。其中，Controller 层用于控制业务逻辑，负责业务模块流程的控制；Service 层负责业务模块的逻辑应用设计；Entity 层负责定义数据库在项目中的类；Repository 层负责与数据库进行交互；View 层主要负责前端界面展示。View 层和 Controller 层结合得比较紧密，需要二者协调，Controller 层调用 Service 层的方法，Service 层调用 Repository 层的方法，参数使用 Entity 层进行传递。

下面介绍 SpringBoot 项目开发框架的创建示例。

使用 IntelliJ IDEA 新建一个 Web 项目，项目名称为"frameworkdemo"。该示例基于 2.2.2.3 节中介绍的集成数据库的示例代码，将网页端的数据存储到数据库，再将数据库的数据展示到网页端。

（1）建立各层对应的包和类。在项目包下建立 controller、service、repository、entity 包，在 entity 包下添加 TestUser 实体类，在 repository 包下添加 TestUserRepository 类，代码见 2.2.2.3 节 TestUser 实体类和 TestUserRepository 类的示例代码。

（2）在 service 包下添加 DatabaseSer 接口和 DatabaseSerImpl 类。其中，DatabaseSer 接口类的具体代码如下：

```
public interface DatabaseSer {
    public TestUser save(String name);
    public List<TestUser> findall();
}
```

DatabaseSerImpl 类的具体代码如下：

```
@Service
public class DatabaseSerImpl implements DatabaseSer    {
    @Autowired
    private TestUserRepository testuserrepository;
    @Override
    public TestUser save(String name) {
        if(null==name||name.length()<=0){
            return null;
        }
        TestUser testuser = new TestUser();
        testuser.setName(name);
        Date now = new Date();
        testuser.setDate(now);
        return testuserrepository.save(testuser);
    }
    @Override
    public List<TestUser> findall() {
        return testuserrepository.findAll();
    }
}
```

DatabaseSer 接口类定义了 save()和 findall()两个方法，DatabaseSerImpl 类实现了这两个方法。在 save()方法中判断存储的数据是否合法，实例化 TestUser 实体类，并对其进行复制，然后调用 TestUserRepository 类的 save()方法存储数据。在 findall()方法中，直接调用 TestUserRepository 类的 findAll()方法查询数据库。

（3）在 controller 包下添加 TestUserController 类，代码如下所示：

```
@RestController
public class TestUserController {
    @Autowired
    DatabaseSer databaseser;                    //注入 databaseser 类
    @RequestMapping("/testuser")
    @ResponseBody
    public Object testuser(@RequestParam String name){
        databaseser.save(name);
        List<TestUser> findout=databaseser.findall();
        return findout;
    }
}
```

@RestController 表示这是一个 Controller 类，可以接收 HTTP 请求且返回数据。在 TestUserController 类中使用@Autowired 注解注入 databaseser 变量。@RequestMapping 表示接收 get 或者 post 请求的路径，代码中表示接收“/testuser”请求。@ResponseBody 表示以数据的形式返回，当接收到网页端“/testuser”请求后进入 testuser()方法。@RequestParam 表示接收 get 请求的参数，名字为“name”。在 testuser()方法中，首先调用 DatabaseSer 类的 save()方法存储数据，然后调用 findall()方法读取数据，最后返回读取的数据。

SpringBoot 项目开发框架如图 2.30 所示。

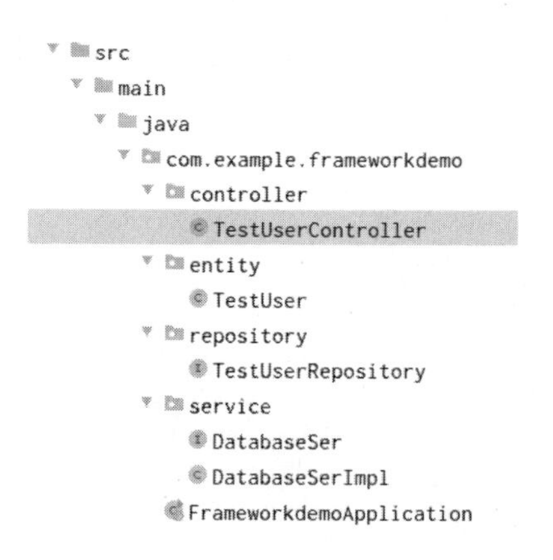

图 2.30　SpringBoot 项目开发框架

项目建立完成后，单击运行按钮即可启动项目。启动成功后，在浏览器中输入 http://ip:port/testuser?name=testusername，浏览器首先将 name 为“testusername”的 TestUser 信息存入数据库，然后将数据库中的所有用户数据显示在网页端，如图 2.31 所示。

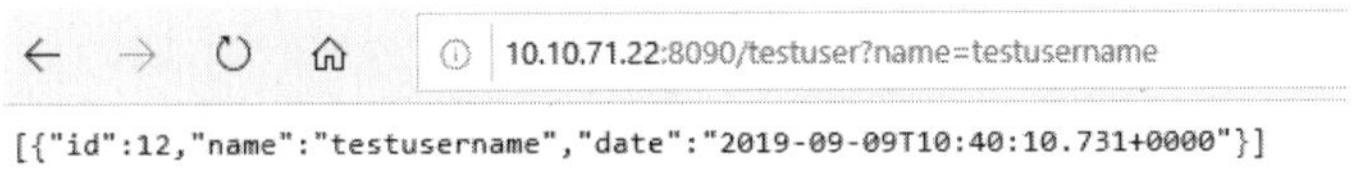

```
10.10.71.22:8090/testuser?name=testusername
[{"id":12,"name":"testusername","date":"2019-09-09T10:40:10.731+0000"}]
```

图 2.31　网页端显示数据库中的所有用户数据

使用命令行登录数据库进行查看，可以看到网页端存入数据库中的数据。

2.2.2.5　使用 SpringBoot 配置 HTTPS

在实际的 Web 项目中，使用 HTTP 存在安全风险，故需转换成 HTTPS。下面介绍如何在 Web 项目中配置 HTTPS，包括获取证书、配置 HTTPS、配置 HTTP 自动转换成 HTTPS 三部分。

使用 IntelliJ IDEA 新建一个 Web 项目，项目名称为“httpsdemo”。

（1）获取证书。获取证书的方法包括购买和本地生成等方式。购买的证书经过证书颁发机构 CA（Certificate Authority）签名认证，具备一定法律效力，购买的途径包括各大 CA 提供商或者云服务商；而本地生成的证书一般没有经过 CA 签署，存在一定的安全风险，一般用于测试或者实验过程。下面介绍本地生成证书的方法。

在控制台中执行如下命令，然后按照提示进行操作，如图 2.32 所示。

```
$ keytool -genkey -alias {别名} -keyalg rsa -keystore {证书名称}.keystore -storepass {存储口令} -keypass {密钥口令} -validity {过期时间}
```

操作完成后，在当前目录下生成一个{证书名称}.keystore 文件，这就是证书文件。用户可以使用如下命令查看生成的证书信息。

```
$ keytool -list -v -keystore {证书名称}.keystore -storepass {存储口令}
```

（2）配置 HTTPS。添加一个 index.html 文件到“src/main/resources/static”下，内容填写“HelloWorld”。将上一步生成的{证书名称}.keystore 文件复制到项目的根目录下，然后在 application.properties 中添加如下配置：

```
server.port=9443
server.ssl.key-store={证书名称}.keystore
server.ssl.key-alias={别名}
server.ssl.enabled=true
server.ssl.key-store-password=0My0PassWOrd!*** #密钥存储口令
server.ssl.key-password=0My0KeyPassWOrd**   #密钥口令
server.ssl.key-store-type=JKS
```

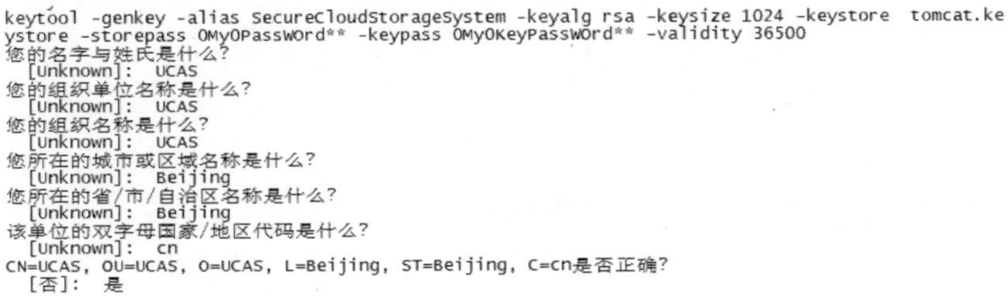

```
keytool -genkey -alias SecureCloudStorageSystem -keyalg rsa -keysize 1024 -keystore  tomcat.ke
ystore -storepass OMyOPassWord** -keypass OMyOKeyPassWord** -validity 36500
您的名字与姓氏是什么?
  [Unknown]:  UCAS
您的组织单位名称是什么?
  [Unknown]:  UCAS
您的组织名称是什么?
  [Unknown]:  UCAS
您所在的城市或区域名称是什么?
  [Unknown]:  Beijing
您所在的省/市/自治区名称是什么?
  [Unknown]:  Beijing
该单位的双字母国家/地区代码是什么?
  [Unknown]:  cn
CN=UCAS, OU=UCAS, O=UCAS, L=Beijing, ST=Beijing, C=cn是否正确?
  [否]:  是
```

图 2.32　本地生成证书的方法

配置完成后启动项目，控制台输出的 HTTPS 端口为 9443。使用浏览器访问 https://localhost:9443，网页将显示“HelloWorld”。

（3）配置 HTTP 自动转换成 HTTPS。下面介绍将 HTTP 自动转换成 HTTPS 的配置方法。

配置 TomcatEmbeddedServletContainerFactory，并添加 Tomcat 的 connector，在 HttpsdemoApplication 类的 main()方法下添加如下代码，将访问 9090 端口的请求重定向为 9443 端口。

```
@Bean
public Connector connector() {
    Connector connector = new Connector("org.apache.coyote.http11. Http11NioProtocol");
    connector.setScheme("http");
    connector.setPort(9090);
    connector.setSecure(false);
    connector.setRedirectPort(9443);
    return connector;
}
@Bean
public TomcatServletWebServerFactory tomcatServletWebServerFactory (Connector connector) {
    TomcatServletWebServerFactory tomcat = new TomcatServletWebServer actory() {
        @Override
        protected void postProcessContext(Context context) {
            SecurityConstraint securityConstraint = new Security Constraint();
            securityConstraint.setUserConstraint("CONFIDENTIAL");
            SecurityCollection collection = new SecurityCollection();
            collection.addPattern("/*");
            securityConstraint.addCollection(collection);
            context.addConstraint(securityConstraint);
        }
    };
    tomcat.addAdditionalTomcatConnectors(connector);
    return tomcat;
}
```

配置完成后启动程序，在网页中访问 http://localhost:9090 时将自动跳转到 https://localhost:9443。本书接下来所有关于服务端的实验将默认使用 HTTPS。

2.3 小结

本章从客户端和服务端两个方面，详细介绍了安全云存储系统开发环境的搭建方法，读者可以根据本章的内容快速搭建开发环境，快速掌握开发能力，为安全云存储系统的开发奠定基础。

在客户端开发环境搭建方面，本章全面介绍了跨平台桌面开发工具 Qt 的基本知识、安装过程和使用方法。针对 Qt 基本知识，从 Qt 的功能模块、编译器和授权方式三个方面进行了概述；针对 Qt 安装过程，分别介绍了 Qt 在 Windows、Linux 和 Mac OS 三种操作系统中的安装步骤；针对 Qt 使用方法，从 Qt 应用创建、图形界面设计、信号与槽函数、多线程、网络通信、链接库六个方面进行了详细的介绍。

在服务端开发环境搭建方面，分别介绍了数据库搭建和服务端开发框架搭建。针对 PostgreSQL 的搭建，从 PostgreSQL 安装、配置、使用、迁移和图形化客户端工具五个方面进行了详细讲解并提供了示例代码；针对 SpringBoot 开发框架的搭建，从开发工具 IntelliJ IDEA 的安装和使用、SpringBoot 项目目录和文件、SpringBoot 集成数据库、SpringBoot 项目开发框架、使用 SpringBoot 配置 HTTPS 五个方面进行了详细的讲解。

习题 2

（1）安装、搭建 Qt 开发环境，根据示例程序练习掌握基于 Qt 的客户端应用程序编写方法。

（2）安装、配置 PostgreSQL 数据库，练习掌握 PostgreSQL 使用方法。

（3）安装、搭建 SpringBoot 环境，根据示例程序练习掌握 SpringBoot 数据库集成方法和服务端项目开发框架。

参考资料

[1] Qt 模块介绍. https://doc.qt.io/qt-5.12/qtmodules.html.

[2] Qt 安装包下载地址. http://download.qt.io/archive/qt/5.12/5.12.3/.

[3] PostgreSQL 官方下载界面. https://www.postgresql.org/download/.

[4] PostgreSQL 软件包离线下载界面. https://download.postgresql.org/pub/.

[5] PostgreSQL 官方文档. https://www.postgresql.org/docs/current/.

[6] pgAdmin 软件包下载界面. https://www.postgresql.org/ftp/pgadmin/pgadmin4/v4.12/windows/.

[7] IntelliJ IDEA 开发工具下载界面. https://www.jetbrains.com/idea/.

[8] SpringBoot 中 application.properties 文件配置说明官方文档. https://docs.spring.io/spring-boot/docs/current/reference/html/common-application-properties.html.

[9] Maven 中央仓库官方网站. https://mvnrepository.com/.

[10] JPA（Java Persistence API，Java 持久层接口）注解官方网站. https://docs.oracle.com/middleware/12213/toplink/jpa-extensions-reference/annotations_ref.htm.

[11] SpringBoot 中 JpaRepository 类使用介绍官方文档. https://docs.spring.io/autorepo/docs/spring-data-jpa/current/api/org/springframework/data/jpa/repository/support/SimpleJpaRepository.html.

第3章

安全云存储系统的基础安全服务

围绕云存储系统在用户安全管控方面的需求，安全云存储系统提供用户标识、用户鉴别、访问控制和安全审计等基础安全服务，实现对用户的安全管控。本章对安全云存储系统各项基础安全服务进行概述，重点介绍各项基础安全服务的实现方法，并提供示例程序。本章使用了一些密码学算法，为了便于下文的理解，现对这些算法进行说明，如表3.1所示。

表3.1　本章用到的密码学算法介绍

密码学算法	介　绍
HMAC	全称为Hash Message Authentication Code，即散列消息鉴别码。HMAC采用哈希算法，以一个密钥key和一个消息message为输入，生成一个定长的消息摘要digest，算法可表示为digest=HMAC(key, message)
SHA256	全称为Secure Hash Algorithm 256，即安全哈希算法，是一种单向函数，该函数可以将任意长度的输入input转换为256位的消息摘要digest，算法可表示为digest =SHA256(input)
BASE64	BASE64是目前流行的将数据转成字符串的算法之一，生成的字符串便于网络传输。该算法分为编码和解码两部分，编码是将输入input转换成out，可表示为out=base64_enc(input)；解码是将编码的逆运算，可表示为input =base64_dec(out)
AES	全称为Advanced Encryption Standard，在密码学中又称为Rijndael加密法，是美国联邦政府采用的一种区块加密标准。该算法分为加密和解密算法，加密算法以一个密钥 key 和明文 plaintext 为输入，生成密文ciphertext，可表示为ciphertext=AES_enc(key, plaintext)；解密算法以密钥key和密文ciphertext为输入，生成明文，可表示为plaintext =AES_dec(key, ciphertext)

3.1　基础安全服务概述

本节从含义、必要性和功能设计等方面对安全云存储系统的各项基础安全服务进行概述，帮助读者在编程实现之前了解各项基础安全服务的相关知识。

3.1.1　用户标识服务

用户标识用于建立用户数字身份的过程，该过程将用户的数字身份注册到系统中，系统将根据这个数字身份对用户进行鉴别。

安全云存储系统采取用户名/口令的方式进行用户标识，仅以最少的用户个人信息和必要的认证技术为用户提供其在安全云存储系统中的合法身份，在保护用户隐私的同时为用户提供了良好的使用体验。用户标识流程如图3.1所示，包括用户信息注册、标识信息生成和传输、标识信息存储以及标识信息管理等部分。

（1）用户信息注册。客户端为用户创建安全云存储系统数字的身份提供了注册入口，即设置用户名和口令。其中，用户名要求设置为8～20位字母或数字组合的字符串，同时采取用户名实时查重机制，确保该用户名是安全云存储系统中的唯一标识。口令要求设置为 10 位以上且需包含数字、大写字母、小写字母、特殊字符至少三种的字符串，确保用户口令具备足够的复杂度，用于防御穷尽搜索和智能搜索等口令暴力破解攻击。

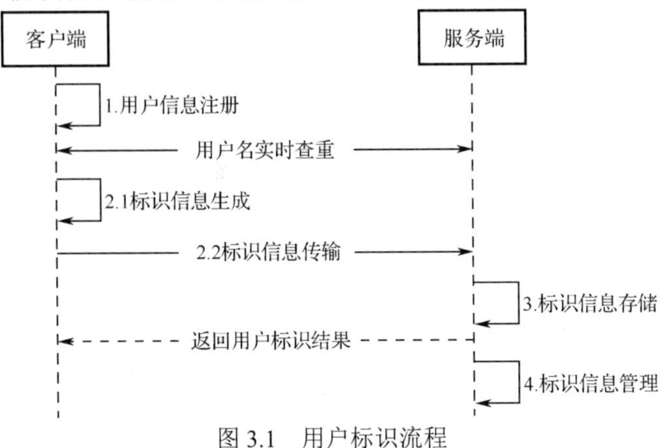

图 3.1　用户标识流程

（2）标识信息生成和传输。为了避免用户口令的明文传输和存储，需在标识信息生成的过程中对用户口令进行哈希计算。在标识信息传输的过程中，为了防止传输内容被窃听，传输通道需采用加密通道。本系统采用 SHA256 算法对用户口令进行哈希计算，采用 BASE64 算法对口令哈希值进行编码，使用 HTTPS 协议对标识信息进行安全传输。

（3）标识信息存储。服务端在将标识信息存入服务器数据库时，需确保标识信息的存储安全，防止标识信息外泄。因此，在标识信息存储前要求采用加盐机制在口令前增加一串随机字符，防止撞库攻击；同时采用加密技术对口令进行加密保护，防止脱库攻击。

（4）标识信息管理。用户或管理员可以在服务端对标识信息进行在线管理和维护，包括用户信息显示、查询、修改和删除等。

3.1.2　用户鉴别服务

用户鉴别也称为用户认证，是在用户登录安全云存储系统时，对用户提供的数字身份信息进行鉴别，判断其是不是系统合法用户的过程。用户鉴别服务是最基本的安全服务，但同时也是最重要的安全技术之一，因为用户鉴别是安全云存储系统的第一道防线，是系统访问控制和安全审计的基础。如果用户鉴别失效，非法用户进入系统，则访问控制和安全审计等其他依赖用户身份信息的安全措施都将失去意义。目前，用户鉴别的方式有很多种，如用户名/口令、动态口令牌、短信验证码、USB KEY、生物特征等。为了方便用户操作或满足不同用户的安全需求，许多应用系统通常提供多种用户鉴别方式。其中，只采取一种鉴别方式称为单因子认证，采取两种及以上鉴别方式的组合称为多因子认证。在一次鉴别过程中，使用的认证因素越多，其鉴别结果的可靠性就越高。本书构建的安全云存储系统采用最简单、最常用的基于用户名/口令的鉴别方式。若需要开发用户更多、用途更广泛、安全性更高的安全云存储系统，还可以根据实际安全需求设计安全强度更高的用户鉴别方式。

安全云存储系统的用户鉴别流程如图 3.2 所示。

（1）用户鉴别初始化。客户端向服务端发送用户鉴别初始化请求。

（2）返回随机码和图形验证码。服务端收到请求后，与客户端建立会话机制，服务端生成随机码和图形验证码，并将其保存在会话（session）中，然后将随机码和图形验证码返回给客户端。随机码用来标识此次通信，并用于计算下次通信时的消息的哈希值；图形验证码用于防止攻击者使用机器在线暴力破解口令。

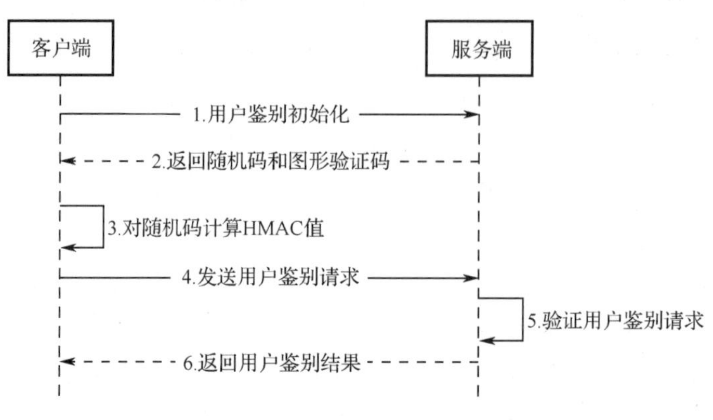

图 3.2　安全云存储系统的用户鉴别流程

（3）对随机码计算 HMAC 值。客户端收到服务端返回的随机码和图形验证码后，对用户输入的用户鉴别信息进行处理。首先对用户输入的口令进行加盐处理和 SHA256 哈希值计算，然后使用口令哈希值为密钥，对用户名、图形验证码、随机码和当前时间戳的字符串组合进行 HMAC 哈希值计算，并采用 BASE64 算法对计算结果进行编码。

（4）发送用户鉴别请求。用户鉴别信息处理完成后，客户端向服务端发送用户鉴别请求，请求内容包括用户名、时间戳、图形验证码和第（3）步计算的 HMAC 值等。

（5）验证用户鉴别请求。服务端收到用户鉴别请求后，对其进行验证，包括：检查参数是否齐全、是否为空、长度和格式是否正确等；验证请求是否超时；验证图形验证码与服务端会话（session）中保存的图形验证码值是否一致；验证用户名是否存在、用户是否已被锁定；验证请求的 HMAC 值是否正确。为防止攻击者重复恶意登录破解口令，应在用户多次登录失败后将其账户锁定一段时间。

（6）返回用户鉴别结果。服务端验证完成后向客户端返回验证结果，若用户通过鉴别，则将会话密钥发送至客户端，作为用户进入安全云存储系统后的凭证；若用户未通过鉴别，则应提示用户鉴别失败。

3.1.3　访问控制服务

访问控制也称为授权，是指用户在进入系统后，决定其是否能够对客体（如文件、目录、功能等）执行某些操作（如读、写、执行、删除等），即决定一个用户在系统中具有哪些访问和操作权限。访问控制服务是安全云存储系统必须具备的安全服务，能够防止非授权用户对系统资源和其他用户数据的访问，从而确保系统及用户数据的安全。

常用的访问控制模型包括自主访问控制、强制访问控制和基于角色的访问控制。其中，自主访问控制基于主体身份进行访问控制，访问控制策略或权限通常可以由数据或资源的拥有者进行设定和更改。强制访问控制基于系统中设定的安全规则进行访问控制，每个主体和客体都被赋予一定的安全级别，系统通过比较主体和客体的安全级别来决定主体是否可以访问该客体。基于角色的访问控制不是给单独的主体分配权限，而是在用户集合与权限集合之间建立一个角色集合，每一种角色对应一组相应的权限，用户通过适当的角色来获得该角色具有的所有操作权限。相比于自主访问控制和强制访问控制，基于角色的访问控制不必在每次创建用户时都进行分配权限的操作，只需为用户分配相应的角色即可，并且角色及角色权限的更改频率较低，能够简化权限管理的复杂性，减少系统开销，因此，基于角色的访问控制是目前应用最广泛的访问控制模型。

安全云存储系统采用基于角色的访问控制模型制定访问控制策略，进行用户权限管理。安全云存储系统的用户分为两大类：普通用户和管理员。其中，普通用户为该系统的使用者，管理员为该系统的管理者。根据"三权分立"的系统安全管理原则，管理员分为系统管理员、安全保密管理员和安全审计员三个角色，系统管理员负责系统基本参数的配置与维护，安全保密管理员负责系统的安全管理与配置，安全审计员负责查看、分析系统管理员和安全保密管理员的日志信息。通过"三权分立"确保管理员权限的分离，避免因超级管理员权限过大而造成系统的安全隐患。安全云存储系统的用户角色与权限的对照关系表如表 3.2 所示。

表 3.2　安全云存储系统用户角色与权限的对照关系表

角　色	权　限
普通用户	新增、删除、查询、修改自己的数据；查看、修改自己的标识信息
系统管理员	查看系统运行状态
安全保密管理员	新增、删除、查询、修改所有用户的标识信息；查看安全审计员的日志信息（安全保密管理员和安全审计员可互相查看审计日志，互相监督）
安全审计员	查看普通用户、系统管理员和安全保密管理员的审计日志信息

安全云存储系统预先建立上述四种角色以及每种角色与其权限的对照表。在用户标识阶段，系统为用户分配相应的角色。当用户通过鉴别进入系统后，系统通过识别用户角色，使用户获取其角色对应的权限。

3.1.4　安全审计服务

安全审计是指通过对系统中的事件进行检测、记录及分析，协助系统管理员判断是否发生安全违规和误用资源事件，从而评估系统的安全策略是否适当[1]。安全审计服务是安全云存储系统必须具备的一项基础安全服务，用于记录系统运行状态和用户操作行为，为系统管理员监测系统运行状态、检查用户行为是否合法等提供信息，为系统安全事件的取证和处理提供依据。

安全审计一般包括审计日志采集、存储、查询等基础功能，而安全需求更高的系统还可以包括审计日志分析、备份、加密、访问控制等增强功能。在安全云存储系统中，服务端提供审计日志采集和存储功能，客户端提供审计日志获取和查询功能。

（1）审计日志采集和存储。审计日志采集是指对组成一个事件的用户行为基本要素进行采集，形成一条审计日志记录。在安全云存储系统中，用户行为基本要素如表 3.3 所示。

表 3.3 用户行为基本要素

基本要素	说明
时间	包括用户行为开始时间、结束时间和持续时间等
空间	指用户使用安全云存储系统时的物理空间或以 IP 地址表征的 IP 网络空间
主体	指使用安全云存储系统的用户
对象（客体）	指安全云存储系统的目录、数据、资源和功能等
方法（操作）	指对安全云存储系统进行的操作，如增加、修改、删除和查询等
状态	指主体行为的状态，如开始状态、执行状态、中断状态、异常状态和终止状态等
结果	指对安全云存储系统操作的结果，结果是对用户行为（被处理后）的评定或度量，如在安全云存储系统中上传文件的成功或失败

服务端根据以上审计要素构建通用的审计接口，并将此接口嵌入安全云存储系统的关键流程中，实现对审计日志的采集和存储。

（2）审计日志获取和查询。客户端向服务端发送审计日志获取和查询请求，服务端返回审计日志信息。根据安全云存储系统的访问控制策略，仅安全保密管理员能够查看安全审计员的审计日志信息，仅安全审计员能够查看普通用户、系统管理员和安全保密管理员的审计日志信息，所有用户均不可修改、删除审计日志信息，从而确保审计日志的真实、安全、有效。安全保密管理员和安全审计员均通过客户端查看审计日志，并可根据操作时间、操作主体和操作对象等条件对审计日志进行查询和分析。

3.2 基础安全服务实现

本节将详细介绍各项基础安全服务的实现过程，帮助读者逐步实现各项基础安全服务。

3.2.1 编程实现规范

在实现安全云存储系统的基础安全服务之前，需要制定一些通用的编程规范来确保实现过程中的一致性，包括网络通信数据格式和项目命名。

3.2.1.1 网络通信数据格式

客户端和服务端以“请求-应答”的方式进行网络通信，由客户端发起请求，服务端进行应答，通信方式使用 HTTP 或 HTTPS 协议，数据交换格式为 JSON。

（1）客户端发送请求的数据格式为：

```
{"method"： "xxx","version": "xxx","request":{},"timestamp":"xxx"}
```

其中，method 表示请求接口名；version 表示版本号；request 表示这个请求的主要内容；timestamp 表示时间戳。

（2）服务端进行应答返回的数据基本格式为：

```
{"method":"xxx","result":"success or fail","code":"xxx","message":"xxx", "details"： {},"timestamp": "xxx"}
```

其中，method 表示请求接口名；result 表示请求的结果，取值为 success 或 fail；code 表示返回数据的识别码；message 表示请求的返回结果；details 表示返回结果的详细信息；timestamp 表示时间戳。为了方便开发程序时错误信息的快速查询，还需定义识别码和返回结果的详细对照表，如表 3.4 所示。

表 3.4　识别码和返回结果的详细对照表

识 别 码	返 回 结 果	解　　释
8000	success	请求成功，且返回正确结果
8001	method error	请求数据的 method 内容缺失或者错误
8002	version error	请求数据的 version 内容缺失或者结构错误
8003	timestamp error	请求数据的 timestamp 内容缺失或者格式错误
8004	username error	请求数据的 username 内容缺失或者错误
…	…	…

开发者需在实际开发过程中逐步完善识别码和返回结果的详细对照表。

3.2.1.2　项目命名

安全云存储系统各个项目命名如表 3.5 所示。

表 3.5　安全云存储系统各个项目命名

模　　块		项 目 命 名
客户端	用户标识	UserRegister
	用户鉴别	Login
	普通用户桌面客户端	SecurityCloudStorageClient
	系统管理员客户端	SystemAdminClient
	安全保密管理员客户端	SecurityAdminClient
	安全审计员客户端	AuditAdminClient
服务端		SecureCloudStorageSystem

3.2.2　用户标识服务实现

用户标识服务实现包括用户注册界面实现、标识信息生成、标识信息传输、标识信息存储和标识信息管理五个部分，本节分别介绍各个部分的具体实现过程。

3.2.2.1　用户注册界面实现

用户注册界面实现包括用户注册界面设计、用户名和口令输入框实现、用户和界面交互逻辑实现三个部分，下面依次介绍各个部分的具体实现过程。

（1）用户注册界面设计。新建 Qt Widgets 项目，项目名称为“UserRegister”，类名命名为“UserRegisterWidget”，基类选择“QWidget”。项目建立完成后，进入设计模式设计用户注册界面，界面布局如图 3.3 所示。

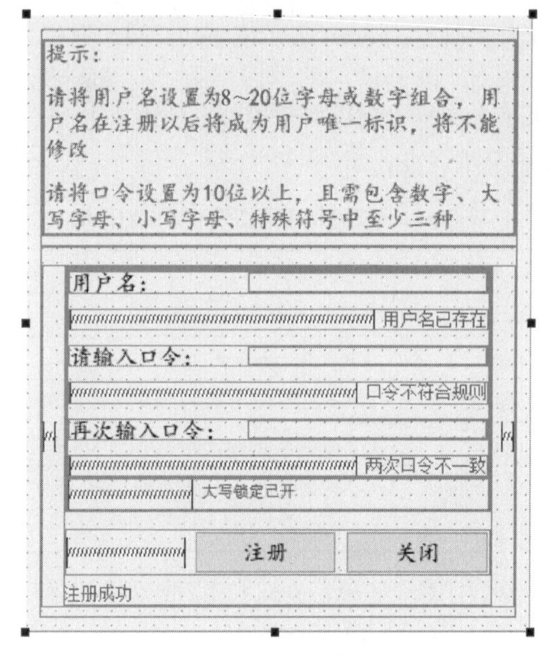

图 3.3　用户注册界面设计

注意：图 3.3 中对某些元素的尺寸和显示的字体进行了设置。关于界面元素的美化设计请参考第 2 章的 Qt 图形界面设计部分。

用户注册界面采用垂直布局，上方为用户名和口令的设置规则提示，中间为用户名和口令的标签和输入错误提示，下方为用户注册按钮和返回结果标签。用户注册界面中各个标签的命名如表 3.6 所示。

表 3.6　用户注册界面中各个标签的命名

标 签 名 称	标 签 命 名
用户名已存在	username_notice_label
口令不符合规则	password1_notice_label
两次口令不一致	password2_notice_label
大写锁定已开	caps_notice_label
注册成功	registerresult_label

由于用户名和口令输入框需要通过代码进行自定义，所以在图 3.3 所示的用户注册界面中没有直接布置输入框，仅在指定位置布置了水平布局。下面通过代码将输入框添加到该水平布局中。

（2）用户名和口令输入框实现。在项目中新建一个 C++类，类名为“Local_LineEdit”，基类为“QLineEdit”。在该类中通过重写虚拟函数的方式实现检测鼠标是否选中的功能。

其中，头文件 local_lineedit.h 代码如下：

```
class Local_LineEdit : public QLineEdit
{
    Q_OBJECT
```

```
public:
    Local_LineEdit(QWidget   *parent = 0);
    ~Local_LineEdit();
signals:
    void signal_linedit_focussed(bool hasFocus);          //获取或失去鼠标焦点时发送的信号
public slots:
protected:
    virtual void focusInEvent(QFocusEvent *e);            //获取鼠标焦点时触发的槽函数
    virtual void focusOutEvent(QFocusEvent *e);           //失去鼠标焦点时触发的槽函数
};
```

源文件 local_lineedit.cpp 代码如下：

```
#include "local_lineedit.h"
/*此处省略构造函数*/
void Local_LineEdit::focusInEvent(QFocusEvent *e){   //获取鼠标焦点时触发的槽函数
    emit(signal_linedit_focussed(true));                //发送获取鼠标焦点信号，参数为 true
}

void Local_LineEdit::focusOutEvent(QFocusEvent *e){失去鼠标焦点时触发的槽函数
    emit(signal_linedit_focussed(false));发送获取鼠标焦点信号，参数为 false
}
/*此处省略析构函数*/
```

以上代码通过重写 focusInEvent()和 focusOutEvent()函数，实现了判断该输入框是否被鼠标选中的功能，当该输入框获得或失去鼠标焦点时发送一个信号，当其他对象收到这个信号时，就可以对输入框内容进行进一步操作，比如判断输入内容是否合法、输入内容是否已存在等。用户名和口令输入框 Local_LineEdit 设置完成后，通过代码将其添加到用户注册界面预留的布局中，实现过程如下：

① 在 userregisterwidget.h 头文件中定义添加的输入框，以及输入框获取或失去鼠标焦点时触发的槽函数，代码如下：

```
class UserRegisterWidget : public QWidget
{
    Q_OBJECT
public:
    explicit UserRegisterWidget(QWidget *parent = nullptr);
    ~UserRegisterWidget();
private:
    Ui::UserRegisterWidget *ui;
    Local_LineEdit * username_lineEdit {username_lineEdit=nullptr};          //定义用户名输入框
    Local_LineEdit * password1_lineEdit {password1_lineEdit=nullptr };      //定义口令 1 输入框
    Local_LineEdit * password2_lineEdit {password2_lineEdit=nullptr };      //定义口令 2 输入框

private slots:
    void slot_linedit_focussed(bool);   输入框获取或失去鼠标焦点时触发的槽函数
};
```

② 在 userregisterwidget.cpp 文件的 UserRegisterWidget 构造函数中将 Local_LineEdit 添加到预先布置的布局中，代码如下：

```
if(nullptr==username_lineEdit){
    username_lineEdit = new Local_LineEdit();                          //初始化 Local_LineEdit
    connect(username_lineEdit, SIGNAL(signal_linedit_focussed(bool )), this,SLOT
                            (slot_linedit_focussed(bool)));     //连接信号与槽函数
    username_lineEdit->setText("");                                    //设置输入框默认为空
    //将 username_lineEdit 添加到预先摆放的水平布局中
    ui->username_lineEdit_horizontalLayout->addWidget(username_ lineEdit);
}
this->username_lineEdit->setMinimumHeight(22);                         //定义输入框最小高度
this->username_lineEdit->setMinimumWidth(200);                         //定义输入框最小宽度

/*添加口令 1 和口令 2 输入框的逻辑，因为和上面代码类似，所以此处将其省略*/
this->password1_lineEdit->setEchoMode(QLineEdit::Password); //设置口令 1 的输入模式为口令模式
this->password2_lineEdit->setEchoMode(QLineEdit::Password); //设置口令 2 的输入模式为口令模式
ui->username_notice_label ->hide();                                    //将用户名输入提示隐藏
ui->password1_notice_label ->hide();                                   //将口令 1 输入提示隐藏
ui->password1_notice_label ->hide();                                   //将口令 2 输入提示隐藏
ui->caps_notice_label ->hide();                                        //将大小写提示隐藏
ui->registerresult_label->hide();                                      //将返回结果提示隐藏
```

（3）用户和界面交互逻辑实现。在完成用户注册界面设计后，还需要实现用户和界面的交互逻辑，即当用户输入用户名或口令时，需检查用户名或口令是否符合规范。实现过程如下：

① 连接自定义槽函数与输入框内容变化发出的信号，代码如下：

```
connect(username_lineEdit,SIGNAL(textChanged(QString)),this,SLOT(slot_username_textChanged
                                                    (QString)));        //连接信号与槽函数
/*口令输入框信号与槽函数连接，因为与以上代码相似，所以此处将其省略*/
```

② 使用 QRegExp 类定义正则表达式，用于在槽函数中检查用户名和口令是否符合规范，代码如下：

```
//正则表达式，表示字符串中包含一位或多位小写字母
QRegExp *lowercase = new QRegExp("^.*[a-z]+.*$");
//正则表达式，表示字符串中包含一位或多位大写字母
QRegExp *uppercase = new QRegExp("^.*[A-Z]+.*$");
//正则表达式，表示字符串中包含一位或多位数字
QRegExp *numbercase = new QRegExp("^.*[0-9]+.*$");
//正则表达式，表示字符串中包含一位或多位英文特殊字符
QRegExp *speccharcase = new QRegExp("^.*[`~!@#$%^&*()_+<>?{},.]+.*$");
//正则表达式，表示字符串中包含大小写字母和数字组合
QRegExp *usernameRange = new QRegExp("^[a-zA-Z0-9]+$");
//正则表达式，表示字符串中包含大小写字母、数字、英文特殊字符组合
QRegExp *passwordRange = new QRegExp("^[a-zA-Z0-9`~!@#$%^&*()_+<>?{},.]+$");
```

上述正则表达式的解释如表 3.7 所示。

表 3.7　正则表达式的解释

正则表达式	解　释
^	表示字符串开头
.	匹配除换行符\n 之外的任何单字符
*	匹配前面子表达式零次或多次
[a-z]	匹配小写字母 a 到 z 的一个字符
+	匹配前面表达式一次或多次
$	表示字符串结束

③ 检查输入的字符串是否符合规范，然后检查其长度是否符合规则、是否包含必需的字符类型。为了程序调用方便，分别使用 checkUsernameRegular()和 checkPassword1Regular()两个函数实现该功能，代码如下：

```
bool UserRegisterWidget::checkUsernameRegular(){            //检查用户名字符串是否符合规范
    QString username = this->username_lineEdit->text();     //从用户注册界面获取用户名字符串
    if(nullptr==username||username.length()<=0){             //条件判断
        return false;
    }else{
        //检查用户名字符串是否符合规范，即判断用户名是否是大小写字母和数字的组合
        if(!usernameRange->exactMatch(username)){
            ui->username_notice_label->show();               //如果不符合规范，则提示
            ui->username_notice_label->setText("<html><head/><body><p><span style=\" color:
                    #ff0000;\">用户名不规范</span></p></body></html>"); //设置提示内容
            return false;
        }
        if(username.length()<8||username.length()>20){       //判断用户名字符串的长度
            ui->username_notice_label->show();
            ui->username_notice_label->setText("<html><head/><body><p> <span style=\" color:
                    #ff0000;\">用户名长度需要 8～20 位</span></p></body> </html>");
            return false;
        }
        //判断用户名字符串是否包含大写或者小写字符
        if(!lowercase->exactMatch(username)&&!uppercase->exactMatch (username)){
            ui->username_notice_label->show();
            ui->username_notice_label->setText("<html><head/><body><p> <span style=\" color:
                    #ff0000;\">用户名需包含字母</span></p></body></html>");
            return false;
        }else if(!numbercase->exactMatch(username)){          //判断用户名字符串是否包含数字
            ui->username_notice_label->show();
            ui->username_notice_label->setText("<html><head/><body><p> <span style=\" color:
                    #ff0000;\">用户名需包含数字</span></p></body></html>");
            return false;
        }else{
```

```
                ui->username_notice_label->hide();
                return true;
            }
        }
    }

    bool UserRegisterWidget::checkPassword1Regular(){           //判断口令字符串是否符合规范
        /*判断口令字符串长度是否符合规范，判断口令字符串是否为合法字符串，由于代码与用户
名字符串判断方法类似，所以这里省略其代码逻辑*/
        int matchnum = 0;                                       //定义口令匹配标签
        if(lowercase->exactMatch(password1)){//判断口令字符串是否包含小写字母，若包含则标签加 1
            matchnum++;
        }
        if(uppercase->exactMatch(password1)){//判断口令字符串是否包含大写字母，若包含则标签加 1
            matchnum++;
        }
        if(numbercase->exactMatch(password1)){//判断口令字符串是否包含数字，若包含则标签加 1
            matchnum++;
        }
        if(speccharcase->exactMatch(password1)){//判断口令字符串是否包含特殊字符，若包含则标签加 1
            matchnum++;
        }
        if(matchnum>=3){                            //判断标签是否大于或等于 3
            ui->password1_notice_label->hide();
            return true;
        }else{//如果标签小于 3，则说明口令字符串没有包含数字、大写字母、小写字母、特殊符号
中至少三种
            ui->password1_notice_label->show();                 //给用户提示
            ui->password1_notice_label->setText("<html><head/><body><p> <span style=\" color:
                        #ff0000;\">口令需包含数字、大写字母、小写字母、特殊符号中至少三种
                        </span></p></body></html>");
            return false;
        }
    }
```

④ 再次输入口令时，检查两次输入口令是否一致。为了程序调用方便，统一使用checkPassword2Regular()函数实现该逻辑，代码如下：

```
    bool UserRegisterWidget::checkPassword2Regular(){
        QString password1 = this->password1_lineEdit->text();          //获取第 1 次输入的口令值
        QString password2 = this->password2_lineEdit->text();          //获取第 2 次输入的口令值
        if(0==password1.compare(password2)){                           //比较两次输入口令是否一致
            ui->password2_notice_label->hide();                        //提示隐藏
            return true;
        }else{
            ui->password2_notice_label->show();                        //提示显示
            return false;
```

```
        }
    }
```

⑤ 在用户注册界面提示大小写开关是否打开，提高用户输入体验。由于操作系统不同，实现方法也不同，因此使用宏定义（#ifdef）的方法来实现代码编译时自动判别操作系统，实现代码如下：

```
bool UserRegisterWidget::CapsButtonState(){
#ifdef Q_OS_WIN                                          //Windows 操作系统
    if ((GetKeyState(VK_CAPITAL) & 0x0001)!=0){//调用 GetKeyState 函数获取大小写开关状态
        return true;
    }
    else{
        return false;
    }
#endif
#ifdef   Q_OS_LINUX                                      //Linux 操作系统
    QProcess process;
    process.start("bash", QStringList() << "-c" << "xset -q | grep Caps");
                                                         //执行命令获取大小写开关状态
    process.waitForFinished();                           //等待命令执行结束
    QByteArray output;
    output = process.readAllStandardOutput();//读取命令行输出结果到 output
    QString str_output = output;
    str_output = str_output.replace(" ","");
    //截取特定的字符
    QString state = str_output.mid(str_output.indexOf("CapsLock:",Qt:: CaseInsensitive)+9,2);
    if(0==QString::compare(state,"on")){    //判断截取的字符是否为 on，on 表示大小写开关打开
        return true;
    }
    else if(0==QString::compare(state,"of")){//判断截取的字符是否为 of，of 表示大小写开关关闭
        return false;
    }else{
        return false;
    }
#endif
}
```

（4）检查用户名是否已经存在。当用户输入用户名后，客户端需向服务端发送请求，检查该用户输入的用户名是否已经存在，并直观准确地提示用户。在实现之前，需要首先规定客户端和服务端进行网络请求与响应的数据格式。其中，客户端发送的 JSON 请求格式如下：

```
{
    "method":"checkusernameexistence",              //方法名
    "request":{
        "username":"xxxxxxxx"                       //用户名
    },
```

```
        "timestamp":"2019-10-16 14:43:00",          //发送请求的时间
        "version":"1.0"                             //接口版本
    }
```

服务端返回结果的格式如下：

```
    {
        "result": "success",                        //返回结果
        "code": "8000",                             //返回状态码
        "method": "checkusernameexistence",         //方法名
        "details": {
            "ifexist": "true" or "false"            //是否存在，值为 true 或 false
        },
            "timestamp":"2019-10-16 14:43:01",      //响应时间
        "message": "success"                        //返回的 message 信息
    }
```

下面分别介绍客户端和服务端的实现过程。

① 客户端实现过程。当用户名输入框由获得鼠标焦点到失去鼠标焦点时，触发检查函数。首先调用 checkUsernameRegular()函数检查用户名字符串是否符合规范，检查通过后调用 checkUsernameExistence()函数检查用户名是否已经存在，实现过程如下：

第一步，在头文件中引入 QJson 依赖，代码如下：

```
#include <QJsonObject>
#include <QJsonArray>
#include <QJsonDocument>
#include <QJsonParseError>
```

第二步，实现向服务端发送请求的 checkUsernameExistence()函数，代码如下：

```
void UserRegisterWidget::checkUsernameExistence(){
 /*此处省略 QNetworkAccessManager、QNetworkRequest 的初始化以及相关信号与槽函数连接等
逻辑，具体请查看 2.1.3.5 节*/
network_request.setUrl(QUrl("https://ip:port/checkusernameexistence"));    //设置网络请求地址
network_request.setRawHeader("Content-Type","application/json");    //设置网络请求格式为 JSON
QVariantMap messagejsonvar;                                          //定义一个 QVariantMap 对象
messagejsonvar.insert("method", "checkusernameexistence");          //设置 method 值
messagejsonvar.insert("version", "1.0");                            //设置 version 值
QVariantMap requestvar;                                    //定义 request 的 QVariantMap 对象
requestvar.insert("username", username);                   //设置 username 值
messagejsonvar.insert("timestamp", QDateTime::currentDateTime(). toString("yyyy-MM-dd hh:mm:ss
ddd"));                                                    //设置 timestamp 值
messagejsonvar.insert("request", requestvar);              //设置 result 值
QJsonObject obJct = QJsonObject::fromVariantMap(messagejsonvar); //QVariantMap 转 QJsonObject
QJsonDocument jsonDoc(obJct);                              //QJsonObject 转 QJsonDocument
QByteArray json=jsonDoc.toJson();                          //QJsonDocument 转 QByteArray
QString messagejsonstr(json);                              //QByteArray 转 QString
post_reply = manager->post(network_request,messagejsonstr.toUtf8());  //发送 post 请求
}
```

第三步，客户端对返回数据进行解析并在用户注册界面上提示返回结果，代码如下：

```
void UserRegisterWidget::slot_replyFinished(QNetworkReply* reply){
    QString ret_data;
    QVariant statusCode = reply->attribute(QNetworkRequest:: HttpStatusCodeAttribute);
    if(statusCode.isValid())
        qDebug() << "status code=" << statusCode.toInt();
    QString method="";                          //定义 method 变量
    QString result="";                          //定义 result 变量
    QString code = "";                          //定义 code 变量
    QString message = "";                       //定义 message 变量
    QVariantMap details;                        //定义 details 变量
    bool ifexist;                               //定义 ifexist 变量，表示检查结果
    if (nullptr!= reply) {
        ret_data = reply->readAll();//读取服务端返回数据
        QByteArray resultjsonbytearray;
        resultjsonbytearray.append(ret_data);
        QJsonParseError parseresult;
        QJsonDocument parse_doucment = QJsonDocument::fromJson (resultjsonbytearray,
                                                      &parseresult);    //解析 JSON
        if (parseresult.error == QJsonParseError::NoError)
        {
            if (parse_doucment.isObject()){
                QVariantMap parsemap = parse_doucment.toVariant().toMap();
                QMapIterator<QString, QVariant> iterater(parsemap);
                while (iterater.hasNext()) {
                    iterater.next();
                    QString iteraterkey = iterater.key();
                    QVariant iteratervalue= iterater.value();
                    if(iteraterkey=="method"){              //匹配 method 字段
                        method = iteratervalue.toString();
                    }else if(iteraterkey=="result"){        //匹配 result 字段
                        result = iteratervalue.toString();
                    }
                    else if(iteraterkey=="code"){           //匹配 code 字段
                        code = iteratervalue.toString();
                    }
                    else if(iteraterkey=="message"){        //匹配 message 字段
                        message = iteratervalue.toString();
                    }
                    else if(iteraterkey=="details"){        //匹配 details 字段
                        details = iteratervalue.toMap();
                        QMapIterator<QString, QVariant> detailsiterater (details);
                        while (detailsiterater.hasNext()) {
                            detailsiterater.next();
                            QString detailsiteraterkey = detailsiterater. key();
                            QVariant detailsiteratervalue= detailsiterater. value();
```

```
                        if(detailsiteraterkey=="ifexist"){          //匹配 ifexist 字段
                            ifexist = detailsiteratervalue.toBool();
                        }
                    }
                }
            }
        }
    }else{
        qDebug() << Q_FUNC_INFO << "解析 JSON 失败";
    }
    if(ifexist){
        ui->username_notice_label->show();                          //提示标签显示
        ui->username_notice_label->setText("<html><head/><body><p> <span style=\" color:
#ff0000;\">用户名已存在</span></p></body></html>");                //设置标签显示内容
    }else{
        ui->username_notice_label->show();                          //提示标签显示
        ui->username_notice_label->setText("<html><head/><body><p> <span style=\" color:
#00aaff;\">用户名不存在，可以注册</span></p></body></html>");       //设置标签显示内容
    }
    reply->deleteLater();
    reply = nullptr;
  }
}
```

检查用户名是否已经存在的运行效果如图 3.4 所示。

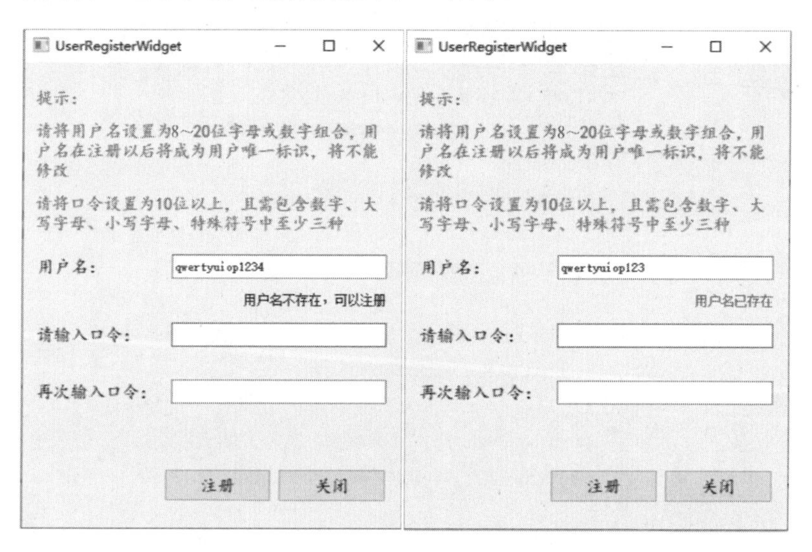

图 3.4　检查用户名是否存在的运行效果

② 服务端实现过程。服务端收到客户端的请求后，需要检查数据库中是否已存在该用户名，然后将检查结果返回客户端，实现过程如下：

第一步，使用命令行创建数据库，代码如下：

```
# create database securecloudstoragesystem;
```

第二步，新建 SringBoot 工程，命名为“SecureCloudStorageSystem”。首先，在项目的 pom.xml 文件中添加 JSON 依赖，代码如下：

```
<dependency>
    <groupId>com.alibaba</groupId>
    <artifactId>fastjson</artifactId>
    <version>{version}</version><!—-版本号。由于依赖包会不定期更新，所以用户需要从 Maven
中央仓库官网获取合适的版本号，本书实验代码中使用的版本号是 1.2.15-->
</dependency>
```

其次在工程的 application.properties 文件中配置好连接数据库，然后在工程中新建 entity、controller、repository、service 四个包。

第三步，依次在 entity、repository、service、controller 四个包中实现检查用户名是否已经存在的类和代码，实现过程如下。

首先在 entity 包中新建 RegisterUser 类，代码如下：

```
//此处省略包名和 import 语句
@Entity
Public class RegisterUser{
@Id
//表示主键由数据库自动生成（主要是自动增长型）
@GeneratedValue(strategy = GenerationType.IDENTITY)
private Integer id;                        //主键
private String name;                       //用户名
private String password;                   //口令
private LocalDateTime registerdate;        //用户注册时间
//其他变量
/*此处省略 get()、set()、toString()等方法*/
}
```

其次在 repository 包中新建 RegisterUserRepository 接口类，代码如下：

```
//此处省略包名和 import 语句
public interface RegisterUserRepository extends JpaRepository <RegisterUser, Integer> {
    public List<RegisterUser> findByName(String name);        //根据用户名查询
}
```

然后在 service 包中新建 DatabaseSer 接口和 DatabaseSerImpl 类。DatabaseSer 接口的代码如下：

```
public interface DatabaseSer {                              //定义一个接口
    public HashMap<String,Object> findByName(String name);//定义一个根据名字查询数据库的函数
}
```

DatabaseSerImpl 类的代码如下：

```
@Service
public class DatabaseSerImpl implements DatabaseSer { //DatabaseSerImpl 类实现 DatabaseSer 的方法
    String lowercase = "^.*[a-z]+.*$";                 //表示字符串中包含一位或多位小写字母
```

```
        String uppercase = "^.*[A-Z]+.*$";                  //表示字符串中包含一位或多位大写字母
        String numbercase = "^.*[0-9]+.*$";                 //表示字符串中包含一位或多位数字
        String usernameRange = "^[a-zA-Z0-9]+$";            //表示字符串中包含大小写字母和数字组合
        @Autowired
        private RegisterUserRepository registeruserrepository;              //注入数据库操作类
        @Override
        public HashMap<String,Object> findByName(String name) {
            HashMap<String,Object> retmap = new HashMap<String,Object>();
            List<RegisterUser> findout = new ArrayList<RegisterUser>();     //定义查询数据库结果
            String message="";                                              //定义查询过程状态
            //判断用户名字符串长度是否符合规定
            if (name.length() < 8 || name.length() > 20) {
                retmap.put("result",false);
                retmap.put("message","username length error");
                return retmap;
            }
            //正则匹配，检查用户名字符串是否符合规范，是否只包含规定的字符
            if (!name.matches(usernameRange)) {
                retmap.put("result",false);
                retmap.put("message","username error");
                return retmap;
            }
            //检查用户名字符串是否包含大写或小写字母
            if (!name.matches(lowercase) &&!name.matches(uppercase)) {
                retmap.put("result",false);
                retmap.put("message","username error");
                return retmap;
            }
            //检查用户名字符串是否包含数字
            if (!name.matches(numbercase)) {
                message = "username error";
                retmap.put("result",false);
                retmap.put("message","username error");
                return retmap;
            }
            findout = registeruserrepository.findByName(name);      //根据用户名查询数据库
            retmap.put("result",true);
            retmap.put("message","success");
            retmap.put("findout",findout);
            return retmap;                                  //返回一个查询结果 HashMap 容器
        }
    }
```

最后在 controller 包中新建 RegisterUserController 类，代码如下：

```
    import com.alibaba.fastjson.JSONObject;                 //添加 JSON 库的引用

    @RestController
```

```
public class RegisterUserController {
    @Autowired
    DatabaseSer databaseser;                                    //注入 Service 层服务
    @RequestMapping("/checkusernameexistence")                  //定义网络请求 url
    @ResponseBody
    public Object checkusernameexistence(@RequestBody JSONObject json) {
        if(null==json){                                         //检查参数
            return null;
        }
        String method = json.getString("method");              //解析 JSON 数据中的字段
        String version = json.getString("version");
        String timestamp = json.getString("timestamp");
        JSONObject request = json.getJSONObject("request");
        String username = request.getString("username");
        /*检查解析后 JSON 字段是否合法，代码省略*/
        //调用 Service 层的 findByName()方法查询数据库
        HashMap<String,Object> findout = databaseser.findByName (username);
        boolean retresult = (boolean)findout.get("result");    //解析得到 result 的值
        String retmessage = (String)findout.get("message"); //解析得到 message 的值
        List<RegisterUser> findoutlist   = (List<RegisterUser>)
        findout.get("findout");                                 //解析得到 findout 的值
        if(retresult){
            //判断查询结果大小，如果查询结果数量大于零
            if (null!=findoutlist&&findoutlist.size() > 0) {
                JSONObject findresult = new JSONObject();
                findresult.put("ifexist","true");
                return response(method,"success","8000",retmessage, findresult); //返回查询结果
            }else{
                JSONObject findresult = new JSONObject();
                findresult.put("ifexist","false");
                return response(method,"success","8000",retmessage, findresult);
            }
        }else{
            JSONObject findresult = new JSONObject();
            findresult.put("ifexist","false");
            return response(method,"success","8000",retmessage, findresult);
        }
    }

    private JSONObject response(String method, String result, String code, String message,
                                  JSONObject details) { //发送返回数据的函数
        JSONObject ret = new JSONObject();
        ret.put("method", method);
        ret.put("result", result);
        ret.put("code", code);
        ret.put("message", message);
        DateTimeFormatter formatter=DateTimeFormatter.ofPattern("yyyy- MM-dd HH:mm:ss");
```

```
            LocalDateTime currentTime = LocalDateTime.now();       //获取当前时间
            String currenttimestr = currentTime.format(formatter);     //转成字符串
            ret.put("timestamp", currenttimestr);
            ret.put("details", details);
            return ret;
        }
    }
```

至此，服务端已经实现了检查用户名是否已经存在的逻辑。同时，客户端的用户注册交互界面设计也已全部完成。

3.2.2.2 标识信息生成

为了防止标识信息明文传输造成用户口令泄露的问题，客户端需要对口令进行变换保护。一般采用哈希算法计算口令的哈希值，常用的哈希算法包括 MD5、SHA1、SHA256 等，算法的实现可在本书实验平台上获取，包括两个文件夹：inc 和 opensource。分别将其添加到项目中（将文件夹复制到项目的根目录下，在 Qt Creater 中右键单击项目，在弹出的快捷菜单中选择“添加现有文件…”，然后在弹出对话框中选择要复制的代码）。将开源哈希算法代码引入项目如图 3.5 所示。

图 3.5 将开源哈希算法代码引入项目

示例中采用 SHA256 算法对口令进行哈希计算，由于计算结果为乱码，因此还需要采用 BASE64 算法对口令哈希值进行编码，以便于网络传输，实现过程如下：

（1）引入 SHA256 和 BASE64 算法的头文件，代码如下：

```
#include "./inc/sha256.h"
#include "./inc/base64_enc.h"
```

（2）在用户单击“注册”按钮时，计算口令的哈希值并对其进行 BASE64 编码，代码如下：

```
QString digest(QString input){                              //计算哈希值函数
    /*这里省略参数检查*/
    uint8 digest[33] = "\0";                                 //定义哈希值变量
    char base64digest[46] = "\0";                            //定义经过 BASE64 编码后的变量
    QByteArray bytearray= input.toUtf8();  //将口令转成 QByteArray
    uint8 * inputbyte = reinterpret_cast <unsigned char*>(bytearray. data());//将 char*转成 unsigned char*
    sha256(digest, inputbyte, bytearray.length());//调用 SHA256 算法计算哈希值
    base64enc(base64digest,digest,32);                       //对哈希值进行 BASE64 编码
    QString base64digeststr(base64digest);                   //将编码后的字符串转成 QString
    return base64digeststr;
}
```

一个经过 BASE64 编码后的哈希值的示例如下所示：


```
X0STc8FfwwobKm9P324rNX8TFKUod627JO50Qw/lnMo=
```


3.2.2.3　标识信息传输

标识信息生成后，客户端将标识信息发送到服务端。标识信息传输的格式如下：

```
{
    "method":"userregister",                           //方法名
    "request":{
        "username":"xxxxxxxxx",                        //用户名
        "password":" X0STc8FfwwobKm9P324rNX8TFKUod627JO50Qw/lnMo=", //口令的哈希值
        "role":"系统管理员"                             //定义用户角色
    },
    "timestamp":"2019-10-17 14:43:00",                 //请求时间
    "version":"1.0"                                    //版本信息
}
```

服务端返回数据的格式如下：

```
{
    "result": "success",                               //返回的 result 值
    "code": "8000",                                    //返回的 code 值
    "method": "userregister",                          //方法名
    "details": {
        "username": "xxxxxxxxx "                       //用户名
    },
    "timestamp":"2019-10-17 14:43:00",                 //返回时间
    "message": "user register success"                 //返回的 message 值
}
```

客户端发送用户注册请求和接收解析注册结果的具体实现代码请参考 3.2.2.1 节中的网络请求与解析部分，这里就不再展开。客户端收到服务端返回的注册结果后，对返回数据进行解析，并将结果显示在用户注册界面上。用户注册成功的界面如图 3.6 所示。

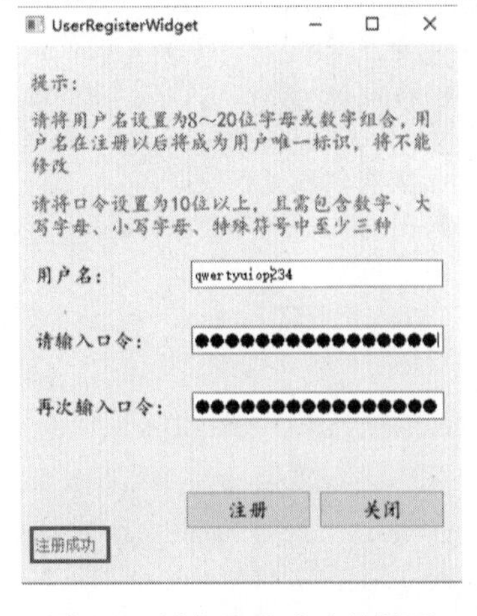

图 3.6　用户注册成功的界面

3.2.2.4 标识信息存储

服务端接收到客户端发送的标识信息后，利用 Controller 层将其存入数据库中。为了防止撞库攻击和脱库攻击，避免口令泄露，服务端需要对口令进行加盐处理和加密处理。加盐处理是指在口令前面增加一串随机字符串，增加字典攻击的难度和复杂性；加密处理是指通过数据库加密方法对口令进行加密，确保攻击者即使获取了数据库数据，也无法得到口令信息。下面介绍服务端接收标识信息并进行加盐处理、加密处理和存入数据库的实现过程。

（1）在项目工程的 application.properties 文件中添加一个随机的盐值变量和数据库加密密钥，代码如下：

```
sklois.database.saltvalue=a139f8baPdec0x467cV9830Hcbb8fa5
example.database.encryption.key=79JUYcjrjxM6HP4LHTNJJdOi4TMmZDy
```

（2）在 controller 包的 RegisterUserController 类中添加接收和解析用户注册请求的逻辑，代码如下：

```
@RequestMapping("/userregister")
@ResponseBody
public Object userregister(@RequestBody JSONObject json, HttpServlet Request servletrequest) {
    if (null == json) {
        return null;
    }
    String method = json.getString("method");
    String version = json.getString("version");
    JSONObject request = json.getJSONObject("request");
    String username = request.getString("username");
    /*解析 JSON 得到请求的参数，包括 username、password、role 等信息，代码省略*/
    /*检查参数是否合格，代码省略*/
    /*调用 Service 层的 save()函数存储标识信息，参数分别是用户名、口令、角色和注册时间，
databaseser 是上文中注入的 service 服务，save()方法的实现将在下文中叙述*/
    HashMap<String, Object> saveresult = databaseser.save(username,password,role,localdatetime);
    //判断返回的 saveresult 值，向客户端返回用户注册结果
    boolean retresult = (boolean) saveresult.get("result");
    if(retresult){ //如果为"true"
        JSONObject retresultobj = new JSONObject();
        retresultobj.put("username",username);
        retresultobj.put("role",role);
        //调用 response()函数向客户端返回数据
        return response(method, "success", "8000", retmessage, retresultobj);
    }
    //由于实现方法类似，所以此处省略 retresult 为 false 的实现逻辑，开发者可自行补全
}
```

（3）在 service 包中的 DatabaseSer 接口中添加标识信息存储的方法名，代码如下：

```
public interface DatabaseSer{
    public HashMap<String,Object> save(String name,String password,String role,LocalDateTime
localdatetime);
}
```

（4）在 DatabaseSerImpl 类中依次实现口令的哈希计算、加密处理以及用户名和口令的存储。首先，添加如下引用：

```
import java.security.MessageDigest;          //哈希算法引用
import sun.misc.BASE64Decoder;               //BASE64 解码算法引用
import sun.misc.BASE64Encoder;               //BASE64 编码算法引用
import javax.crypto.*;                       //Java 加密算法引用
```

然后，在 save()方法中添加如下代码：

```
    @Value("${sklois.database.saltvalue}")       //通过@Value 注解获得配置文件 application.properties
中预先定义的盐值（saltvalue）字符串，并赋值给 saltvalue 变量
    private String saltvalue;
    @Value("${example.database.encryption.key}")//获得配置文件 application. properties 中预先定义的
数据库加密密钥，赋值给 databaseencryptkey 变量
    private String databaseencryptkey;

    public  HashMap<String,Object>  save(String  name,String  password,String  role,LocalDateTime
localdatetime){
        HashMap<String,Object> retmap = new HashMap<String,Object>();
        /*判断传参是否合法，判断用户名和口令是否符合规范，代码省略*/
        List<RegisterUser> findout = new ArrayList<RegisterUser>();
        //查询数据库用户名是否存在，RegisterUserRepository 是上文提到的数据库操作类
        findout = registeruserrepository.findByName(name);
        if(null!=findout&&findout.size()>0){          //判断是否查询到相同的用户名
            retmap.put("result",false);
            retmap.put("message","username exist");
            return retmap;                             //返回标识信息已存在结果
        }

        MessageDigest messageDigest;                   //哈希算法类初始化
        BASE64Encoder base64encoder = new BASE64Encoder();          //BASE64 编码算法初始化
        String encodepassword = null;
        byte[] savedigest = new byte[0];
        try {
            messageDigest = MessageDigest.getInstance("SHA-256");      //设置哈希算法为 SHA256
            //将盐值（saltvalue）和口令拼接后作为哈希算法的输入
            messageDigest.update((saltvalue + password).getBytes("UTF-8"));
            byte[] savedigest = messageDigest.digest();             //调用 digest()函数计算哈希值
        } catch (NoSuchAlgorithmException e) {
            e.printStackTrace();
        } catch (UnsupportedEncodingException e) {
            e.printStackTrace();
        }

        String encryptpassword = null;                          //定义加密口令变量
        //调用 aesCbcEncrypt()函数加密数据，该函数的实现方法将在下文中叙述
```

```
        byte[] encryptout = aesCbcEncrypt(savedigest);
        //使用 BASE64 算法对加密数据进行编码
        encryptpassword = Base64.getEncoder().encodeToString(encryptout);
        RegisterUser registeruser = new RegisterUser();                //创建 RegisterUser 实体
        registeruser.setName(name);                                    //给 registeruser 中的变量赋值
        registeruser.setPassword(encryptpassword);    //设置 registeruser 中的 password 为加密后的内容
        registeruser.setRole(role);
        registeruser.setRegisterdate(localdatetime);
        //调用数据库操作类的 save()方法来存储标识信息
        RegisterUser retentity = registeruserrepository.save(registeruser);
        if(null!=retentity){
            retmap.put("result",true);
            retmap.put("message","user register success");
            retmap.put("username",retentity.getName());
            retmap.put("role",retentity.getRole());
            return retmap;                         //返回标识信息存储成功结果
        }else{
            retmap.put("result",false);
            retmap.put("message","save error");
            return retmap;                         //返回标识信息存储失败结果
        }
    }
```

其中，基于 AES 算法的加/解密实现代码如下：

```
    //AES 加密函数，传参是 byte[]类型的明文，返回值是 byte[]类型的密文
    public byte[] aesCbcEncrypt(byte[] input){
        Cipher cipher = null;                      //定义 Cipher 类
        byte[] cipherout = null;                   //定义密文变量
        try {
            /*cipher 变量初始化，算法选择的是 AES，加密模式是 CBC，PKCS5Padding 为补码模式，
PKCS5 补码方式为每个分组后填充缺少的字节数量*/
            cipher = Cipher.getInstance("AES/CBC/PKCS5Padding");
            Key secretKey = new SecretKeySpec(databaseencryptkey.getBytes(), "AES");   //初始化密钥
            byte[] iv = new byte[cipher.getBlockSize()];                 //加密的初始化向量
            //将初始化向量封装为 AlgorithmParameterSpec 类
            AlgorithmParameterSpec algorithmParameters = new IvParameterSpec (iv);
            cipher.init(Cipher.ENCRYPT_MODE, secretKey, algorithmParameters);     //调用 init()方法
            cipherout = cipher.doFinal(input);          //调用 doFinal()算法加密 input
        } catch (NoSuchAlgorithmException e) {
            e.printStackTrace();
        } catch (NoSuchPaddingException e) {
            e.printStackTrace();
        } catch (InvalidKeyException e) {
            e.printStackTrace();
        } catch (InvalidAlgorithmParameterException e) {
            e.printStackTrace();
        } catch (BadPaddingException e) {
```

```
            e.printStackTrace();
        } catch (IllegalBlockSizeException e) {
            e.printStackTrace();
        }
        return cipherout;
    }

    public byte[] aesCbcDecrypt(byte[] input){
        /*解密算法和加密算法类似，区别是在调用 init()函数时选择 Cipher.DECRYPT_MODE 模式，
具体代码实现省略*/
    }
```

至此，存储至数据库中的口令不再是明文形式，这样能够有效防止口令泄露。使用命令行查看数据库中的标识信息，结果如图 3.7 所示。

```
securecloudstoragesystem=# select * from register_user ;
 id |         date          |      name       |                    password
                  |      role
----+-----------------------+-----------------+--------------------------------------------
----------------------+----------------
  5 | 2019-10-21 09:46:54 | qwertyuiop1234 | BJU2iSp4lNSNjjiygQEOP34n1QIQm7Nx8yRUJqsFviU5
1hKlLjBlILwx98QHE8cU | 安全保密管理员
(1 row)
```

图 3.7　数据库中的标识信息

3.2.2.5　标识信息管理

服务端将标识信息存储到数据库后，还需要对标识信息进行管理，包括标识信息的列出、查询、修改、删除等。下面分别介绍各个标识信息管理功能的实现方法。

（1）标识信息的列出和查询。在本书中，标识信息查询功能可以覆盖标识信息列出功能，所以将标识信息列出和查询功能合并为一个功能进行讲述。客户端向服务端发送标识信息列出和查询请求的格式如下：

```
    POST /usersearch HTTP/1.1
    Host: ip:port                          //规定发送的 IP 地址和端口
    Content-Type: application/json         //规定发送数据的类型为 JSON
    /*在 HTTP 头部添加 sessionid 的值，sessionid 为会话标识，用户鉴别成功后获得，用户鉴别服务
实现的方法请参考 3.2.3 节*/
    sessionid: xxxxxxxx

    {
        "method":"usersearch",
        "request":{
            "userrole":"普通用户",          //目标用户的角色
            //检索框的关键词，此键值对只有在检索标识信息时存在，在标识信息列出时可缺省
            "keywords":{
                "username":"xxxxx"         //设置用户名的值
            }
        },
        "timestamp":"2019-10-17 14:43:00",
        "version":"1.0"
    }
```

服务端成功返回结果的格式如下：

```
{
    "result": "success",
    "code": "8000",
    "method": "usersearch",
    "details": {
        "userrole": "普通用户",                                    //用户的角色
        "usernumber": 10,                                          //用户总数量
        "userinfo": [
            {"id":x,"username":"xxx","role":"xxx",…},              //用户数据
            {"id":x,"username":"xxx","role":"xxx",…},
            {"id":x,"username":"xxx","role":"xxx",…},
            …
        ]
    },
    "timestamp":"2019-10-17 14:43:00",
    "message": "user search success"
}
```

由于客户端发送标识信息列出请求的实现方法与标识信息传输的实现方法类似，所以这里不再介绍客户端的实现过程，具体实现代码请参考 3.2.2.1 节中的网络请求部分。下面直接介绍服务端的实现方法，步骤如下：

① 在 RegisterUserRepository 接口中添加如下方法：

```
//根据角色和用户名查询数据库
public List<RegisterUser> findByRoleAndNameContains(String role,String name);
public List<RegisterUser> findByRole(String role);                    //根据角色查询数据库
```

② 在 DatabaseSer 接口类中添加查询标识信息的方法名，代码如下：

```
public HashMap<String,Object> findAll(String username,String userrole);
```

③ 在 DatabaseSerImpl 类中实现这个方法，代码如下：

```
public HashMap<String,Object> findAll(String username, String userrole){
    HashMap<String, Object> findoutmap = new HashMap<String, Object>();
    List<RegisterUser> findout = null;
    if(null==username||0==username.compareToIgnoreCase("")){          //如果用户名为空
    //调用数据库操作类的 findByRole()方法查询结果
        findout= registeruserrepository.findByRole(userrole);
    }else{
            //调用数据库操作类的 findByRoleAndNameContains()方法查询结果
        findout = registeruserrepository.findByRoleAndNameContains (userrole,username);
    }
    if (null != findout) {
        findoutmap.put("result", true);
        findoutmap.put("message", "user find success");
        findoutmap.put("findout", findout);
```

```
            return findoutmap;
        }
        return findoutmap;
    }
```

④ 在 RegisterUserController 类中添加接收标识信息列出和查询请求的方法和实现逻辑，代码如下：

```
    @RequestMapping("/usersearch")
    @ResponseBody
    public Object userlist(@RequestBody JSONObject json, HttpServletRequest servletrequest) throws ParseException {
        if (null == json) {
            return null;
        }
        /*解析 JSON 得到请求的参数，包括 userrole、keywords、username 等信息，代码省略*/
        String method = json.getString("method");
        JSONObject request = json.getJSONObject("request");
        String userrole = request.getString("userrole");
        JSONObject keywords = request.getJSONObject("keywords");
        String username = "";
        if(null!=keywords){
            username = keywords.getString("username");
        }

        //调用 Service 层的 find()函数查询数据库
        HashMap<String, Object> findmap =databaseser.findAll(username, userrole);
        boolean retresult = (boolean) findmap.get("result");
        String retmessage = (String) findmap.get("message");
        List<RegisterUser> findout = (List<RegisterUser>)findmap.get("findout");
        if(retresult&&null!=findout){
            JSONObject retresultjson = new JSONObject();
            retresultjson.put("findout",findout);
            return response("userlist", "success", "8000", retmessage, retresultjson);
        }
        return null;
    }
```

至此，服务端标识信息列出或查询的功能已经实现。客户端接收到服务端返回的查询结果后，便可在界面中列出所有用户的标识信息，具体实现方法将在 3.2.6.2 节中进行介绍。

（2）标识信息的修改。客户端向服务端发送修改标识信息请求的格式如下：

```
    POST /usermodify HTTP/1.1
    Host: ip:port                              //规定发送的 IP 地址和端口
    Content-Type: application/json             //规定发送数据的类型为 JSON
    /*在 HTTP 头部添加 sessionid 的值，sessionid 为会话标识，用户鉴别成功后获得，用户鉴别服务实现的方法请参考 3.2.3 节*/
    sessionid: xxxxxxxx
```

```
{
    "method":"usermodify",
    "request":{
        "username":"xxxxxx",
        "userinfo":{"email":"xx",…}         //修改的标识信息
    },
    "timestamp":"2019-10-17 14:43:00",
    "version":"1.0"
}
```

服务端成功返回结果的格式如下：

```
{
    "result": "success",
    "code": "8000",
    "method": "usermodify",
    "details": {
        "userinfo":{
            "username":"xxxxx",             //修改后的标识信息
            "role":"xxx",
            …
        }
    },
    "timestamp":"2019-10-17 14:43:00",
    "message": "user modify success"
}
```

客户端发送标识信息修改请求的具体实现代码请参考 3.2.2.1 节中的网络请求部分。下面直接介绍服务端对标识信息进行修改的实现方法，步骤如下：

① 在 DatabaseSer 接口类中添加修改标识信息的方法，代码如下：

```
public Object modifyuser(String username , String email);
```

② 在 DatabaseSerImpl 类中实现这个方法，代码如下：

```
public Object modifyuser(String username , String email) {
    //根据用户名查询用户信息
    RegisterUser registeruser = registeruserrepository.findOneByName (username);
    if(null!=registeruser){                         //如果查询结果不为空
        registeruser.setEmail(email);               //设置 email 值
        //这里省略设置其他修改项的逻辑
        RegisterUser ret = registeruserrepository.save(registeruser);       //保存数据库
        return ret;                                 //返回保存后的 RegisterUser 信息
    }
    return null;
}
```

③ 在 RegisterUserController 类中添加接收标识信息修改请求的方法和实现逻辑，代码如下：

```
@RequestMapping("/usermodify")
@ResponseBody
public Object usermodify(@RequestBody JSONObject json, HttpServletRequest servletrequest) throws ParseException {
    if (null == json) {
        return null;
    }
    //解析 JSON 得到请求的参数，包括 username、userinfo、email 等信息
    JSONObject request = json.getJSONObject("request");
    String username = request.getString("username");
    JSONObject userinfo = request.getJSONObject("userinfo");
    String email = userinfo.getString("email");
    //调用 modifyuser()函数修改标识信息
    RegisterUser ret =(RegisterUser) databaseser.modifyuser(username, email);
    JSONObject retjsonobj = new JSONObject();
    retjsonobj.put("username",ret.getName());
    retjsonobj.put("role",ret.getRole());
    retjsonobj.put("date",ret.getDate());
    retjsonobj.put("email",ret.getEmail());
    JSONObject retresultjson = new JSONObject();
    retresultjson.put("userinfo",retjsonobj);
    return response("usermodify", "success","8000", "user modify success", retresultjson);//返回结果
}
```

（3）标识信息的删除。客户端向服务端发送标识信息删除请求的格式如下：

```
POST /userdelete HTTP/1.1
Host: ip:port                                  //规定发送的 IP 地址和端口
Content-Type: application/json                 //规定发送数据的类型为 JSON
/*在 HTTP 头部添加 sessionid 的值，sessionid 为会话标识，用户鉴别成功后获得，用户鉴别服务实现的方法请参考 3.2.3 节*/
sessionid: xxxxxxxx

{
    "method":"userdelete",
    "request":{
        "username":"xxxxxx"                    //删除的标识信息
    },
    "timestamp":"2019-10-17 14:43:00",
    "version":"1.0"
}
```

服务端成功返回结果的格式如下：

```
{
    "result": "success",
```

```
        "code": "8000",
        "method": "userdelete",
        "details": {
            "username":"xxx","role":"xxx",…          //删除的标识信息
        },
        "timestamp":"2019-10-17 14:43:00",
        "message": "user delete success"
    }
```

客户端发送标识信息删除请求的具体实现代码请参考 3.2.2.1 节中的网络请求部分。下面直接介绍服务端删除标识信息的实现方法，步骤如下：

① 在 DatabaseSer 接口类中添加删除标识信息的方法，代码如下：

```
    public Object deleteuser(String username);
```

② 在 DatabaseSerImpl 类中实现这个方法，代码如下：

```
    public Object deleteuser(String username){
        //根据用户名查询标识信息
        RegisterUser registeruser = registeruserrepository.findOneByName (username);
        if(null!=registeruser){
            registeruserrepository.deleteById(registeruser.getId());          //删除标识信息
            return registeruser;                                              //返回标识信息
        }
        return null;
    }
```

③ 在 RegisterUserController 类中添加接收标识信息删除的方法和实现逻辑，代码如下：

```
    @RequestMapping("/userdelete")
    @ResponseBody
    public Object userdelete(@RequestBody JSONObject json, HttpServletRequest servletrequest) throws
ParseException {
        if (null == json) {
            return null;
        }
        //解析 JSON 得到请求的参数，包括 request、username 等信息
        JSONObject request = json.getJSONObject("request");
        String username = request.getString("username");
        //调用 Service 层的 deleteuser()函数删除标识信息
        RegisterUser ret =(RegisterUser) databaseser.deleteuser(username);
        JSONObject retjsonobj = new JSONObject();
        retjsonobj.put("username",ret.getName());
        retjsonobj.put("role",ret.getRole());
        retjsonobj.put("date",ret.getDate());
        retjsonobj.put("email",ret.getEmail());
        JSONObject retresultjson = new JSONObject();
        retresultjson.put("userinfo",retjsonobj);
        return response("userdelete", "success","8000", "user delete success", retresultjson); //返回结果
    }
```

3.2.3　用户鉴别服务实现

用户鉴别实现包括用户鉴别界面实现、用户鉴别信息计算、用户鉴别请求发送、用户鉴别请求验证和用户鉴别信息管理五个部分，本节分别介绍各个部分的具体实现过程。

3.2.3.1　用户鉴别界面实现

用户鉴别界面实现包括用户鉴别界面设计、用户鉴别初始化两个部分，下面依次介绍各个部分的实现过程。

（1）用户鉴别界面设计。新建 Qt Widgets 项目，项目名称为“Login”，类名命名为“UserLoginWidget”，基类选择“QWidget”。项目建立完成后，进入设计模式设计用户鉴别界面，界面的布局如图 3.8 所示。

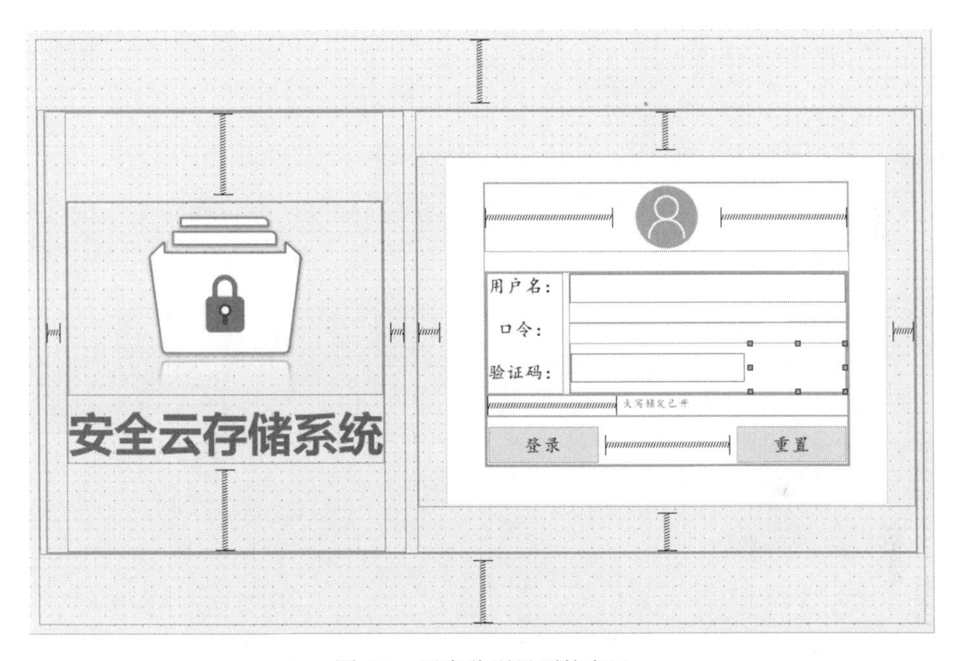

图 3.8　用户鉴别界面的布局

用户鉴别界面分为左右两个部分。左侧为安全云存储系统的文字和图片；右侧采用垂直布局，从上到下依次是用户名输入框、口令输入框、验证码输入框，以及验证码标签、大写锁定提示标签、登录按钮和重置按钮等。由于用户名、口令、验证码输入框和验证码标签需要通过代码动态添加，所以图 3.8 所示的界面中没有直接布置输入框，添加方法可参考用户注册界面实现中用户名、口令输入框的动态添加。下面介绍用户鉴别初始化的实现过程。

（2）用户鉴别初始化。用户鉴别初始化的具体实现过程如下：

第一步，客户端向服务端发送用户鉴别初始化请求，格式如下：

```
{
    "method":"userauthinit,
    "timestamp":"2019-10-17 14:43:00",
```

```
        "version":"1.0"
    }
```

发送请求的代码实现如下：

```
/*此处省略 QNetworkAccessManager、QNetworkRequest 的初始化和相关信号与槽函数连接等逻辑，具体请查看 2.1.3.5 节*/
network_request.setUrl(QUrl("https:                    //ip:port/userauthinit"));
network_request.setRawHeader("Content-Type","application/json");    //设置发送请求的格式为 JSON
QVariantMap messagejsonvar;                                          //初始化 QVariantMap 对象
messagejsonvar.insert("method", "userauthinit");                    //设置 method 值
messagejsonvar.insert("version", "1.0");                            //设置 version 值
//设置 timestamp 值
messagejsonvar.insert("timestamp", QDateTime::currentDateTime(). toString("yyyy-MM-dd hh:mm:ss"));
QJsonObject obJct =QJsonObject::fromVariantMap(messagejsonvar); //QVariantMap 转 QJsonObject
QJsonDocument jsonDoc(obJct);                                        //QJsonObject 转 QJsonDocument
QByteArray json=jsonDoc.toJson();                                    //QJsonDocument 转 QByteArray
QString messagejsonstr(json);                                        //QByteArray 转 QString
post_reply = manager->post(network_request,messagejsonstr.toUtf8());  //发送 post 请求
```

第二步，服务端接收到客户端发送的请求后，在 controller 包中新建 UserLoginController 类，实现用户鉴别初始化过程，生成一个图形验证码图片并将其返回至客户端。代码如下：

```
@RestController
public class UserLoginController{
    @RequestMapping("/userauthinit")
    public void userauthinit(@RequestBody JSONObject json, HttpServletResponse response, HttpSession session) throws IOException {
        /*此处省略参数判断，条件检查等代码*/
        /*利用图片工具生成图片，返回一个大小为 2 的对象数组，第一个对象是生成的验证码，第二个对象是生成的图片*/
        Object[] objs = LoginUtil.createImage();
        session.setAttribute("imageCode", objs[0]);    //将验证码存入 session
        String uuid = UUID.randomUUID().toString().replaceAll("-","");    //生成 uuid，作为验证码
        session.setAttribute("random", uuid);              //将 uuid 存入 session
        BufferedImage image = (BufferedImage) objs[1];    //获得图片对象
        response.setContentType("image/png");              //设置返回数据类型为图片类型
        response.addHeader("randomcode",uuid);        //将生成的验证码添加到返回数据的消息头中
        response.addHeader("method","userauthinit");          //设置返回的消息头 method 值
        OutputStream os = response.getOutputStream();
        ImageIO.write(image, "png", os);                       //将图片返回给客户端
    }
}
```

其中，生成图形验证码图片的方法是新建一个 utils 包，在包中新加一个 LoginUtil 类，具体代码如下：

```
public class LoginUtil {
    //验证码字符集
```

```
        private static final char[] chars = { '0', '1', '2', '3', '4', '5', '6', '7', '8', '9', 'a', 'b', 'c', 'd', 'e', 'f', 'g', 'h', 'i', 'j',
'k', 'l', 'm', 'n', 'o', 'p', 'q', 'r', 's', 't', 'u', 'v', 'w', 'x', 'y', 'z','A', 'B', 'C', 'D', 'E', 'F', 'G', 'H', 'I', 'J', 'K', 'L', 'M', 'N', 'O',
'P', 'Q', 'R', 'S', 'T', 'U', 'V', 'W', 'X', 'Y', 'Z' };
        //字符数量
        private static final int SIZE = 5;
        //干扰线数量
        private static final int LINES = 5;
        //宽度
        private static final int WIDTH = 102;
        //高度
        private static final int HEIGHT = 50;
        //字体大小
        private static final int FONT_SIZE = 30;

        //生成随机验证码及图片 Object[0]：验证码字符串；Object[1]：验证码图片
        public static Object[] createImage() {
            StringBuffer sb = new StringBuffer();
            //1.创建空白图片
            BufferedImage image = new BufferedImage(WIDTH, HEIGHT,
                                                    BufferedImage.TYPE_INT_RGB);
            //2.获取图片画笔
            Graphics graphic = image.getGraphics();
            //3.设置画笔颜色
            graphic.setColor(Color.LIGHT_GRAY);
            //4.绘制矩形背景
            graphic.fillRect(0, 0, WIDTH, HEIGHT);
            //5.画随机字符
            Random ran = new Random();
            for (int i = 0; i < SIZE; i++) {
                //取随机字符索引
                int n = ran.nextInt(chars.length);
                //设置随机颜色
                graphic.setColor(getRandomColor());
                //设置字体大小
                graphic.setFont(new Font(null, Font.BOLD + Font.ITALIC, FONT_ SIZE));
                //画字符
                graphic.drawString(chars[n] + "", i * WIDTH / SIZE, HEIGHT * 2 / 3);
                //记录字符
                sb.append(chars[n]);
            }
            //6.干扰线
            for (int i = 0; i < LINES; i++) {
                //设置随机颜色
                graphic.setColor(getRandomColor());
                //随机画线
                graphic.drawLine(ran.nextInt(WIDTH), ran.nextInt(HEIGHT), ran.nextInt(WIDTH),
                                                ran.nextInt(HEIGHT));
```

```
            }
            //7.返回验证码和图片
            return new Object[] { sb.toString(), image };
        }
        //随机取色函数
        public static Color getRandomColor() {
            Random ran = new Random();
            Color color = new Color(ran.nextInt(256), ran.nextInt(256), ran.nextInt(256));
            return color;
        }
    }
```

第三步，客户端接收到服务端返回的用户鉴别初始化结果后，从返回消息头中获得的图形验证码，并将图形验证码显示在用户鉴别界面上，代码如下：

```
void LoginWidget::slot_replyFinished(QNetworkReply* reply){
    if (nullptr!= reply) {
        QString method = (QString)reply->rawHeader("method");   //获取返回数据头的method字段
        if(0==method.compare("userauthinit")){                  //返回数据为登录初始化
            random = reply->rawHeader("randomcode");从返回消息头中获取随机数
            QByteArray ret_data = reply->readAll();             //获取返回的图片二进制数据
            QPixmap pix;
            pix.loadFromData(ret_data);                         //将图片二进制数据存入QPixmap对象
            ui->authcode_label->setPixmap(pix);                 //将图片显示在标签上
        }
    }
}
```

用户鉴别界面如图3.9所示。

图3.9　用户鉴别界面

3.2.3.2　用户鉴别信息计算

在用户鉴别界面中输入用户名、口令和图形验证码，并单击“登录”按钮后，客户端根据用户输入的内容计算用户鉴别信息，具体计算方法为：

digest = HMAC(key, 用户名+“&”+图形验证码+“&”+随机码+“&”+当前时间戳)

其中，“+”符号表示拼接，密钥 key 的计算方法为：

key = SHA256(saltvalue + base64_enc(SHA256(口令)))

代码实现如下：

```
QString username = ui->lineEdit_username->text();        //获取用户输入的用户名
QString password = this->lineEdit_password->text();      //获取用户输入的口令
QString authcode = ui->authcode_lineedit->text();        //获取用户输入的图形验证码
QString timestamp = QDateTime::currentDateTime().toString("yyyy-MM-dd hh:mm:ss"); //获取当前时间
QString macvalue = "";
//将 username、authcode、random 和 timestamp 进行拼接
QString digestinput = username+"&"+authcode.toLower()+"&"+random+"& "+timestamp;
/*计算口令的哈希值并添加盐值，其中 digest()函数为封装好的计算 SHA256 的函数，具体请参考
用户标识服务实现部分，saltvalue 为盐值，其值和服务端盐值相同，具体请参考 3.2.2.4 节的服务端盐
值*/
QString saltpassword = saltvalue + digest(password);
uint8 hmackey[33] = "\0";                                //初始化变量
QByteArray saltpasswordbyte = saltpassword.toUtf8();
//强制将 char*类型转换成 unsigned char*类型
uint8 * inputbyte = reinterpret_cast <unsigned char*>( saltpasswordbyte.data());
sha256(hmackey,inputbyte, saltpasswordbyte.length());    //计算 SHA256
uint8 hmacsha256digest[33] = "\0";                       //变量初始化
char hmacsha256base64digest[46] = "\0";                  //变量初始化
QByteArray keybytearray=key.toUtf8();                    //QString 转成 QByteArray
QByteArray inputbytearray=digestinput.toUtf8();          //QString 转成 QByteArray
//调用 HMAC_SHA256 接口计算 HMAC 值
hmac_sha256((char* )hmackey，32, inputbytearray.data(),inputbytearray. length(),hmacsha256digest);
base64enc(hmacsha256base64digest,hmacsha256digest,32);   //对哈希值进行 BASE64 编码
macvalue=QString(hmacsha256base64digest);                //将 char*类型转成 QString 类型
```

经过 BASE64 编码后的 HMAC 值例子如下所示：

0slgi/g9LgR9CQQOdeGZ/MTQip84TKTSLmEsVpJtHQo=

3.2.3.3　用户鉴别请求发送

用户鉴别信息计算完成后，客户端向服务端发送用户鉴别请求，请求的格式如下：

```
{
    "method":"userauth",                    //方法名
    "request":{
        "authcode":"xxxxx",                 //图形验证码的值
        "mac":"xxxxxxx",                    //用户鉴别信息
        "role":"xxxxxx",                    //用户角色
```

```
        "username":"xxxxxxx"                    //用户名
    },
    "timestamp":"2019-10-22 13:01:30",          //时间戳
    "version":"1.0"                             //版本信息
}
```

实现代码如下：

```
/*此处省略 QNetworkAccessManager、QNetworkRequest 的初始化以及相关信号与槽函数连接等逻辑，具体请查看 2.1.3.5 节*/
network_request.setUrl(QUrl("https://ip:port/userauth"));         //设置用户鉴别请求地址
network_request.setRawHeader("Content-Type","application/json");  //设置发送数据的类型为 JSON
QVariantMap messagejsonvar;                                       //定义 QVariantMap 对象
messagejsonvar.insert("method", "userauth");                      //设置 method 值
messagejsonvar.insert("version", "1.0");                          //设置 version 值
QString timestamp = QDateTime::currentDateTime().toString("yyyy-MM-dd hh:mm:ss");
messagejsonvar.insert("timestamp", timestamp);                    //设置 timestamp 值
QVariantMap requestvar;                                           //定义 QVariantMap 对象
requestvar.insert("username", username);                          //设置 username 值
requestvar.insert("authcode", authcode);                          //设置 authcode 值
requestvar.insert("role", role);                                  //设置 role 值
requestvar.insert("mac", macvalue);                               //设置 mac 值
messagejsonvar.insert("request", requestvar);                     //设置 request 的值
QJsonObject obJct =QJsonObject::fromVariantMap(messagejsonvar);   //QVariantMap 转 QJsonObject
QJsonDocument jsonDoc(obJct);                                     //QJsonObject 转 QJsonDocument
QByteArray json=jsonDoc.toJson();                                 //QJsonDocument 转 QByteArray
QString messagejsonstr(json);                                     //QByteArray 转 QString
post_reply = manager->post(network_request,messagejsonstr.toUtf8());
//发送 post 请求
```

注意：在用户鉴别初始化中，服务端会话（session）中保存了图形验证码和会话随机码，因此在用户鉴别请求中，客户端还需使用用户鉴别初始化中与服务端建立的会话，也就是说在代码实现过程中，用户鉴别请求中使用的 QNetworkAccessManager 类和用户鉴别初始化中使用的 QNetworkAccessManager 要保持一致。

3.2.3.4 用户鉴别请求验证

服务端接收到客户端发送的用户鉴别请求后，需对用户鉴别信息进行验证。实现过程如下：

（1）在 UserLoginController 类中添加接收用户鉴别请求的方法，代码如下：

```
@RequestMapping("/userauth")
@ResponseBody
public Object userauth(@RequestBody JSONObject json, HttpServletRequest request, HttpServletResponse response,HttpSession session){
}
```

（2）解析用户鉴别请求的 JSON 数据，依次进行参数检查、超时检查、图形验证码验证、用户账户状态检测、哈希值校验等验证步骤。

① 参数检查：检查参数是否齐全，是否为空，长度和格式是否正确等，由于实现方法比较简单，所以这里不再详述。

② 超时检查：验证请求是否超时。实现代码如下：

```
//设置时间的格式为 24 小时制，例如 2019-06-27 15:24:21
DateTimeFormatter df = DateTimeFormatter.ofPattern("yyyy-MM-dd HH:mm:ss");
LocalDateTime requesttime = LocalDateTime.parse(timestamp,df);          //解析请求的时间
LocalDateTime currentTime = LocalDateTime.now();                        //获取系统的日期和时间
Duration duration = Duration.between(requesttime,currentTime);          //求时间差
if(duration.toMillis()>2000){                                      //判断时间差是否大于 2000 ms
    return response(method, "fail", "xxxx", "request time out", null);  //返回结果
}
```

③ 图形验证码验证：验证图像验证码和服务器 session 中保存的是否一致，代码如下：

```
String authcode = request.getString("authcode");                      //从请求数据组解析 authcode
String imagecode = (String)session.getAttrbute("imageCode");   //从 session 中获取图形验证码的值
if(0!= authcode.compareToIgnoreCase(imagecode)){
    response(method, "fail","xxxx", "imagecode error",null);     //返回数据
}
```

④ 用户账户状态检测：检测用户账户的当前状态，如用户是否存在、账户是否已被锁定等。

⑤ 哈希值校验：验证请求的哈希值是否正确，代码如下：

```
/*校验用户鉴别请求的 mac 值是否正确。此函数的参数分别是数据库的用户实体类、用户名、图形验证码、随机码、时间戳和哈希值，函数的返回值为 true 或 false*/
public boolean macverity(RegisterUser registeruser,String username,String authcode,String random, String timestamp, String mac) throws NoSuchAlgorithmException, InvalidKeyException {
    //对数据库保存的密文状态的用户口令进行 BASE64 解码
    byte[] encryptedBytes = Base64.getDecoder().decode(registeruser. getPassword());
    //数据解密，此函数的实现请参考 3.2.2.4 节
    byte[] decreptkey = aesCbcDecrypt(encryptedBytes);
    Mac sha256_HMAC = Mac.getInstance("HmacSHA256");                //hmac_sha256 算法选择
    //拼接字符串
    String message =username+"&"+authcode.toLowerCase()+"&"+random+"&"+ timestamp;
    //设置 HMAC_SHA256 算法的密钥
    SecretKeySpec secret_key = new SecretKeySpec(decreptkey, "HmacSHA256");
    sha256_HMAC.init(secret_key);                                    //算法初始化
    byte[] newmac = sha256_HMAC.doFinal(message.getBytes());         //重新计算哈希值
    byte[] decodemac = Base64.getDecoder().decode(mac);      //对请求的哈希值进行 BASE64 解码
    if(Arrays.equals(newmac, decodemac)){                    //两个哈希值进行比较
        return true;
    }else {
        return false;
    }
```

```
}
```

一旦上述任一验证步骤失败，则表明此次用户鉴别未通过，终止用户鉴别过程。当发生多次用户鉴别失败时，将账户进行锁定，防止攻击者通过大量尝试来破解口令。

3.2.3.5 用户鉴别信息管理

服务端完成对用户鉴别请求的验证后，向客户端返回用户鉴别结果。如果通过用户鉴别，服务端还需要计算和保存会话信息，并将其返回给客户端，该会话信息是客户端与服务端进行后续通信的凭证。

（1）会话信息的生成。会话信息包括会话密钥（sessionkey）和会话标识（sessionid），会话密钥由一串随机数组成，可通过随机数生成器生成，如调用 UUID 函数库的 randomUUID() 方法生成会话密钥，代码如下：

```
String sessionkey=UUID.randomUUID().toString().replace("-", "");
```

会话标识也是一串随机数，既可以通过随机数生成器生成，也可以由会话密钥生成。例如，计算当前时间和会话密钥拼接后的哈希值作为会话标识，可表示为：

$$\text{sessionid} = \text{SHA256}(\text{currentTime}+\text{sessionkey})$$

具体实现方法如下：

```
MessageDigest messageDigest;
byte[] digest = new byte[0];
try {
    //算法初始化，选择的哈希算法是 SHA256
    messageDigest = MessageDigest.getInstance("SHA-256");
    //设置哈希算法的输入为当前时间戳和 sessionkey 拼接后的字符串
    messageDigest.update((currentTime.toString() + sessionkey).getBytes ("UTF-8"));
    digest = messageDigest.digest();            //计算哈希值
} catch (NoSuchAlgorithmException e) {
    e.printStackTrace();
} catch (UnsupportedEncodingException e) {
    e.printStackTrace();
}
String sessionid = bytesToHex(digest);          //将哈希值转成十六进制字符串
```

其中，bytesToHex()函数的实现方法如下：

```
public static String bytesToHex(byte[] bytes) {
    StringBuilder buf = new StringBuilder(bytes.length * 2);
    for(byte b : bytes) {                       //使用 String 的 format 方法进行转换
        buf.append(String.format("%02x", new Integer(b & 0xff)));
    }
    return buf.toString();
}
```

服务端返回的用户鉴别通过的数据格式如下：

```
{
```

```
    "method":"userauth",                              //方法名
    "details":{
        "role":"xxxxxx",                              //用户角色
        "username":"xxxxxx",                          //用户名
        "sessionid":"xxxxxxxxxxxx",                   //sessionid 的值
        "sessionkey":"xxxxxxx",                       //sessionkey 的值
        "lastauthtime":"2019-10-22 13:01:30",         //最近一次用户鉴别成功的时间
        "lastauthaddress":"192.168.1.1"               //最近一次用户鉴别成功的 IP 地址
    },
    "result":"success",
    "message":"userauth success",
    "timestamp":"2019-10-22 13:01:30",                //时间戳
    "code":8000
}
```

客户端根据接收到的用户鉴别结果进行解析处理，如果用户鉴别成功，则在本地保存 sessionid 和 sessionkey，进入系统主界面；如果用户鉴别失败，则提示用户鉴别失败，会话终止。

（2）会话信息的存储。服务端将会话标识、会话密钥等会话信息返回客户端的同时，也需将其存储至数据库，以便在之后的会话中进行验证。会话信息的存储过程如下：

第一步，在 RegisterUser 实体类中添加 sessionid、sessionkey、sessiontime 等会话信息相关变量，代码如下：

```
@Entity
public class RegisterUser{
    …
    private String sessionid;                         //sessionid 的值
    private String sessionkey;                        //sessionkey 的值
    private LocalDateTime sessiontime;                //sessiontime 验证时间
    private LocalDateTime lastauthtime;               //上次用户鉴别时间
    private String lastauthipaddress;                 //上次用户鉴别客户端 IP 地址
    /*此处省略 get()、set()和 toString()方法*/
}
```

第二步，在项目的 application.properties 文件中添加 sessionid 持续时间变量，代码如下：

```
sklois.auth.inactiveinterval = 900                    #900 s
```

第三步，在 DatabaseSerImpl 类中添加保存会话信息的方法和逻辑，代码如下：

```
    /*存储会话信息，参数分别是根据用户名查询的用户实体类、会话标识、会话密钥、当前时间和
客户端 IP 地址，返回存储的用户实体类*/
    public RegisterUser savesessioninfo(RegisterUser registeruser, String sessionid, String sessionkey,
LocalDateTime currenttime, String ipaddress){
        registeruser.setSessionid(sessionid);                 //设置 sessionid 的值
        registeruser.setSessionkey(sessionkey);               //设置 sessionkey 的值
        registeruser.setSessiontime(currenttime);             //设置会话时间
        registeruser.setLastauthtime(currenttime);            //设置上一次用户鉴别的时间
```

```
        registeruser.setLastauthipaddress(ipaddress);          //设置用户鉴别客户端 IP 地址
        //调用 Repository 层的 save()函数对数据进行存储
        RegisterUser saveresult = registeruserrepository.save(registeruser);
        return saveresult;
    }
```

（3）会话信息的验证。用户通过验证后可进入客户端系统，在向服务端发送其他会话请求时，服务端要对请求中的会话信息进行验证，以确保会话的有效性。会话信息的验证过程如下：

第一步，在 RegisterUserRepository 接口类中添加如下方法：

```
RegisterUser findOneBySessionid(String sessionid);
```

第二步，在 DatabaseSerImpl 类中添加会话信息验证方法，代码如下：

```
@Value("${sklois. auth.inactiveinterval}")
private String inactiveinterval;                    //从 application.properties 文件中获取会话持续时间

public HashMap<String, Object> verifysessionid(String sessionid){
    HashMap<String, Object> verifymap = new HashMap<String, Object>();
    //根据 sessionid 查询数据库的用户
    RegisterUser findout = registeruserrepository.findOneBySessionid (sessionid);
    //如果查询结果不为空，且 sessionid 有效
    if (null != findout&&null!=findout.getSessionid()&&findout. getSessionid().length()>0) {
        LocalDateTime currentTime = LocalDateTime.now();                //获取系统时间
        LocalDateTime sessiontime = findout.getSessiontime();           //获取会话时间
        Duration duration = Duration.between(sessiontime,currentTime);  //求两个时间的差
        /*检查账户状态是否正常，代码省略*/
        if(duration.toMillis()/1000<=inactiveinterval){          //检查 sessionid 是否在有效期内
            verifymap.put("result", true);                        //验证通过
            findout.setSessiontime(currentTime);
            registeruserrepository.save(findout);
            verifymap.put("entity",findout);
        }else{
            verifymap.put("result", false);                       //验证失败
        }
        return verifymap;
    }else{
        verifymap.put("result", false);                           //验证失败
        return verifymap;
    }
}
```

（4）会话信息的删除。当用户退出系统注销账户时，服务端只需把 sessionid、sessionkey 等会话信息清空，并把结果保存至数据库中即可，代码如下：

```
public RegisterUser userlogout(String sessionid){
    //根据 sessionid 查询数据库的用户
    RegisterUser findout = registeruserrepository.findOneBySessionid (sessionid);
```

```
        findout.setSessionid(null);                                    //将 sessionid 清空
        findout.setSessionkey(null);                                   //将 sessionkey 清空
        RegisterUser saveresult = registeruserrepository.save(findout);   //保存数据库
        return saveresult;
    }
```

3.2.4　访问控制服务实现

安全云存储系统采用了基于角色的访问控制模型，下面介绍服务端访问控制的实现原理和实现过程。

3.2.4.1　访问控制的实现原理

安全云存储系统的访问控制功能定义了四种用户角色，并为每种角色分配了一定的权限。在实现时，服务端采用拦截器功能，根据客户端的请求路径和用户角色实现不同角色对客体资源的访问控制。拦截器是 SpringBoot 的一项配置功能，能够拦截客户端发送至服务端的所有请求，并对请求数据进行预处理，根据请求路径进行访问控制决策。基于拦截器的访问控制流程如图 3.10 所示。

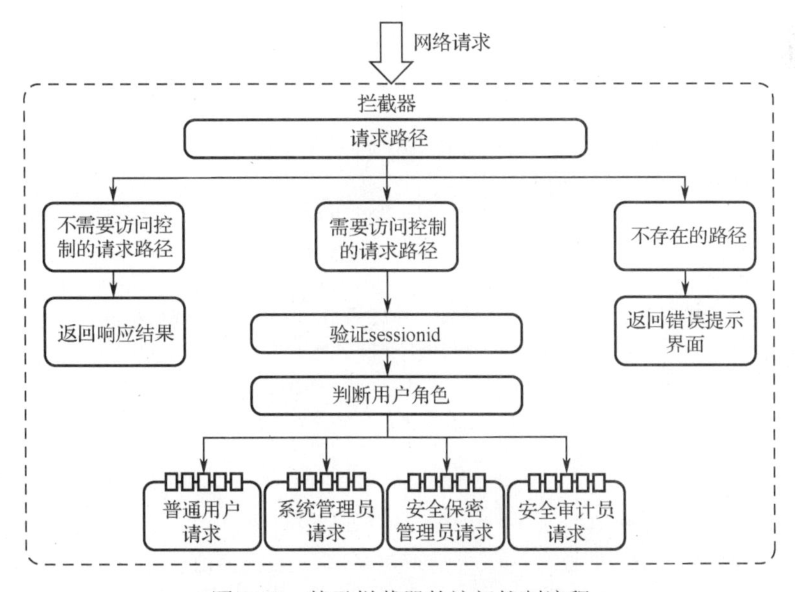

图 3.10　基于拦截器的访问控制流程

拦截器通过对请求路径进行判断来决定此次请求的结果，包括三种情况：

（1）如果请求路径不需要访问控制，则返回对应的响应结果。例如，服务端会接收所有用户注册和用户鉴别的请求，不进行访问控制，直接返回响应结果。

（2）如果请求路径需要访问控制，则判断用户角色，根据判断结果返回相应信息。例如，服务端接收的文件上传、下载、查询等请求需要访问控制，拦截器首先验证请求数据中的会话信息，识别用户角色，然后根据角色判断该用户是否能够访问该请求路径，最后根据判断结果决定返回的信息。

（3）如果请求路径不存在，则返回错误提示界面。

3.2.4.2 访问控制的实现过程

在服务端中，基于拦截器的访问控制的实现过程如下：

第一步，在项目中新建 intercepter 包，在该包下新建注解 Auth，代码如下：

```
@Inherited
@Target({ElementType.TYPE, ElementType.METHOD})
@Retention(RetentionPolicy.RUNTIME)
@Documented
public @interface Auth {
    String normaluser() default "";                    //普通用户
    String systemadmin() default "";                   //系统管理员
    String securityadmin() default "";                 //安全保密管理员
    String auditadmin() default "";                    //安全审计员
}
```

第二步，在 intercepter 包中新建 AuthIntercepter 类，实现 HandlerInterceptor 接口，代码如下：

```
public class AuthIntercepter implements HandlerInterceptor {
    @Autowired
    DatabaseSer databaseser;            //注入 DatabaseSer 类
    @Override                           //重写 preHandle 方法
    public boolean preHandle(HttpServletRequest request, HttpServletResponse response, Object handler) throws Exception {
        String sessionid = request.getHeader("sessionid");      //从请求头中获取 sessionid 的值
        //此处省略判断 sessionid 是否为空，长度是否合法的代码
        /*调用注入的 DatabaseSer 类的 verifysessionid()方法验证 sessionid 是否合法，具体代码实现参考 3.2.3.4 节中的用户鉴别 sessionid 验证。验证函数返回一个 HashMap 对象，该对象包含两个键值对：一个是 result，值为 true 或者 false，表示验证结果；另一个是 entity，该键值对只有在 result 值为 true 时才存在，表示数据库查询的用户实体类，可以从中获得标识信息*/
        HashMap<String, Object> findout = databaseser.verifysessionid (sessionid);
        String role = "";
        RegisterUser registeruser;
        boolean result = (boolean) findout.get("result");
        if (result) {                   //session 正确
            registeruser = (RegisterUser) findout.get("entity"); //从 HashMap 中获取用户实体类
            role = registeruser.getRole();                       //从实体类中获取角色
        } else {
            //session 不正确，返回错误
            return false;
        }
        Auth auth = null;
        if (handler instanceof HandlerMethod) {                  //判断请求地址是否在列表中
            //从请求地址中获取 Auth 信息
            auth = ((HandlerMethod) handler).getMethod().getAnnotation (Auth.class);
        } else {                                                 //请求地址不在列表中
            return false;
```

```
            }
            if (auth == null) {                                    //如果获取 Auth 信息失败，返回 false
                return false;
            }
            String normaluser = auth.normaluser();                 //从 auth 中获得普通用户角色
            String systemadmin = auth.systemadmin();               //从 auth 中获得系统管理员角色
            String securityadmin = auth.securityadmin();           //从 auth 中获得安全保密管理员角色
            String auditadmin = auth.auditadmin();                 //从 auth 中获得安全审计员角色
            //判断请求地址允许的角色是否和现在的角色相同
            if ((null != normaluser && normaluser.equals(role)) || (null != systemadmin &&
systemadmin.equals(role)) || (null != securityadmin && securityadmin.equals(role)) || (null != auditadmin &&
auditadmin. equals(role))) {
                System.out.println("当前用户已登录，登录的用户名为：" + registeruser. getName());
                return true;                                       //请求地址允许这个角色访问，返回 true
            }
            return false;
        }
    }
```

第三步，在 intercepter 包中新建 AuthConfiguration 类，代码如下：

```
    @Configuration
    public class AuthConfiguration implements WebMvcConfigurer {
        @Bean
        public AuthIntercepter authIntercepter(){
            return new AuthIntercepter();                          //将 AuthIntercepter 包含在一个 Bean 中
        }
        @Override
        public void addInterceptors(InterceptorRegistry registry) {
            InterceptorRegistration loginRegistry = registry.addInterceptor (authIntercepter());
                                                                   //注册拦截器
            loginRegistry.addPathPatterns("/**");                  //设置拦截路径
            loginRegistry.excludePathPatterns("/userregister");    //设置排除拦截的路径
            loginRegistry.excludePathPatterns("/checkusernameexistence");
            loginRegistry.excludePathPatterns("/userauthinit");
            loginRegistry.excludePathPatterns("/userauth");
            loginRegistry.excludePathPatterns("/error");
            loginRegistry.excludePathPatterns("/error.html");
        }
    }
```

第四步，在 application.properties 文件添加如下配置信息，允许 Bean 定义重写，这样就可以在拦截器中注入 service 类：

```
spring.main.allow-bean-definition-overriding=true
```

第五步，当需要对一个请求进行访问控制时，只需在方法前加上@Auth，并标明允许的用户角色即可。示例代码如下：

```
@RequestMapping("/fileupload")        //文件上传请求
@ResponseBody
@Auth(normaluser="普通用户")        //使用 Auth 注解标识这个地址允许访问的角色为普通用户
public Object fileupload(@RequestBody JSONObject json) {
}
```

第六步，定义项目发生错误时统一返回的界面，开发者可自定义返回界面中的内容。在 intercepter 包中新建 MyErrorPageController 类，代码如下：

```
@Controller
public class MyErrorPageController implements ErrorController {
    @RequestMapping("/error")          //发生错误时的请求
    public String handleError() {
        return "error.html";               //返回 error.html 界面，该资源位于“resources/static”目录下
    }
    @Override
    public String getErrorPath() {
        return null;
    }
}
```

3.2.5 安全审计服务实现

安全审计服务的实现包括审计日志的存储、审计日志的获取和查询两个部分，本节分别介绍这两个部分的具体实现过程。

3.2.5.1 审计日志的存储

服务端通过构建通用的安全审计接口来对用户的操作行为进行审计日志的采集，并将审计日志存储至数据库中。实现过程如下：

第一步，根据审计模型，创建审计实体类。在 entity 包中新建 AuditEntity 实体类，代码如下：

```
@Entity                                        //实体类注解
public class AuditEntity {
    @Id
    //表示主键由数据库自动生成（主要是自动增长型）
    @GeneratedValue(strategy = GenerationType.IDENTITY)
    private Integer id;                        //主键
    private LocalDateTime time;                //时间
    private String ipaddress;                  //客户端 IP 地址
    private String username;                   //用户名
    private String role;                       //用户角色
    private String method;                     //操作方法，如用户鉴别、用户退出、文件上传
    private String module;                     //模块，如登录模块、文件浏览模块等
    @Column(length = 2048)
    private String object;   //访问资源、目标等，登录模块是 xxxx 端，文件上传是 xxx 文件
    private String result;   //success 或者 fail
```

```
    private String status;    //状态，如开始状态、执行状态、中断状态、异常状态、终止状态等
    //省略 get、set、toString 方法
}
```

第二步，在 repository 包中新建 AuditRepository 接口类，代码如下：

```
public interface AuditRepository extends JpaRepository<AuditEntity, Integer>{
}
```

第三步，在 service 包中新建 AuditSer 接口，代码如下：

```
public interface AuditSer{
    public AuditEntity auditLogSave(LocalDateTime time,String ipaddress, String username,
                String role,String method,String module,String object, String result,String status);
}
```

第四步，在 service 包中新建 AuditSerImpl 类，代码如下：

```
@Service
public class AuditSerImpl implements AuditSer {
    @Autowired
    AuditRepository auditrepository;
    public   AuditEntity auditLogSave(LocalDateTime time,String ipaddress, String username,
                String role,String method,String module,String object, String result,String status){
        /*检查参数是否合法，代码省略*/
        AuditEntity auditentity = new AuditEntity();                    //初始化实体类
        auditentity.setTime(time);                                      //实体类变量赋值
        auditentity.setIpaddress(ipaddress);
        auditentity.setUsername(username);
        //设置实体类变量值
        AuditEntity saveresult = auditrepository.save(auditentity);      //保存审计信息
        return saveresult;
    }
}
```

在审计时，只需调用 AuditSerImpl 类的 auditLogSave()方法，即可对用户行为进行审计日志的采集。以用户鉴别审计为例，其实现代码如下：

```
@RestController
public class UserLoginController{
    @Autowired
    AuditSerImpl auditserimpl;
    @RequestMapping("/userauth")
    @ResponseBody
    public Object userauth(HttpServletRequest request){
        /*获取客户端 IP 地址，由于获取的方法有很多种，所以这里只列出调用方法，具体代码
可以在课程网站上下载*/
        String ipaddress = IpUtil.getIpAddr(request);
        //调用 service 方法保存审计日志
        auditserimpl.auditLogSave(currentTime,ipaddress,username,role,"用户鉴别","用户鉴别模块",
```

```
                                            "用户鉴别成功","success","终止状态");
        }
    }
```

3.2.5.2 审计日志的获取和查询

根据访问控制策略，安全审计员和安全保密管理员具备获取和查询审计日志的权限。其中，安全保密管理员可以查看安全审计员的日志信息，安全审计员可查看普通用户、系统管理员和安全保密管理员的审计日志信息。在本书中，由于审计日志查询接口可以实现审计日志获取的功能，所以这里就用“/auditlogsearch”接口代表审计日志获取和查询接口。客户端发送审计日志查询请求的格式如下：

```
POST /auditlogsearch HTTP/1.1
Host: ip:port                                  //规定发送的 IP 地址和端口
Content-Type: application/json                 //规定发送数据的类型为 JSON
sessionid: xxxxxxxxx                           //在 HTTP 头部添加 sessionid 的值

{
    "method":"auditlogsearch",                 //auditlogsearch 方法
    "request":{
        "auditlogrole":"系统管理员",            //审计对象的角色
        "fromtime":"2019-01-01 00:00:00",      //查询的时间起点
        "totime":"2020-01-01 00:00:00",        //查询的时间终点
        "user":"xxxxxx",                       //检索输入框输入的用户名
        "module":"用户鉴别模块",                //模块
        "pagenum":0,                           //分页查询，设置页数
        "pagesize":20                          //分页查询，设置每页显示数量
    },
    "timestamp":"2019-10-26 13:01:30",
    "version":"1.0"
}
```

服务端返回的格式如下：

```
{
    "result": "success",
    "code": "8000",
    "method": "auditloglist",
    "details": {
        "auditlogrole": "系统管理员",           //审计对象的角色
        "auditlognumber": 200,                 //审计信息总数量
        "auditlog": [                          //审计信息
            {
                "result": "success",
                "ipaddress": "IP 地址",
                "role": "系统管理员",
                //审计信息
            },
            …
```

```
        ]
    },
    "timestamp":"2019-10-26 13:01:31",
    "message": "audit log list success"
}
```

审计日志的获取和查询的具体实现方法如下：

第一步，客户端发送审计日志查询请求。在客户端中，触发审计日志查询操作的条件包括：客户端主界面初始化、用户单击“检索”按钮、用户单击“翻页”按钮、用户设置跳页页数按下回车键等。审计日志查询操作被触发后，客户端将实时获取检索起止时间、检索词、模块、每页最多显示数量等变量，构造 JSON 请求数据，发送给服务端。实现代码如下：

```
QDateTime audit_starttime = ui->start_dateTimeEdit->dateTime();                //获取起始时间
QDateTime audit_endtime =   ui->end_dateTimeEdit->dateTime();                  //获取结束时间
QString module = ui->opration_audit_search_block_comboBox->currentText();      //获取选择模块
QString search_str = ui->opration_audit_search_username_lineEdit->text();      //获取检索内容
int current_page = this->jumptopage_linedit->text().toInt();                   //获取当前页
int show_list_num = ui->audit_show_num_comboBox->currentText().toInt();       //获取每页显示数目

void AuditAdminWidget::sendrequest(){                            //发送请求的函数
    /*此处省略 QNetworkAccessManager、QNetworkRequest 的初始化以及相关信号与槽函数连接等
    逻辑，具体请查看 2.1.3.5 节*/
    request.setUrl(QUrl("https://ip:port/auditlogsearch"));          //设置请求地址
    request.setRawHeader("sessionid", sessionid.toUtf8());           //在 HTTP 头部添加 sessionid
    QVariantMap messagejsonvar;                                      //定义 QVariantMap 对象
    messagejsonvar.insert("method", "auditlogsearch");               //设置 method 值
    messagejsonvar.insert("version", "1.0");                         //设置 version 值
    QVariantMap requestvar;
    requestvar.insert("auditlogrole", "系统管理员");                   //设置审计日志的角色
    requestvar.insert("fromtime", audit_starttime.toString("yyyy-MM-dd hh:mm:ss"));//设置开始时间
    requestvar.insert("totime", audit_endtime.toString("yyyy-MM-dd hh:mm:ss"));    //设置结束时间
    requestvar.insert("user", search_str);                           //设置检索内容
    requestvar.insert("module", module);                             //设置模块
    requestvar.insert("pagenum", current_page-1);                    //设置当前页
    requestvar.insert("pagesize", show_list_num);                    //设置每页显示数量
    messagejsonvar.insert("timestamp", QDateTime::currentDateTime().toString("
                              yyyy-MM-dd HH:mm:ss"));                //设置 timestamp 值
    messagejsonvar.insert("request", requestvar);                    //设置 request 的值
    QJsonObject obJct = QJsonObject::fromVariantMap(messagejsonvar); //QVariantMap 转 QJsonObject
    QJsonDocument jsonDoc(obJct);                                    //QJsonObject 转 QJsonDocument
    QByteArray json = jsonDoc.toJson();                              //QJsonDocument 转 QByteArray
    QString messagejsonstr(json);                                    //QByteArray 转 QString
    post_reply = manager->post(request,messagejsonstr.toUtf8()); //向服务端发送数据
}
```

第二步，服务端根据查询条件查询审计日志并返回客户端。由于审计日志较多，因此服务端需采用分页查询，实现过程如下：

首先，在 repository 包中的 AuditRepository 接口类中添加如下代码：

```
/*定义条件查询方法，翻译成 SQL 语句是：select * from table where time > parameter1 and time < parameter2 and username = parameter3 and module = parameter4 and role = parameter5*/
Page<AuditEntity> findAllByTimeAfterAndTimeBeforeAndUsernameEqualsAnd ModuleEqualsAnd
        RoleEquals(LocalDateTime time, LocalDateTime time2, String username, String module, String role,Pageable pageable);

/*定义条件查询数量方法，翻译成 SQL 语句是：select count(*) from table where time > parameter1 and time < parameter2 and username = parameter3 and module = parameter4 and role = parameter5*/
long countByTimeAfterAndTimeBeforeAndUsernameEqualsAndModuleEqualsAnd RoleEquals(
        LocalDateTime time, LocalDateTime time2,String username,String operatemodal, String role);
```

此处使用了 SpringBoot 的关键词查询语法实现数据库的查询操作，在实现时只需在 Repository 层接口中按照查询关键词定义方法即可。具体关键词和详细方法对照表见表 3.8，更多 Repository 层查询知识请参考 SpringBoot 官方文档[3]。

表 3.8　关键词与详细语法对照表

关 键 词	方 法 命 名	SQL 中的 where 语句
And	findByLastnameAndFirstname	… where x.lastname = ?1 and x.firstname = ?2
Or	findByLastnameOrFirstname	… where x.lastname = ?1 or x.firstname = ?2
Is,Equals	findByFirstname,findByFirstnameIs,findByFirstnameEquals	… where x.firstname = ?1
Between	findByStartDateBetween	… where x.startDate between ?1 and ?2
LessThan	findByAgeLessThan	… where x.age < ?1
LessThanEqual	findByAgeLessThanEqual	… where x.age <= ?1
GreaterThan	findByAgeGreaterThan	… where x.age > ?1
GreaterThanEqual	findByAgeGreaterThanEqual	… where x.age >= ?1
After	findByStartDateAfter	… where x.startDate > ?1
Before	findByStartDateBefore	… where x.startDate < ?1
IsNull	findByAgeIsNull	… where x.age is null
IsNotNull,NotNull	findByAge(Is)NotNull	… where x.age not null
Like	findByFirstnameLike	… where x.firstname like ?1
NotLike	findByFirstnameNotLike	… where x.firstname not like ?1

其次，在 service 包中的 AuditSer 接口中添加如下方法：

```
public Page<AuditEntity> auditLogSearch(LocalDateTime starttime, LocalDateTime endtime,String username,String operatemodal, int pageNo, int pageSize, String role);        //定义审计信息条件查询方法
public long countAuditLog(LocalDateTime starttime, LocalDateTime endtime,String username,String operatemodal,String role);        //定义审计信息按条件统计数量的方法
```

然后，在 AuditSerImpl 类中添加上述两个方法的实现。在第一个方法中使用 Sort 类对查询数据进行排序，使用 Pageable 类对查询结果进行分页，调用 Repository 层的数据库查询方法对数据进行查询，代码如下：

```
    public Page<AuditEntity> auditLogSearch(LocalDateTime starttime, LocalDateTime endtime, String
username, String operatemodal,int pageNo, int pageSize, String role) {
        /*这里省略了参数判断、条件检测等代码*/
        Page<AuditEntity> findoutpage = null;
        Sort sort = new Sort(Sort.Direction.DESC, "time");             //定义排序方法，按时间倒序排列
        Pageable pageable = new PageRequest(pageNo, pageSize, sort);      //定义分页查询
        findoutpage = auditrepository.findAllByTimeAfterAndTimeBeforeAnd UsernameEqualsAndModule
                                EqualsAndRoleEquals(starttime, endtime, username,
                                operatemodal, role, pageable);   //调用 Repository 层条件查询方法
        return findoutpage;                                          //返回查询数据
    }
    public long countAuditLog(LocalDateTime starttime, LocalDateTime endtime, String username, String
operatemodal, String role) {
        /*这里省略了参数判断、条件检测等代码*/
        long number = auditrepository.countByTimeAfterAndTimeBeforeAnd UsernameEqualsAnd
                                ModuleEqualsAndRoleEquals(starttime, endtime, username,
                                operatemodal, role);              //调用 Repository 层条件查询方法
        return number;                                               //返回查询数量
    }
```

最后，在 controller 包中新建 AuditLogController 类，将查询结果返回客户端，代码如下：

```
    @AutoWired
    AuditSer auditser;                                               //注入 AuditSer

    @RequestMapping("/auditlogsearch")
    @ResponseBody
    //规定只有安全保密管理员和安全审计员才能访问这个接口
    @Auth(securityadmin = "安全保密管理员", normaluser = "安全审计员")
    public Object auditlogsearch(@RequestBody JSONObject json, HttpServletRequest request,
HttpServletResponse response, HttpSession session) throws InvalidKeyException, NoSuchAlgorithmException {
        if (null == json) {
            return null;
        }
        String method = json.getString("method");
        String version = json.getString("version");
        JSONObject requestobj = json.getJSONObject("request");
        String auditlogrole = requestobj.getString("auditlogrole");   //从请求数据中获得 auditlogrole 的值
        /*解析 JSON 得到请求的参数，包括 auditlogrole、fromtime、totime、user、module、pagenum、
    pagesize 等信息，代码省略*/

        //定义时间格式
        DateTimeFormatter formatter = DateTimeFormatter.ofPattern("yyyy-   MM-dd HH:mm:ss");
        //将字符串的时间转成 LocalDateTime 类型
        LocalDateTime starttime = LocalDateTime.parse(fromtime,formatter);
        //将字符串的时间转成 LocalDateTime 类型
        LocalDateTime endtime = LocalDateTime.parse(totime,formatter);
        Page<AuditEntity>   findpage = auditser.auditLogSearch(starttime, endtime,user,module,
```

```
                    pagenum,pagesize,auditlogrole);    //调用 Service 层的查询方法
    long number = auditser.countAuditLog(starttime,endtime,user,module, auditlogrole); //查询总个数
    List<AuditEntity> listout = findpage.getContent();                    //获取查询结果
    List<JSONObject> auditItems = new ArrayList<>();
    for (int i = 0; i < listout.size(); i++) {          //采用 for 循环将数据添加到 JSONObject 列表中
        AuditEntity data = listout.get(i);
        JSONObject auditItem = new JSONObject();
        auditItem.put("id", data.getId());              //将数据封装成 JSON 对象
        auditItem.put("time", data.getTime());
        …
        auditItems.add(auditItem);                      //将 JSON 对象添加到 List 列表中
    }
    JSONObject jsonObject = new JSONObject();
    jsonObject.put("auditlogrole",auditlogrole);        //设置 auditlogrole 值
    jsonObject.put("auditlog",auditItems);              //设置 auditlog 值
    jsonObject.put("auditlognumber",number);            //设置 auditlognumber 值
    return response(method,"success","8000","audit log list success", jsonObject);      //返回数据
}
```

3.2.6 管理员的“三权分立”

本节分别介绍安全审计员、安全保密管理员和系统管理员客户端的实现过程。管理员客户端需具备用户鉴别功能，只有鉴别成功的用户才能进入管理员界面，用户鉴别的实现方法请参考 3.2.3 节用户鉴别部分的内容，下面直接介绍各个管理员客户端界面相关功能的实现方法。

3.2.6.1 安全审计员客户端界面的实现

安全审计员客户端界面的实现包括安全审计员客户端界面的设计、安全审计员客户端界面的初始化两个部分，下面依次介绍这两个部分的实现过程。

（1）安全审计员客户端界面的设计。新建 Qt Widgets 项目，项目名称为“AuditAdminClient”，类名为“AuditAdminWidget”，基类选择“QWidget”。然后进入 AuditAdminWidget 的设计模式设计安全审计员客户端界面。安全审计员客户端界面的设计如图 3.11 所示。

安全审计员客户端采用垂直布局，从上到下分为标题栏和内容栏两部分。

① 标题栏最右侧是用户登录信息，如上次登录时间标签和上次登录 IP 的地址标签、用户图标、用户角色标签、欢迎词标签和退出按钮等。

② 内容栏包含 3 个标签，3 个标签用于显示系统管理员、安全保密管理员和普通用户的审计日志。每个标签采用垂直布局，从上到下分别放置检索栏、审计信息栏和翻页栏。其中：

（a）检索栏使用水平布局，从左到右分别放置时间选择框（QDateTimeEdit）、关键词输入框、模块选择框（包括“全部”“登录模块”“用户管理模块”“文件管理模块”“文件查看模块”，在 Qt 设计师界面中双击模块选择框可进行编辑）、检索按钮和导出按钮等。

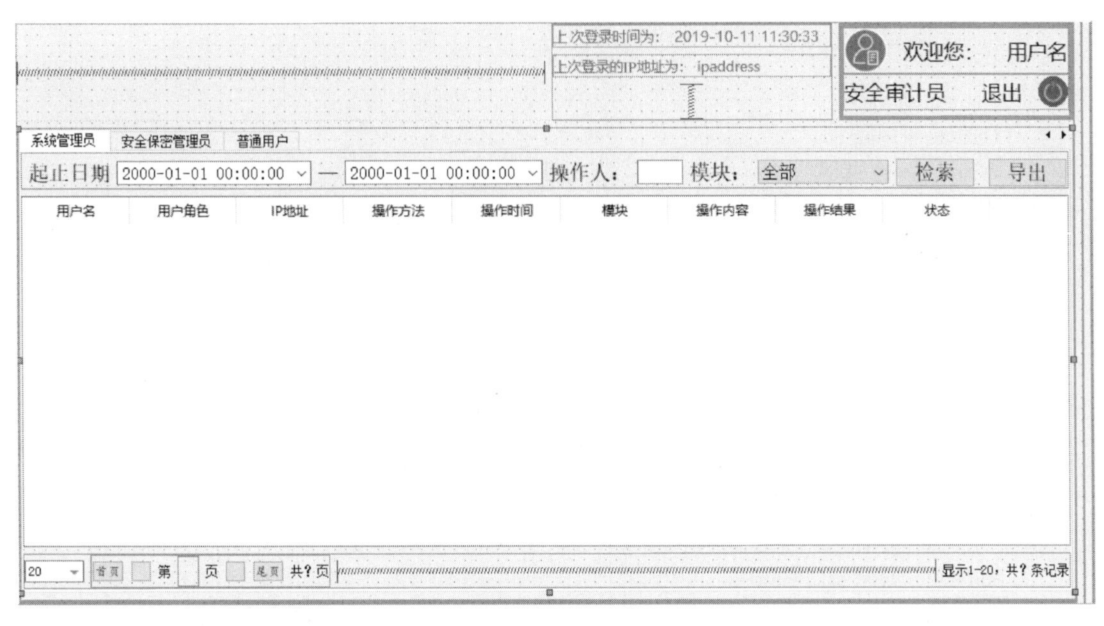

图 3.11　安全审计员客户端界面的设计

（b）审计信息栏放置 QTableWidget，鼠标双击 QTableWidget 头部可编辑表格头部信息，分别添加审计信息元素，如用户名、用户角色、IP 地址等。

（c）翻页栏采用水平布局，从左到右分别为每页显示行数（鼠标双击可编辑，示例中有 10、20、50、100 四种选择，为默认选择为 20）、首页按钮、上一页按钮、跳页输入框、下一页按钮、尾页按钮和其他显示信息。由于跳页输入框需要监听按键操作，此输入框需要在代码中进行添加，所以没有直接布置在界面上。

此外，该界面中还使用了 Qt 样式表对部分元素进行了美化处理，具体设置方法请参考第 2 章 Qt 图形界面设计部分或者其他 Qt 相关书籍资料。

（2）安全审计员客户端功能实现。安全审计员客户端实现的功能包括用户鉴别成功后登录信息的保存、界面的显示、界面元素的初始化和审计信息的显示等。具体实现过程如下：

第一步，保存全局变量。客户端接收到服务端返回的用户鉴别通过信息后，首先解析获取 sessionid、sessionkey、用户名、用户角色、上次用户鉴别时间和 IP 地址等信息，并保存到程序的全局变量中。在项目的适当目录中新建 global.h 和 global.cpp 文件，用于保存程序的全局变量。其中，global.h 的代码如下：

```
#ifndef GLOBAL_H
#define GLOBAL_H
#include <QString>
extern QString sessionid;                //会话标识
extern QString sessionkey;               //会话密钥
extern QString role;                     //用户角色
extern QString username;                 //用户名
extern QString lashauthtime;             //上次用户鉴别时间
extern QString lastauthipaddress;        //上次用户鉴别 IP 地址
#endif //GLOBAL_H
```

global.cpp 的代码如下：

```
#include "global.h"
QString sessionid = "";                //初始化会话标识
QString sessionkey = "";               //初始化会话密钥
QString role = "";                     //初始化用户角色
QString username = "";                 //初始化用户名
QString lashauthtime = "";             //初始化上次用户鉴别成功的时间
QString lastauthipaddress = "";        //初始化上次用户鉴别成功的客户端 IP 地址
```

新建上述两个文件后，将用户鉴别成功后获得的 sessionid、sessionkey、用户名、用户角色等信息赋值给上述文件中的全局变量。

第二步，全局变量赋值后，弹出安全审计员客户端界面，隐藏用户鉴别界面，实现代码如下：

```
AuditAdminWidget * auditadminwidget = new AuditAdminWidget();//安全审计员客户端界面初始化
Auditadminwidget->show();                                      //显示安全审计员客户端界面
this->hide();//隐藏用户鉴别界面，this 表示 UserLoginWidget 类，具体请参考 3.2.3 节
```

第三步，在 auditadminwidget.h 头文件中定义公共变量，如起止时间、检索框内容、模块选择、每页最多显示数目等。代码如下：

```
Local_LineEdit * jumptopage_linedit{jumptopage_linedit=nullptr}; //定义跳页输入框
QDateTime audit_starttime;                 //检索时选择的起始时间
QDateTime audit_endtime;                   //检索时选择的结束时间
QString search_str="";                     //检索输入框内容
QString module = "";                       //模块选择内容
int show_list_num = 20;                    //每页最多显示数目
int current_page = 0;                      //当前页
int pagenumber = 0;                        //总页数
//跳页输入框是否获得鼠标焦点，当获得鼠标焦点时，监听鼠标、回车键进行界面刷新
bool jumptopage_lineedit_focus = false;
```

第四步，在构造函数中对安全审计员客户端界面进行初始化。例如，设置时间选择框的默认时间、添加跳页输入框等。代码如下：

```
//时间选择框采用弹框模式，其中 start_dateTimeEdit 为开始日期选择框 QdateTimeEdit 的标签名字
ui->start_dateTimeEdit->setCalendarPopup(true);
//设置开始时间是当前系统时间的前 7 天
ui->start_dateTimeEdit->setDateTime(QDateTime::currentDateTime().addDays(-7));
//设置结束时间是当前系统时间，其中 end_dateTimeEdit 为结束日期选择框 QdateTimeEdit 的标签
名字
ui->end_dateTimeEdit->setDateTime(QDateTime::currentDateTime());
//jumptopage_linedit 为跳页输入框，具体实现请参考 3.2.2.1 节中用户名和口令输入框的实现
if(nullptr == jumptopage_linedit){
    jumptopage_linedit = new Local_LineEdit();              //输入框初始化
    //设置跳页输入框输入值的范围为 1 到 10000
    jumptopage_linedit->setValidator(new QIntValidator(1, 10000, this));
    //连接信号与槽函数，当鼠标单击输入框或者离开输入框时触发
```

```
        connect(jumptopage_linedit,SIGNAL(signal_linedit_focussed(bool )), this,SLOT(
                                                slot_all_audit_linedit_focussed(bool)));
        /*设置输入框的值为当前页，其中 current_page 为头文件中定义的当前页变量，因为当前页是
从零开始的，所以在界面上显示时需要+1*/
        jumptopage_linedit->setText(QString::number(current_page + 1));
        //将输入框添加到事先布置的水平布局中
        ui->audit_jumptopage_lineEdit_horizontalLayout->addWidget(jumptopage_ linedit);
        ui->lastlogintime_label->setText(lashauthtime);                //设置上次用户鉴别成功时间
        //将输入框添加到事先布置的水平布局中
        ui->lastauth_ipaddress_label->setText(lastauthipaddress);
        //将输入框添加到事先布置的水平布局中
        //设置上次用户鉴别成功时客户端 IP 地址
        ui->lable_current_username->setText(username);                       //设置界面显示用户名
        ui->operation_audit_record_tableWidget->setSortingEnabled(true);     //设置表格是可排序的
        //设置表格选择行为，以行为单位
        ui->operation_audit_record_tableWidget->setSelectionBehavior (QAbstractItemView::SelectRows);
        //设置表格选择模式，选择单行
        ui->operation_audit_record_tableWidget->setSelectionMode(Qabstract ItemView::SingleSelection);
        //设置表格内容双击不可编辑
        ui->operation_audit_record_tableWidget->setEditTriggers(Qabstract ItemView::NoEditTriggers );
    }
```

第五步，在客户端项目的合适目录中定义审计日志实体类 AuditlogEntity，用于存储服务端返回的审计日志数据。auditlogentity.h 的代码如下：

```
class AuditlogEntity{
    public:
        AuditlogEntity();
    private:
        int id;
    QDateTime time;                              //审计日志的时间
    /*审计日志的元素，包含审计日志时间、客户端 IP 地址、用户名、用户角色、操作方法等*/
    public:
        /*此处省略 get 和 set 方法定义*/
}
```

auditlogentity.cpp 是对应类的构造函数和 get()、set()方法的具体实现，具体代码省略。

第六步，在 auditadminwidget.h 文件中定义一个 QMap 容器，用于存放界面上显示的审计日志列表，代码如下：

```
QMap<QString, AuditlogEntity *> * auditlog{auditlog =nullptr}
```

第七步，客户端接收服务端返回的数据。当客户端接收到服务端返回的数据时，触发预先连接的槽函数，在槽函数中对返回的数据进行解析；然后将审计日志数据构造成 AuditlogEntity 实体类并存放在 QMap 容器中。实现代码如下：

```
void AuditAdminWidget::slot_replyFinished(QNetworkReply* reply){
    QString ret_data = reply->readAll();                //读取返回数据
    QByteArray retbytearray;
```

```
        retbytearray.append(ret_data);
        QJsonParseError parseresult;
        //解析返回的 JSON 数据
        QJsonDocument parse_doucment = QJsonDocument::fromJson(retbytearray, &parseresult);
        if (parseresult.error == QJsonParseError::NoError)
        {
            //这里省略解析其他关键词
            if(detailskey =="auditlog"){                    //当解析到 auditlog 关键词时
                QVariantList auditloglist = detailsvalue.toList();
                if(auditloglist.size()>0){
                    int id;
                    QDateTime time;                         //时间
                    /*这里省略审计日志元素定义的代码*/
                    for(int i = 0;i<auditloglist.length();i++){
                        AuditEntity *auditentity = new AuditEntity();          //初始化实体类
                        QVariantMap qvmap = auditloglist[i].toMap();
                        QMapIterator<QString, QVariant> mapiterater(qvmap);
                        while (mapiterater.hasNext()) {                         //遍历
                            mapiterater.next();
                            QString mapkey = mapiterater.key();
                            QVariant mapvalue= mapiterater.value();
                            if(0==QString::compare(mapkey,"id")){
                                id = mapvalue.toInt();
                            }else if(0==QString::compare(mapkey,"time")){
                                time = mapvalue.toDateTime();
                            }
                            /*这里省略了其他关键词解析逻辑的代码*/
                        }
                        auditentity->setid(id);                                 //设置 id
                        auditentity->settime(time);                             //设置 time
                        /*这里省略了实体类其他变量设置逻辑的代码*/
                        if(nullptr != auditlog){
                            //将实体类存放在 QMap 容器中
                            auditlog->insert(QString(id),auditentity);
                        }
                    }
                }
            }
        }
    }
```

第八步，在界面中显示审计日志数据。首先清空界面中的旧数据，然后将新返回的数据显示在界面上，并设置翻页按钮是否可用、当前显示区间和审计日志总数。代码如下：

```
//清空界面中的旧数据，其中 audit_tableWidget 为界面上放置的 QTableWidget 元素名称
ui->audit_tableWidget->setRowCount(0);
ui->audit_tableWidget->setRowCount(auditlog->size());                  //设置列表总行数
int rownum = 0;                                                         //行号
```

```
if(nullptr != auditlog){
    QMapIterator<QString , AuditEntity*> iterater(*auditlog);
    while (iterater.hasNext()) {                //遍历 QMap 容器中的审计日志，将其显示在界面上
        iterater.next();
        AuditEntity* value= iterater.value();
        /*因为 QTableWidget 表格中只能安放 QTableWidgetItem，这行代码对其进行初始化，
        表格中的内容是实体类中的用户名*/
        QTableWidgetItem *usernameitem = new QTableWidgetItem(value-> getusername());
        //将用户名 QTableWidgetItem 项显示在第 rownum 行、第 0 列的表格中
        ui->audit_tableWidget->setItem(rownum,0,usernameitem);
        //初始化用户角色 QTableWidgetItem
        QTableWidgetItem *userroleitem = new QTableWidgetItem(value-> getrole());
        //将用户角色 QTableWidgetItem 项放置在第 rownum 行、第 1 列的表格中
        ui->audit_tableWidget->setItem(rownum,1,userroleitem);
        /*此处省略了其余项放置在表格中的实现代码*/
    }
    //设置表格，是以第五列数据倒序排列的
    ui->audit_tableWidget->sortByColumn(4,Qt::DescendingOrder);
    int bitemnum =   **;                        //计算列表显示的开始条目
    int eitemnum = **;                          //计算列表显示的结束条目
    int titemnum = **;                          //计算总条目个数
    int tpage= **;                              //计算总页数
    int cshowitem = **;                         //计算当前显示页
    ui->audit_totalnum_label->setText("显示"+ bitemnum+"-"+eitemnum+",共"+ titemnum +"条记录");
    ui->all_audit_page_total_num_label->setText("共"+tpage+"页");
    jumptopage_linedit->setText(QString::number(cshowitem));
    /*判断当前页是否是第一页，如果是，首页和上一页按钮不可用，代码省略*/
    /*判断当前页是否是最后一页，如果是，尾页和下一页按钮不可用，代码省略*/
}
```

安全审计员客户端运行界面如图 3.12 所示。

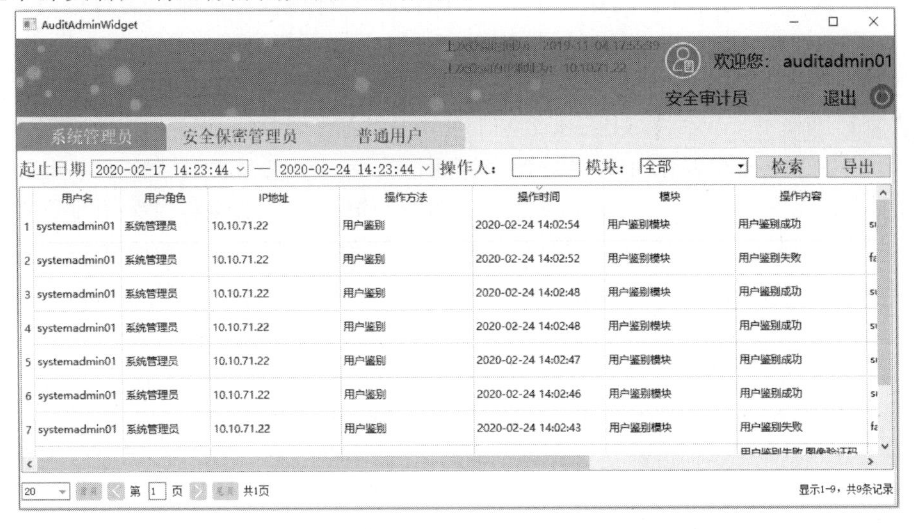

图 3.12　安全审计员客户端运行界面

3.2.6.2 安全保密管理员客户端界面的实现

安全保密管理员客户端界面的实现包括安全保密管理员客户端界面的设计、用户管理功能的实现两个部分，下面依次介绍这两个部分的实现过程。

（1）安全保密管理员客户端界面的设计。新建 Qt Widgets 项目，项目名称为“SecurityAdminClient”，类名为“SecurityAdminWidget”，基类选择“QWidget”。进入 SecurityAdminWidget 的设计模式设计安全保密管理员客户端界面，其中的用户管理界面设计如图 3.13 所示。

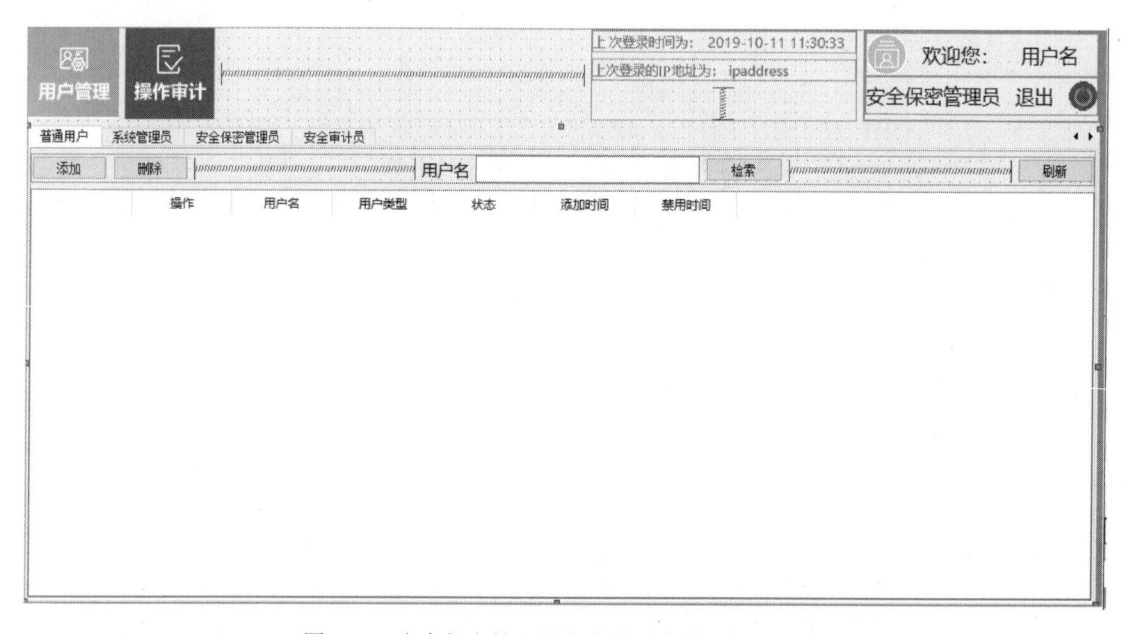

图 3.13 安全保密管理员客户端用户管理界面设计

安全保密管理员客户端采用垂直布局，分为标题栏和内容栏两部分。

① 标题栏最左端为用户管理和操作审计两个按钮，在设计界面时分别对这两个按钮的尺寸和样式进行了设定，设定其为正方形且按钮高度等于标题栏高度，使用 QSS 设定按钮默认、按钮划过、按钮按下的样式。

② 内容栏布置一个两页的 QStackedWidget，设计如下：

（a）第一页 QStackedWidget 为用户管理界面，放置一个包含 4 个标签的 QTabWidget，分别是普通用户、系统管理员、安全保密管理员和安全审计员。每个标签采用垂直布局，从上到下分别放置操作栏和表格界面。其中，操作栏采用水平布局，从左到右放置添加按钮、删除按钮、检索输入框、检索按钮、刷新按钮等元素；表格界面放置一个 QTableWidget，用于显示用户信息，双击表格头部可对其进行编辑，如添加操作、用户名、用户类型、状态等标识信息。

（b）第二页 QStackedWidget 为操作审计界面，用于显示安全审计员的审计日志信息，其界面设计和实现方法与安全审计员客户端界面类似。安全保密管理员客户端操作审计界面设计如图 3.14 所示。

（2）用户管理功能的实现。安全保密管理员客户端界面的初始化过程和操作审计功能与安全审计员客户端相同，具体实现过程请参考安全审计员客户端界面实现部分。下面介绍安全保密管理员客户端用户管理功能的实现过程，包括内容栏切换、用户添加、标识信息列出和检索、口令修改、用户禁用、用户删除等。

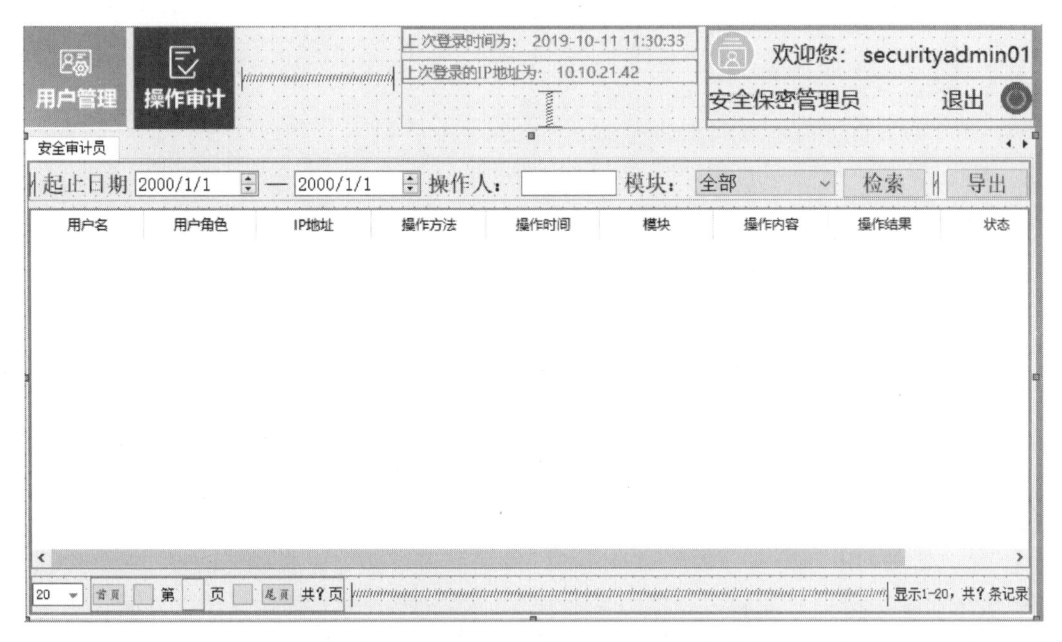

图 3.14　安全保密管理员客户端操作审计界面设计

① 内容栏切换。在安全保密管理员客户端界面中，标题栏中的用户管理和操作审计两个按钮分别对应内容栏的用户管理和操作审计两个界面，单击标题栏的一个按钮即可触发内容栏显示对应的内容，同时该按钮状态变为按下状态，另一个按钮恢复原状。

实现过程如下：在设计界面中右键单击用户管理和操作审计按钮，在弹出的快捷菜单中选择“转到槽”，然后在弹出对话框中选择“onclicked()”，单击“OK”按钮后即可进入两个按钮的槽函数实现。其中一个函数的代码如下：

```
ui->stackedWidget->setCurrentIndex(0);            //设置 QStackedWidget 显示第 1 页
ui->pushButton_usermanagement->                   //设置用户管理按钮样式
setStyleSheet(                                    //使用 setStyleSheet 设置按钮样式
    "QPushButton#pushButton_usermanagement{"
        "border-radius:0px;"
        //设置按钮默认状态为按钮按下图片样式
        "background-image: url(:/pic/usermanagement_pressed.png);"
    "}"
    "QPushButton#pushButton_usermanagement:hover{"
        "background-image: url(:/pic/usermanagement_hover.png);"   //设置按钮划过状态图片样式
    "}"
    "QPushButton#pushButton_usermanagement:pressed{"
        //设置按钮按下图片样式
        "background-image: url(:/pic/usermanagement_pressed.png);"
    "}"
```

```
);
ui->pushButton_operation_audit->                                //设置操作审计按钮样式
setStyleSheet(                                                  //使用 setStyleSheet 设置按钮样式
    "QPushButton#pushButton_operation_audit{"
        "border-radius:0px;"
        "background-image: url(:/pic/audit_default.png);" //设置按钮默认状态为按钮默认图片样式
    "}"
    "QPushButton#pushButton_operation_audit:hover{"
        "background-image: url(:/pic/audit_hover.png);"      //设置按钮划过状态图片样式
    "}"
    "QPushButton#pushButton_operation_audit:pressed{"
        "background-image: url(:/pic/audit_pressed.png);"    //设置按钮按下图片样式
    "}"
);
```

② 用户添加。用户添加是指由安全保密管理员添加用户并将其标识信息注册到系统中。实现过程如下：在用户管理界面，单击“添加”按钮，弹出“用户添加”对话框，填写标识信息后单击“注册”按钮即可添加用户，其实现方法和3.2.2节中的方法相同，这里就不再进行介绍。

③ 标识信息列出和检索。客户端向服务端发送标识信息列出或检索请求，然后将检索到的标识信息显示在用户管理的内容栏中。触发客户端发送请求的条件包括：界面初始化、用户添加或删除成功、用户单击标签、用户单击检索按钮、用户单击刷新按钮等。标识信息列出和检索的请求-响应数据格式详见3.2.2.5节。现假设客户端已经向服务端发送合法请求且收到标识信息，下面介绍如何将标识信息显示在界面上。

第一步：标识信息操作界面设计。右键单击项目的“Sources”文件夹，在弹出的快捷菜单中选择“Add New…→Qt→Qt设计师界面类”，在弹出的对话框中选择“Widget”后单击“下一步”按钮即可进入Qt设计师界面类，填写类名为“UserEntityWidget”，单击“下一步”按钮，在新的对话框中单击“完成”按钮即可进入设计界面。在界面上添加修改、禁用、删除三个按钮，并使用QSS对其进行美化，如图3.15所示。

图3.15　在安全保密管理员客户端用户管理界面中添加修改、禁用、删除三个按钮并使用QSS对其进行美化

鼠标双击userentitywidget.h文件，新增如下变量和方法：

```
private:
    QString username;
    QString role;
    QString state;
    QString registertime;
    QString forbidtime;
    QTableWidgetItem *qcheckbox { qcheckbox = nullptr};
public:
    /*以上变量的get()和set()方法*/
```

在 userentitywidget.cpp 文件中，添加 get()和 set()函数的具体实现，代码省略。

在 securityadminwidget.h 中添加存放标识信息的容器，代码如下：

```
QMap<QString,UserEntityWidget *> *userentity_list{ userentity_list   = nullptr };
```

第二步：标识信息的解析。客户端对服务端返回的数据进行解析，并将标识信息存放在容器中，代码如下：

```
void SecurityAdminWidget::slot_replyFinished(QNetworkReply* reply){
QString ret_data = reply->readAll();                    //读取返回数据
QByteArray retbytearray;
retbytearray.append(ret_data);
QJsonParseError parseresult;
//解析返回的 JSON 数据
QJsonDocument parse_doucment = QJsonDocument::fromJson(retbytearray, &parseresult);
if (parseresult.error == QJsonParseError::NoError)
{
    /*这里省略了解析其他关键词的代码*/
    if(userinfokey =="userinfo"){                       //当解析到 userinfo 标签时
        QVariantList userinfolist = userinfovalue.toList();
        if(userinfolist.size()>0){
        QString username;                               //定义用户名
        QString role;                                   //定义用户角色
        /*这里省略了标识信息其他元素定义的代码*/
        for(int i = 0;i< userinfolist.length();i++){
            UserEntityWidget *userentity = new UserEntityWidget();   //初始化实体类
            QVariantMap qvmap = userinfolist[i].toMap();
            QMapIterator<QString, QVariant> mapiterater(qvmap);
            while (mapiterater.hasNext()) {                          //遍历
                mapiterater.next();
                QString mapkey = mapiterater.key();
                QVariant mapvalue= mapiterater.value();
                if(0==QString::compare(mapkey,"username")){
                    username = mapvalue.toString();
                }else if(0==QString::compare(mapkey,"role")){
                    role = mapvalue.toString ();
                }
                /*这里省略了其他关键词解析逻辑的代码*/
            }
            userentity->setusername(username);                       //设置用户名
            userentity->setrole(role);                               //设置用户角色
            /*这里省略了实体类其他变量设置逻辑的代码*/
            if(nullptr!= userentity_list){
                userentity_list->insert(username,userentity);    //将实体类存放在 QMap 容器中
            }
        }
    }
}
```

第三步：界面显示。将用户实体类中的标识信息依次显示在界面上，代码如下：

```
void SecurityAdminWidget::refresh_view(){
    ui->tableWidget->setRowCount(0);                                    //清空列表旧数据
    ui->tableWidget->setRowCount(userentity_list->size());              //设置列表总行数
    int addrow = 0;
    if(nullptr!=userentity_list){                  //遍历 QMap 容器中的日志数据，将其显示在界面上
        QMapIterator<QString , UserEntityWidget*> iterater(*userentity_ list);
        while (iterater.hasNext()) {
            iterater.next();
            UserEntityWidget* list_result_value= iterater.value();
            //将选择框显示在第 1 列
            ui-> tableWidget->setItem(addrow,0,list_result_value-> getqcheckbox());
            ui-> tableWidget->setCellWidget(addrow,1,list_result_value);//将用户操作按钮放在第二列
            QTableWidgetItem *username = new QTableWidgetItem(list_result_ value->
                                                                    getusername());
            ui->tableWidget->setItem(addrow,2,username);                //将 username 放在第三列
            /*这里省略放置其他元素的代码实现*/
            ui->tableWidget->setColumnWidth(0, 40);                      //设置列宽
            ui->tableWidget->setColumnWidth(1, 100);
            ui-> tableWidget->setColumnWidth(2, 130);
            /*这里省略设置其他列宽的代码实现*/
            ui->normaluser_tableWidget->setRowHeight(addrow,38);  //设置行高
            addrow++;
        }
    }
}
```

安全保密管理员客户端用户管理界面的标识信息列出和检索如图 3.16 所示。

图 3.16　安全保密管理员客户端用户管理界面的标识信息列出和检索

④ 标识信息修改、用户禁用、用户删除。在安全保密管理员客户端用户管理界面中单击

标识信息修改按钮时，客户端将弹出“标识信息修改”对话框，安全保密管理员按要求填写标识信息后单击“确认”按钮，客户端将向服务端发送标识信息修改的请求。当单击用户禁用或用户删除按钮时，客户端将向服务端发送用户禁用或用户删除请求，请求与响应的格式见 3.2.2.5 节。客户端发送请求的实现方法已经在前文中介绍过，这里就不再赘述了。当用户单击用户禁用或用户删除按钮时，客户端需弹出“确认”对话框，“确认”对话框的实现代码如下：

```
int qmessage = QMessageBox::warning(nullptr, QStringLiteral("注意"), QStringLiteral("禁用后将无法恢复，是否确认？"), QObject::tr("确认"),QObject::tr("取消"));
if (qmessage == QObject::tr("确认").toInt() ){                          //单击“确认”按钮
    //向服务端发送禁用或者删除请求，具体代码省略
}
```

3.2.6.3　系统管理员客户端界面的实现

系统管理员客户端界面的实现包括系统管理员客户端界面的设计、系统管理功能的实现两个部分，下面依次介绍这两个部分的实现过程。

（1）系统管理员客户端界面的设计。新建 Qt Widgets 项目，项目名称为“SystemAdminClient”，类名命名为“SystemAdminWidget”，基类选择“QWidget”，进入 SystemAdminWidget 的设计模式设计系统管理员客户端界面，界面设计如图 3.17 所示。

图 3.17　系统管理员客户端系统管理界面设计

系统管理员客户端界面采用垂直布局，分为标题栏和内容栏两部分。

① 标题栏最左端为系统管理按钮，在设计界面时对这个按钮的尺寸和样式进行了设定，设定其为正方形且按钮高度等于标题栏高度，使用 QSS 设定按钮默认、按钮划过、按钮按下的样式。

② 内容栏布置一个 QStackedWidget，用于显示安全云存储系统的服务端状态。该界面采用垂直布局，从上到下放置两个水平布局，分别放置服务器状态、数据库状态、磁盘使用状况、内存占用、最近的网络请求、服务器日志信息、Mappings 和自定义接口，用户也可根据实际需求添加对应的监控窗口。

（2）系统管理功能的实现。系统管理功能的实现包括服务端系统管理功能的实现和客户端调用 Actuator 监控接口两个部分。

① 服务端系统管理功能的实现。下面从系统监控的实现原理、Actuator 系统监控的配置、Actuator 常用监控接口的实现、自定义端点监控接口四个方面介绍服务端系统管理功能的实现。

（a）系统监控的实现原理。服务端系统管理功能是基于 SpringBoot 的 Actuator[2]和 Security 框架实现的，利用 Actuator 提供的针对应用的自省和监控的集成功能，可查看应用配置的详细信息，如自动化配置信息、创建的 Spring Bean 及一些环境属性等。同时，为了保证 Actuator 暴露的监控接口的安全性，还需要添加 Security 模块对访问进行安全控制，当系统管理员访问监控接口时，需要输入验证信息。

Actuator 监控接口包括两类：原生端点监控接口和自定义端点监控接口。原生端点监控接口是应用提供的众多开放接口，通过调用这些接口可以获取应用运行时的内部状况；自定义端点监控接口是由用户根据实际应用定义的，用于在应用运行期间进行监控一些比较关注的指标。Actuator 原生端点监控接口的描述如表 3.9 所示。

表 3.9　Actuator 原生端点监控接口描述

HTTP 方法	路　　径	描　　述
get	/auditevents	显示应用审计日志信息，需要配置 AuditEventRepository
get	/beans	显示应用上下文中全部的 Bean，以及它们的关系
get	/caches	显示可用的缓存
get	/conditions	显示自动配置生效的条件，包括自动配置生效和未生效的条件
get	/env	显示全部环境属性
get	/flyway	显示 Flyway 数据库迁移信息，需要配置一个或多个 Flyway Bean
get	/health	显示应用健康指标
get	/heapdump	从内存中 dump 一份应用的 JVM 堆信息
get	/httptrace	显示 HTTP 访问记录，默认显示最近 100 条 HTTP 访问和应答信息，需要配置 HttpTraceRepository Bean
get	/info	显示任意应用信息
get	/loggers	显示和修改配置的 loggers 信息
get	/metrics	显示应用的度量信息，如内存用量和 HTTP 请求计数
get	/mappings	显示全部的 URI 路径，如通过@RequestMapping 配置的访问路径
get	/shutdown	关闭应用，该功能默认关闭
get	/threaddump	显示线程活动的快照

（b）Actuator 系统监控的配置。下面介绍如何使用 Actuator 和 Security 框架实现系统监控。第一步，在 pom.xml 文件中添加如下项目依赖：

```
<dependency>
    <groupId>org.springframework.boot</groupId>
    <artifactId>spring-boot-starter-web</artifactId>
</dependency>
<dependency>
```

```
        <groupId>org.springframework.boot</groupId>
        <artifactId>spring-boot-starter-actuator</artifactId>
    </dependency>
    <dependency>
        <groupId>org.springframework.boot</groupId>
        <artifactId>spring-boot-starter-security</artifactId>
    </dependency>
```

第二步，修改 application.properties 配置文件。在 SpringBoot 2.x 版本中，为了系统安全，Actuator 默认只开放了两个端点，即/actuator/health 和/actuator/info，若需访问其他端点，则需在 application.properties 配置文件中设置打开所有端点，代码如下：

```
#配置支持所有端点查询
management.endpoints.web.exposure.include=*
```

也可选择打开部分端点，代码如下：

```
#配置支持部分节点查询
management.endpoints.web.exposure.include=bean,trace
```

配置显示所有健康状态，代码如下：

```
#配置显示所有健康状态
management.endpoint.health.show-details=always
```

Actuator 默认的所有监控端点路径为“/actuator/*”，为提高安全性，需对这个路径进行修改，如将其设置成“/monitor”，代码如下：

```
#配置监控端点路径
management.endpoints.web.base-path=/monitor
```

设置完成后重启系统，再次访问地址时就会变成“/monitor/*”。

配置访问 Actuator 监控接口的用户名和口令，代码如下：

```
#配置用户名
spring.security.user.name=systemadmin
#配置口令
spring.security.user.password=09bd600e-1094-4264-a885-204b7c0e1674
```

第三步，设置访问 Actuator 监控接口的权限。在项目的 intercepter 包中，新建一个 ActuatorSecurityConfig 类，继承 WebSecurityConfigurerAdapter 类，通过重写 configure()方法实现 Actuator 监控接口的访问控制。具体实现代码如下：

```
@Configuration
@EnableWebSecurity
public class ActuatorSecurityConfig extends WebSecurityConfigurerAdapter {
    @Override
    protected void configure(HttpSecurity http) throws Exception {
        //首先允许所有请求的访问
        http.csrf().disable()                    //禁用 csrf 功能
        .authorizeRequests()
```

```
            .antMatchers("/*")                     //允许所有请求的访问
            .permitAll();
            //对 Actuator 监控接口的访问全部需要认证
            http.formLogin().and().authorizeRequests()
            .antMatchers("/monitor/*")             //对访问"/monitor/*"路径的请求添加用户认证
            .authenticated()
            .and()
            .formLogin()                           //缺省 Login 界面认证
            .and()
            .httpBasic();                          //使用 Basic 认证
        }
    }
```

配置完成后，所有访问"/monitor"开头的监控接口请求均需要认证，认证的方式采用 Basic 认证，即使用冒号连接用户名和口令并经过 BASE64 编码后添加到网络请求的头部，可表示为"Authorization : Basic base64_enc(username:password)"。

第四步，添加排除拦截的路径。双击打开服务端 intercepter 包中的 AuthConfiguration 类，在 addInterceptors()方法中添加排除拦截的路径（添加排除拦截的路径的具体实现方法请参考 3.2.4.2 节），代码如下：

```
    loginRegistry.excludePathPatterns("/monitor/*");
```

（c）Actuator 常用监控接口的实现。下面介绍 Actuator 常用监控接口的实现过程，包括 health、env、metrics 等。其中，health 是使用最高频的监控接口，用于显示应用的运行状态或应用不健康的原因，如数据库连接、磁盘空间不足等。默认情况下 health 处于开放状态，访问"http://ip:port/monitor/health"即可看到应用的状态，代码如下：

```
    {
        "status": "UP",                    //应用运行状态
        "details": {
            "db": {                        //数据库信息
                "status": "UP",
                "details": {
                    "database": "PostgreSQL",
                    "hello": 1
                }
            },
            "diskSpace": {                 //磁盘使用情况
                "status": "UP",
                "details": {
                    "total": 40465752064,
                    "free": 29645180928,
                    "threshold": 10485760
                }
            }
        }
    }
```

env 主要显示系统环境变量的配置信息，包括使用的环境变量、JVM 属性、命令行参数、项目使用的 jar 包等信息。访问“http://ip:port/monitor/env”即可查看应用的系统环境状态，包括应用信息、系统信息、配置信息、依赖信息等。还可通过访问“/env/{name}”的方法获取具体监控信息，如访问“/env/java.runtime.version”，返回“"value": "1.8.0_201-b09"”。

metrics 主要监控 JVM 内存使用、GC 情况、网络访问情况、类加载信息等。访问“http://ip:port/monitor/metrics”可查看访问的变量；访问“/metrics/{name}”可查看变量的值，如访问“/metrics/jvm.memory.max”可查看 JVM 的最大内存。

（d）自定义端点监控接口。除了可以调用 Actuator 提供的原生端点监控接口，开发者还可以自定义端点监控接口，实现过程如下。

第一步，在项目中新建一个 actuator 包，在包中新建一个 MyEndpoint 类，代码如下：

```
@Endpoint(id = "myendpoint")                          //自定义端点的名称
public class MyEndpoint {
    @ReadOperation
    public Map<String,String> myendpoint(){
        Map<String,String> result = new HashMap<>();
        result.put("name","myendpoint");              //添加 name 字段
        return result;
    }
}
```

第二步，在 SecureCloudStorageSystemApplication 类的 main()函数中添加如下代码：

```
@Configuration
static class MyEndpointConfiguration {
    @Bean
    @ConditionalOnMissingBean
    @ConditionalOnEnabledEndpoint
    public MyEndpoint myendpoint() {
        return new MyEndpoint();                      //返回自定义端点
    }
}
```

第三步，重启服务后，使用浏览器访问“http://ip:port/monitor/myendpoint”，返回的结果如下：

```
{
    "name": "myendpoint"
}
```

② 客户端调用 Actuator 监控接口。下面介绍在系统管理员客户端调用 Actuator 监控接口的实现方法。

由于调用 Actuator 监控接口的认证方式设置为 Basic 方式，因此需在代码中构造用于身份鉴别的网络请求的头部。该头部为一个键值对，其中键为“Authorization”，值为用户名、冒号和口令拼接后经过 BASE64 编码结果。

第一步，在 systemadminwidget.h 头文件中定义用户名和口令：

```
QString username = "systemadmin";                                    //定义用户名
QString password = "09bd600e-1094-4264-a885-204b7c0e1674";           //定义口令
```

第二步，在 systemadminwidget.cpp 中添加一个获取监控信息的函数，实现代码如下：

```
/*此处省略了 QNetworkAccessManager、QNetworkRequest 的初始化以及相关信号与槽函数连接等逻辑，具体请查看 2.1.3.5 节*/
request.setUrl(QUrl("https://ip:port/monitor/health"));          //设置网络请求地址
QString input = username+":"+password;                          //拼接用户名、冒号和口令
char * inputbyte = (input.toUtf8().data());                     //QString 转成 char *
long inputlen;                                                   //定义拼接后字符的长度
long outputlen;                                                  //定义经过 BASE64 编码后的字符串的长度
char *output = nullptr;                                          //定义 BASE64 编码后的字符串指针，默认为空
/*计算经过 BASE64 编码后的字符串长度，由于 BASE64 编码后的字符串长度大约为编码前字符串长度的 4/3 倍，采用下面的计算方式计算 BASE64 编码后字符串长度*/
inputlen = strlen((char *)inputbyte);                            //获取 BASE64 编码前字符串长度
//如果 BASE64 编码前字符串长度能被 3 整除，那么 BASE64 编码后字符串长度就是编码前字符串长度的 4/3
if(inputlen % 3 == 0){
    outputlen=inputlen/3*4;                                      //计算 BASE64 编码后的字符串长度
}
else{//如果 BASE64 编码前字符串长度不能被 3 整除，那么编码后的字符串长度为 4（len/3+1）
    outputlen=(inputlen/3+1)*4;                                  //计算 BASE64 编码后的字符串长度
}
output=(char *)malloc(sizeof(char)*outputlen+1);                 //动态分配空间
output[outputlen]='\0';                                          //设置动态分配空间的最后一个字符串为空
base64enc(output,inputbyte,inputlen);                            //调用 BASE64 编码进行计算
QString authorizationstr = QString("Basic ")+QString(output);        //字符拼接
request.setRawHeader("Authorization", authorizationstr.toUtf8());    //设置 HTTP 头部
post_reply = manager->get(request);                                  //发送 get 请求
```

第三步，使用槽函数对返回的数据进行解析，并显示在界面上。系统管理员客户端界面运行效果如图 3.18 所示。

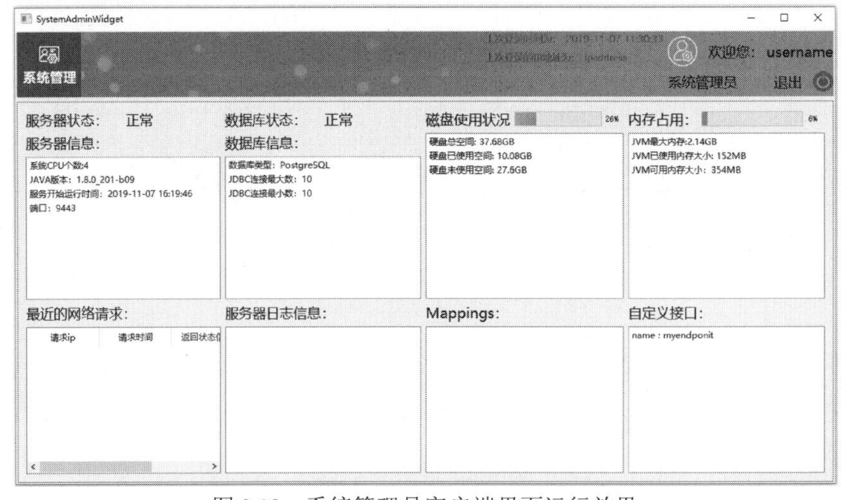

图 3.18　系统管理员客户端界面运行效果

3.3　小结

本章首先对安全云存储系统基础安全服务进行了概述，然后详细介绍了基础安全服务的实现过程，读者可以根据本章提供的示例程序逐步实现各项基础安全服务。

在基础安全服务概述方面，分别介绍了用户标识服务、用户鉴别服务、访问控制服务和安全审计服务的含义、必要性和功能设计，为编程实现奠定基础。

在基础安全服务实现方面，首先介绍了基础安全服务的编程实现规范，然后分别介绍了用户标识服务、用户鉴别服务、访问控制服务和安全审计服务的具体实现过程。其中，用户标识服务的实现过程分为用户注册界面实现、标识信息生成、标识信息传输、标识信息存储、标识信息管理五个部分；用户鉴别服务的实现过程分为用户鉴别界面实现、用户鉴别信息计算、用户鉴别请求发送、用户鉴别请求验证、用户鉴别信息管理五个部分；访问控制服务实现过程介绍了访问控制实现原理和过程；安全审计服务实现过程分为审计日志存储、审计日志获取和查询两个部分；管理员“三权分立”介绍了三种管理员客户端的实现方法。每一部分均提供了详细的实现步骤、示例代码和关键过程解释，可为读者提供详细指导。

习题 3

（1）根据用户标识服务的实现过程和示例程序，编程实现用户标识服务。

（2）根据用户鉴别服务的实现过程和示例程序，编程实现用户鉴别服务。

（3）根据访问控制服务的实现过程和示例程序，编程实现访问控制服务。

（4）根据安全审计服务的实现过程和示例程序，编程实现安全审计服务。

（5）根据管理员“三权分立”的实现过程和示例程序，编程实现管理员“三权分立”。

参考资料

[1] 赵战生，杜虹，吕述望．信息安全保密教程（下册）[M]．合肥：中国科学技术大学出版社，2006：627．

[2] SpringBoot Actuator 参考文档．https://docs.spring.io/spring-boot/docs/current/reference/htmlsingle/#production-ready．

[3] SpringBoot JPA（Java Persistence API，Java 持久层接口）参考文档．https://docs.spring.io/spring-data/jpa/docs/2.1.2.RELEASE/reference/html/#jpa.query-method．

第4章

安全云存储系统的数据安全服务

安全云存储系统具备数据上传、数据存储、数据列出、数据下载、数据分享、数据检索等数据管理功能。同时，围绕云存储系统的数据安全保护需求，安全云存储系统提供数据加密、密钥管理、密文检索等数据安全防护功能。本章以各项数据安全服务概述为基础，重点介绍各项数据安全服务的实现方法，并提供示例程序。

4.1 数据安全服务概述

本节从数据加密服务、密钥管理服务和密文检索服务三个方面对安全云存储系统的各项数据安全服务进行介绍，帮助读者在编程实现之前了解各项数据安全服务的相关知识。

4.1.1 数据加密服务

数据加密是保障数据机密性最常用、最有效的方法之一。密码可分为对称密码和非对称密码两种。对称密码又称为单密钥加密，指只有一个密钥，用于数据的加/解密。对称密码的典型实例有 DES、3DES、Blowfish、IDEA、RC4、RC5、RC6 和 AES 等。非对称密码又称为公钥加密，指有一对密钥，公开密钥用于加密，私有密钥用于解密。非对称密码的典型实例有 RSA、ECC、Diffie.Hellman、ElGamal 等。对称密码和非对称密码都有广泛的应用，它们各有优势。从计算开销的角度而言，对称密码的计算开销较小，复杂性较低；从密钥管理的角度而言，非对称密码的密钥传递和管理比较简单，大大增加了算法的安全性；从算法的适用性范围而言，非对称密码还可用于数字签名。因此在实际应用中，需要综合考虑加密数据的规模、密码的计算和时间开销、密钥管理的复杂程度等各个方面，选取比较合适的密码。

为了确保用户上传至公有云或私有云存储系统中的数据的安全性，安全云存储系统在客户端实现了数据加/解密功能，采用云安全服务平台提供的对称密码加密服务，通过在客户端集成安全组件的方式快速获取易于调用的数据加/解密接口，实现数据加密之后上传和下载之后解密，同时解决了数据传输过程和数据存储阶段的安全问题，满足用户对于数据机密性保障的要求。

4.1.1.1 数据加密上传

合法用户通过用户鉴别进入客户端系统后，将数据加密并上传至服务端，其流程如图 4.1 所示。

① 客户端调用数据加密插件中的数据加密接口，利用系统随机生成的密钥对明文数据进行加密得到密文数据，同时根据明文数据提取并生成数据元信息和密文索引。

② 客户端将密文数据、文件元信息、数据加密密钥和密文索引一并上传至服务端。

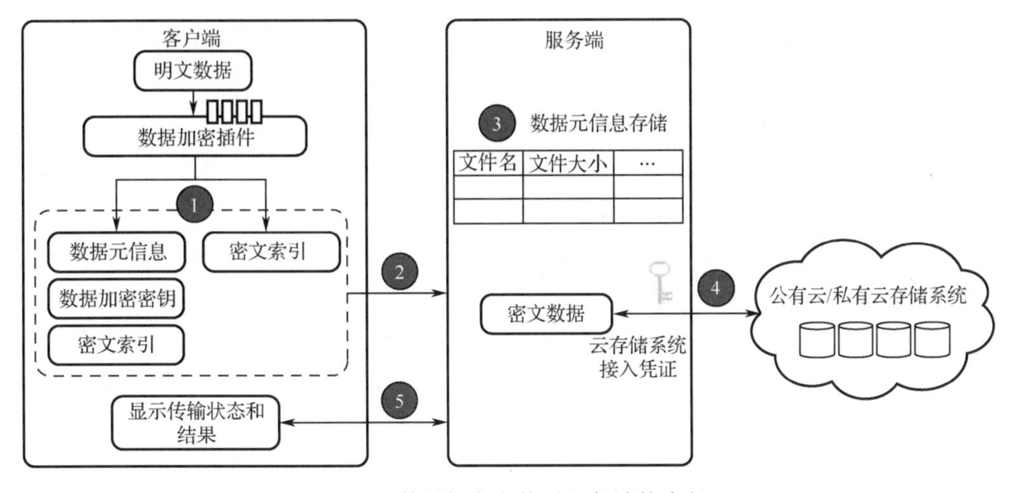

图 4.1　数据加密上传至服务端的流程

③ 服务端接收客户端上传的数据，并将数据元信息保存至服务端数据库。

④ 服务端使用云存储系统接入凭证与公有云/私有云存储系统对接，将密文数据上传至云存储系统进行存储。

⑤ 服务端向客户端返回数据上传结果，在客户端界面上显示数据传输状态和结果。

此外，当密文数据规模较大时，客户端可以通过服务端向公有云/私有云存储系统请求临时接入凭证，然后使用临时接入凭证将密文数据直接上传至云存储系统中。

4.1.1.2　数据下载解密

合法用户通过用户鉴别进入客户端系统后，可将数据下载和解密打开，其流程如图 4.2 所示。

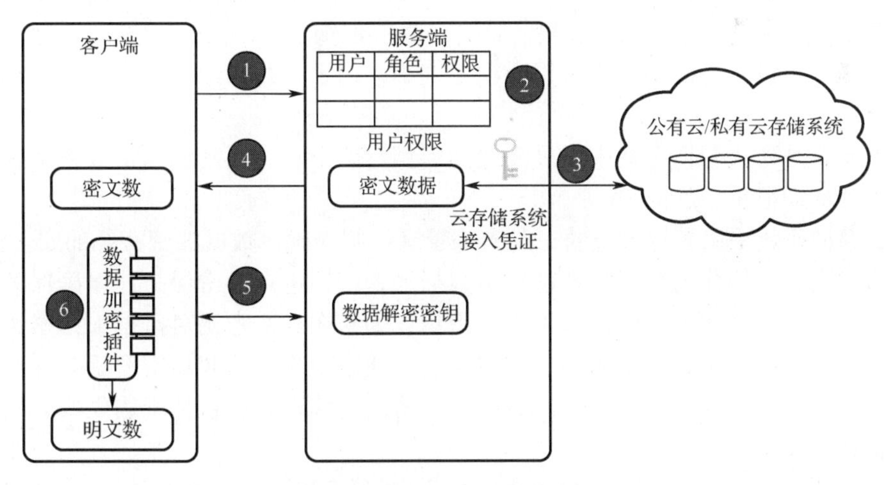

图 4.2　数据下载解密的流程

① 客户端向服务端发送下载数据请求。

② 服务端根据访问控制策略判断该用户是否具有下载该数据的权限。

③ 用户权限鉴别通过后，服务端使用云存储系统接入凭证和云存储系统对接，获取密文数据。

④ 服务端将获取的密文数据返回至客户端。

⑤ 客户端将下载的密文数据保存到本地，当用户打开数据时，客户端向服务端发送获取数据解密密钥的请求。

⑥ 客户端收到服务端返回的数据解密密钥后，调用数据加密插件中的解密接口对密文数据进行解密，得到明文数据，并将其打开。

同样，当密文数据规模较大时，客户端也可以通过服务端向公有云/私有云存储系统请求临时接入凭证，然后使用临时接入凭证直接向云存储系统请求获取密文数据。

4.1.2 密钥管理服务

密钥是控制密码变换（如加/解密、密码校验函数计算、签名产生或签名验证）运算的符号序列。密钥材料是确立和维持密码密钥关系所必需的数据（如密钥、初始化值）。密钥管理是对密钥材料的产生、登记、认证、注销、分发、安装、存储、归档、撤销、衍生和销毁等服务的实施和运用，其目标是安全地实施和运用这些密钥管理服务[1]。典型的密钥管理生命周期包括用户登记、用户初始化、密钥产生、密钥安装、密钥登记、密钥使用、密钥备份、密钥更新、密钥归档、密钥注销和销毁、密钥恢复、密钥撤回 12 个阶段，在对密钥进行管理时，需要对该密钥生存周期内的各个阶段进行管理。用途不同的密钥，其生存周期也有所不同，一般可将密钥分为三级，从低到高分别为初级密钥、二级密钥和主密钥，由高级密钥来保护低级密钥。

（1）初级密钥是直接用于加/解密数据的密钥，主要包括初级文件密钥、初级通信密钥和会话密钥这三类。初级文件密钥用于文件保密，每个初级文件密钥与其所保护的文件有相同的生存周期；初级通信密钥用于通信保密，会话密钥用于保护通信终端之间建立的会话，每个初级通信密钥和会话密钥一般只使用一次，生存周期很短。

（2）二级密钥也称为密钥加密密钥或次主密钥，用于保护初级密钥。二级密钥的生存周期一般较长。

（3）主密钥是密钥管理方案中的最高级的密钥，用于对二级密钥和初级密钥进行保护。主密钥的生存周期很长。

安全云存储系统采用一种改进的三级密钥管理机制来确保数据加密密钥的安全性。首先，在客户端采用会话密钥作为密钥加密密钥对数据加密密钥进行加密保护，以确保其安全地上传至服务端；然后，在服务端解密后采用主密钥作为密钥加密密钥对数据加密密钥进行加密保护，最终安全地上传至云安全服务平台中存储，通过用户数据和加密密钥分开存放的方式进一步提高用户数据的安全性。其中，数据加密密钥的管理过程包括密钥生成、密钥上传、密钥获取和密钥删除四个阶段。

4.1.2.1 密钥生成

客户端数据加密采用“一文一密”的加密机制，即一个文件对应唯一的密钥，加密密钥由系统随机生成，和文件唯一标识一一对应地绑定在一起。

4.1.2.2　密钥上传

在安全云存储系统中，数据加密密钥不宜保存在安全性较低的客户端本地、存储主密钥的服务端和存储密文数据的云存储系统中，而是以密文的形式单独地存储至云安全服务平台中，确保其与密文数据、主密钥分开保存，提高存储的安全性。数据加密密钥从客户端上传至云安全服务平台的流程如图 4.3 所示。

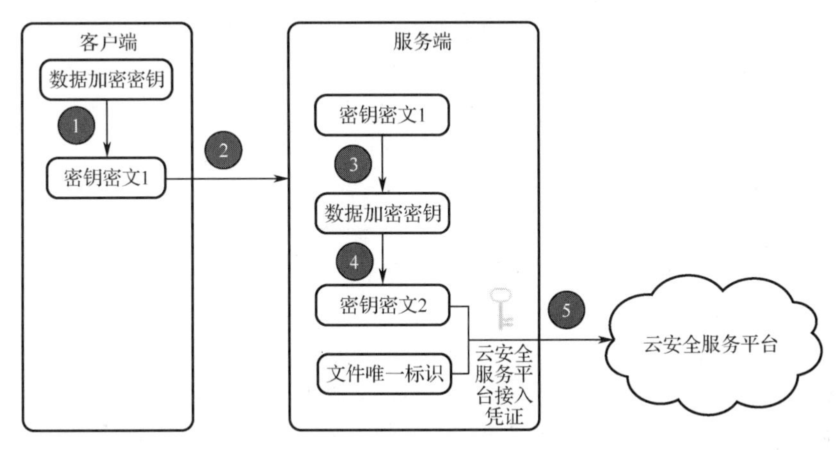

图 4.3　数据加密密钥从客户端上传至云安全服务平台的流程

① 数据加密完成后，客户端使用会话密钥对数据加密密钥进行加密，输出密钥密文 1。

② 客户端将密钥密文 1 和密文数据一并上传至服务端。

③ 服务端接收到密钥密文 1 后，使用会话密钥对其进行解密，得到数据加密密钥。

④ 服务端使用其存储的主密钥对数据加密密钥进行加密，输出密钥密文 2。

⑤ 服务端使用云安全服务平台接入凭证和与云安全服务平台对接，调用云安全服务平台提供的密钥上传接口将密钥密文 2 和文件唯一标识一并上传至云安全服务平台中存储。

4.1.2.3　密钥获取

当客户端需要对密文数据进行解密时，向服务端发送获取数据解密密钥的请求。由于数据加密采用的是对称加密机制，因此数据加密密钥和数据解密密钥相同。密钥获取流程如图 4.4 所示。

① 客户端向服务端发送获取数据解密密钥的请求。

② 服务端收到请求后，根据访问控制策略判断该用户是否具有获取其指定数据解密密钥的权限。

③ 用户权限鉴别通过后，服务端使用云安全服务平台接入凭证和与云安全服务平台对接，根据文件唯一标识获取对应的数据解密密钥密文 2。

④ 服务端接收到密钥密文 2 后，使用主密钥对其进行解密，得到数据解密密钥。

⑤ 服务端使用会话密钥对数据解密密钥进行加密，得到密钥密文 1。

⑥ 服务端将密钥密文 1 返回至客户端。

⑦ 客户端接收到密钥密文 1 后，使用会话密钥对其进行解密，得到数据解密密钥。

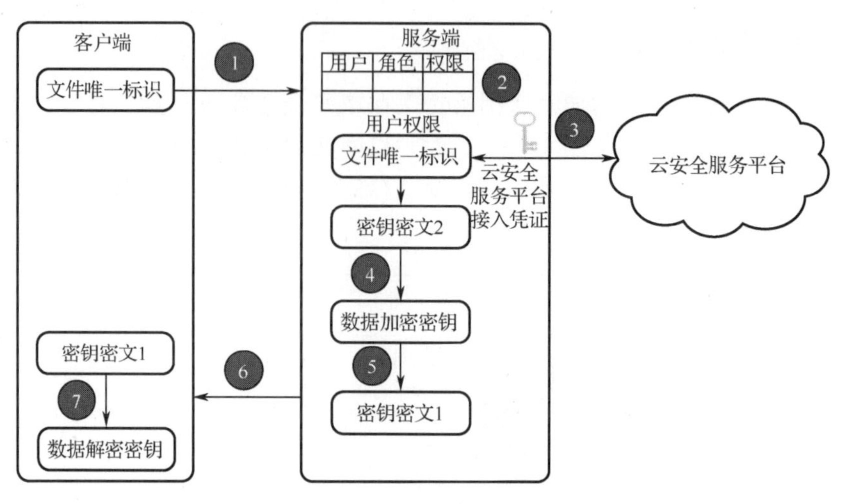

图 4.4　密钥获取流程

4.1.2.4　密钥删除

当客户端向服务端发送数据删除请求时，服务端向云安全服务平台发送密钥删除请求，云安全服务平台根据服务端提供的文件唯一标识将其对应的数据加密密钥一并删除。

4.1.3　密文检索服务

密文检索是指当数据以加密形式存储时，如何在确保数据安全的前提下，检索到想要的明文数据。按照数据类型的不同，密文检索可分为三类：非结构化数据的密文检索、结构化数据的密文检索，以及半结构化数据的密文检索。安全云存储系统提供的是非结构化数据的密文检索。非结构化数据是没有经过人为处理的不规整的数据，如文件、声音、图像等，当前对非结构化数据的密文检索技术的研究主要集中于基于关键词的密文文本型数据的检索。根据检索方法的不同，可将基于关键词的密文检索技术大致分为两类：基于顺序扫描的方案以及基于密文索引的方案。根据查询性质的不同，基于关键词的密文检索技术可分为多个方向，如基于单关键词的查询、基于可连接的多关键词的查询、模糊查询、密文排序查询等。

安全云存储系统采用云安全服务平台提供的密文检索服务来实现密文检索功能，采用基于密文索引的方案，支持基于单关键词的查询和基于可连接的多关键词的查询。密文检索功能包括密文索引生成、密文索引上传、密文索引检索、密文索引删除。

4.1.3.1　密文索引生成

当客户端完成用户数据加密操作后，调用云安全服务平台提供的安全组件中的密文索引生成接口，生成该数据的密文索引。

4.1.3.2　密文索引上传

密文索引生成后，和密文数据、数据元信息、数据加密密钥一并上传服务端，然后服务端将密文索引上传至云安全服务平台中进行存储。

4.1.3.3　密文索引检索

当用户在客户端输入关键词进行数据检索时，客户端向服务端发送密文检索请求，服务端和云安全服务平台进行交互后，向客户端返回密文检索结果。密文检索流程如图 4.5 所示。

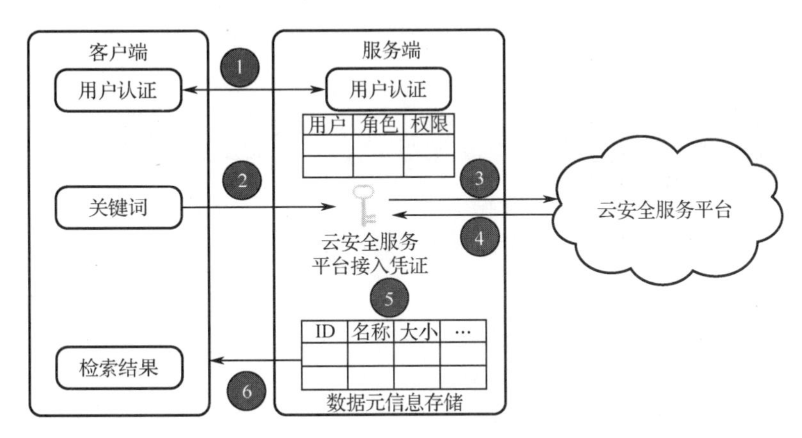

图 4.5　密文检索流程

① 客户端和服务端进行用户认证。

② 用户认证通过后，客户端向服务端发送密文检索请求，请求中包含检索关键词。

③ 服务端接收到请求后，使用云安全服务平台接入凭证和与云安全服务平台对接，向云安全服务平台发送密文检索请求，请求中包含检索关键词。

④ 云安全服务平台根据检索关键词进行密文索引检索操作，得到符合条件的文件唯一标识列表，并返回至服务端。

⑤ 服务端根据接收到的文件唯一标识列表逐一查询数据元信息，得到数据元信息列表。

⑥ 服务端将数据元信息列表返回至客户端。

4.1.3.4　密文索引删除

当客户端向服务端发送数据删除请求时，服务端向云安全服务平台发送密文索引删除请求，云安全服务平台将其对应的密文索引删除。

4.2　数据安全服务的实现

数据安全服务包括数据加/解密、数据元信息生成、密文索引生成、数据上传、数据存储、数据列出、数据下载和打开、数据分享、数据检索以及数据删除等功能，本节首先介绍普通用户客户端界面的实现，然后分别介绍各个功能的具体实现过程。

4.2.1　普通用户客户端界面的实现

普通用户客户端界面的实现包括界面设计和界面初始化两个部分，本节分别介绍这两个部分的具体实现过程。

4.2.1.1 界面设计

使用 Qt 新建 Qt Widgets 项目，项目名称为“SecurityCloudStorageClient”，类名命名为“SecurityCloudStorageClientWidget”，基类选择“QWidget”。项目建立完成后，进入 SecurityCloudStorageClientWidget 的设计模式设计普通用户客户端界面，界面设计如图 4.6 所示。

图 4.6 普通用户客户端界面设计

普通用户客户端界面采用垂直布局，分为标题栏和内容栏两部分。

（1）标题栏左侧有四个按钮，分别是数据管理、数据检索、传输列表和分享列表，四个按钮均使用 QSS 进行美化，设置按钮默认、按钮划过、按钮按下的样式；标题栏右侧是与用户相关的信息，包括用户上次登录时间、上次登录的 IP 地址、用户名、退出等元素。

（2）内容栏采用垂直布局，布置 QStackedWidget 部件，将 QStackedWidget 页数设置为 4，提供 4 个界面切换的布局。

① 第 1 页为数据管理界面，界面设计如图 4.6 所示。此界面采用左右分裂器布局，左侧布置 QTreeWidget 元素，用于显示文件夹的树状列表；右侧布置 QTabWidget 元素，包含一个“文件列表”标签，该标签的内容采用垂直布局，从上至下依次为操作栏、表格界面和翻页栏。

（a）操作栏采用水平布局，从左到右分别布置上传按钮、下载按钮、刷新按钮、删除按钮、检索输入框（输入框的占位符设置为多个词之间以“&”或“|”间隔，表示“与”或“或”的关系）、普通检索按钮、检索切换按钮（用来切换普通检索和密文检索）、高级检索按钮。

（b）表格界面布置了一个 QTableWidget，双击 QTableWidget 头部可编辑表格头部，如添加空白、文件名、大小、上传时间、类型等列标题。

（c）翻页栏采用水平布局，从左至右分别为每页显示数目选择器、首页、上一页、跳页输入框、下一页、尾页、显示信息等元素。

② 第 2 页为数据检索界面，其设计如图 4.7 所示。

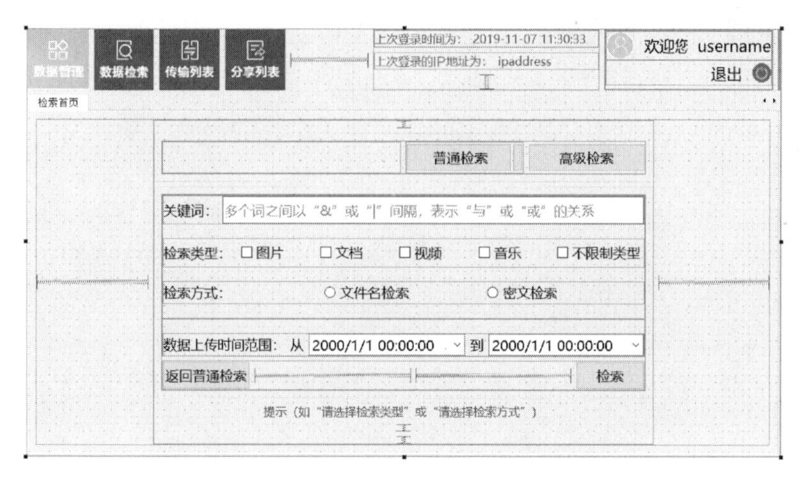

图 4.7　普通用户客户端数据检索界面设计

数据检索界面的内容栏采用水平布局，布置一个 QTabWidget 部件，该部件中包含一个“检索首页”标签，该标签的内容采用水平布局，左右分别布置一个水平间隔器，用来防止界面拉伸导致的变形，中间采用垂直布局，垂直布局上下分别布置一个垂直间隔器，中间放置普通检索 QWidget 和高级检索 QWidget。其中：

（a）普通检索 QWidget 采用水平布局，从左到右依次为输入框（用于布置通过代码自定义的输入框）、普通检索按钮、检索切换按钮（用来切换普通检索和密文检索）和高级检索按钮。

（b）高级检索 QWidget 采用垂直布局，从上到下依次为关键词水平布局、检索类型水平布局、检索方式水平布局、数据上传时间范围水平布局、检索按钮水平布局和提示标签。其中，关键词水平布局从左至右依次为关键词标签和关键词输入框，输入框的占位符设置为多个词之间以“&”或“|”间隔，表示“与”或“或”的关系。检索类型水平布局从左至右依次为检索类型标签，图片、文件、视频、音乐和其他复选框。检索方式水平布局从左至右依次为检索方式标签，文件名检索和密文检索复选框。数据上传时间范围水平布局从左至右依次为数据上传时间范围标签、起始时间 QDateTimeEdit 和终止时间 QDateTimeEdit。检索按钮水平布局从左至右依次为“返回普通检索”按钮和“检索”按钮。提示标签用于显示用户操作错误信息，默认值设置为“提示（如‘请选择检索类型’或‘请选择检索方式’）”。

③ 第 3 页为传输列表界面，其设计如图 4.8 所示。

传输列表界面的内容栏采用水平布局，布置一个 QTabWidget 部件，该部件中包含两个标签，分别是“上传列表”和“下载列表”。每个标签均采用水平布局，标签的内容布置一个 QListWidget，用于显示上传列表和下载列表。

④ 第 4 页为分享列表界面，其设计如图 4.9 所示。

分享列表界面布局和传输列表页布局相同，内容栏采用水平布局，布置一个 QTabWidget，包含两个标签，分别是“我分享的文件”和“分享给我的文件”。每个标签均采用水平布局，标签的内容布置一个 QTableWidget 表格，用于显示“我分享的文件”列表和“分享给我的文件”列表。在“我分享的文件”列表中添加“文件名”“文件大小”“分享给谁”“分享时间”“操作”等项，在“分享给我的文件”列表中添加“谁分享给我”“文件名”“文件大小”“分享时间”“操作”等项。

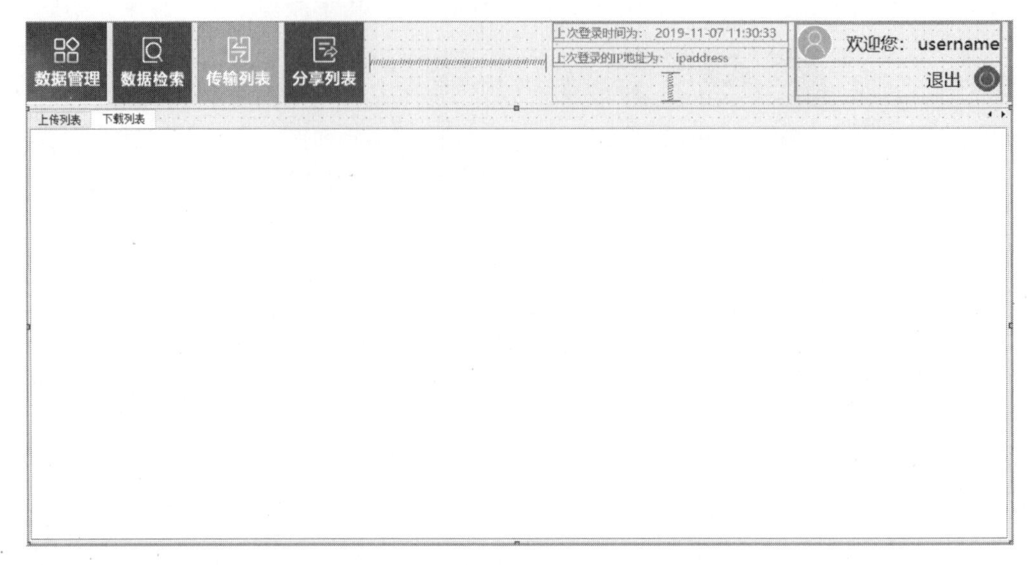

图 4.8　普通用户客户端传输列表界面设计

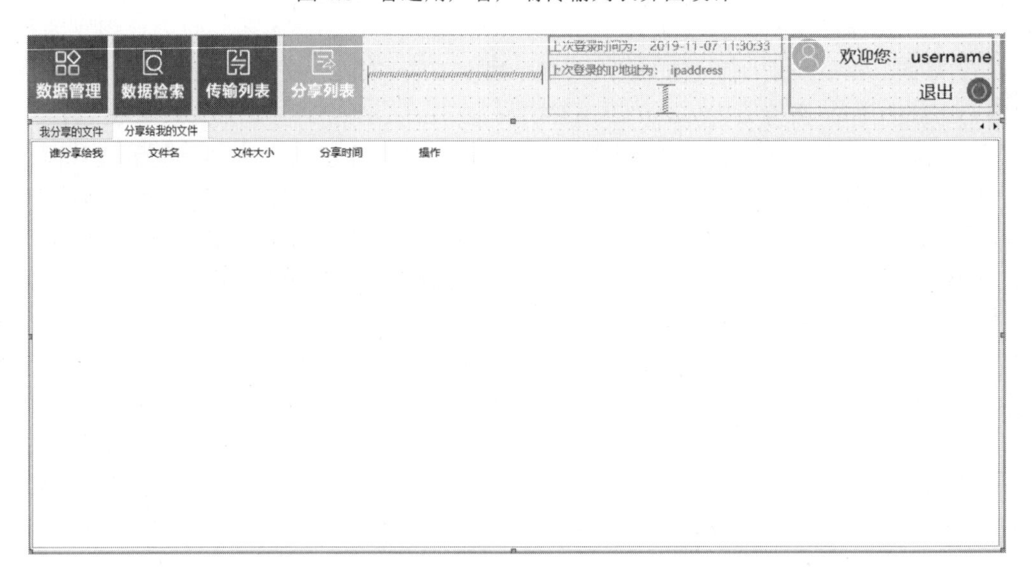

图 4.9　普通用户客户端分享列表界面设计

4.2.1.2　界面初始化

普通用户客户端界面设计完成后，还需要对界面进行初始化，包括数据管理界面中的检索切换按钮初始化、跳页输入框添加、数据检索界面初始化、检索输入框添加、高级检索时间选择框初始化。其中，数据管理界面跳页输入框添加和数据检索界面检索输入框添加请参考 3.2.2.1 节中用户名和口令输入框的实现方法；数据检索界面高级检索时间选择框初始化请参考 3.2.6.1 节中时间选择框的实现方法。下面介绍数据管理界面中的检索切换按钮初始化的实现方法和数据检索界面初始化的实现方法。

（1）数据管理界面检索切换按钮初始化。数据管理界面支持数据的检索，检索方式包括文件名检索和密文检索，用户可以通过单击检索切换按钮进行检索方式的切换。因此需为检索切换按钮设置下拉菜单，用户通过单击下拉菜单完成检索方式的切换，具体实现过程如下：

第一步，在构造函数中添加如下代码：

```
QMenu *select_menu = new QMenu();                                   //初始化一个 QMenu
QAction *name_search = new QAction("文件名检索");           //为 Memu 添加“文件名检索”菜单
QAction *cipher_search = new QAction("密文检索");            //为 Memu 添加“密文检索”菜单
select_menu->addAction(name_search);                      //将“文件名检索”菜单添加到 QMenu 中
select_menu->addAction(cipher_search);                    //将“密文检索”菜单添加到 QMenu 中
//连接信号与槽函数，设置鼠标单击“文件名检索”菜单的响应
connect(name_search,SIGNAL(triggered()),this,SLOT(slot_namesearch_clicked()));
//连接信号与槽函数，设置鼠标单击“密文检索”菜单的响应
connect(cipher_search,SIGNAL(triggered()),this,SLOT(slot_ciphersearch_clicked()));
ui->select_pushButton->setMenu(select_menu); //将 QMenu 添加到检索切换按钮上
```

第二步，实现上述的两个槽函数，代码如下：

```
void SecurityCloudStorageClientWidget::slot_namesearch_clicked(){
    ui->search_pushButton->setText("文件名检索");       //将检索按钮上的字符串修改为“文件名检索”
}
void SecurityCloudStorageClientWidget::slot_ciphersearch_clicked(){
    ui->search_pushButton->setText("密文检索");       //将检索按钮上的字符串修改为“密文检索”
}
```

检索方式切换运行效果如图 4.10 所示。

图 4.10　检索方式切换运行效果

（2）数据检索界面初始化。数据检索界面默认只显示普通检索 QWidget。当用户单击“高级检索”按钮时，隐藏普通检索 QWidget，同时显示高级检索 QWidget。当用户单击高级检索 QWidget 中的“返回普通检索”按钮时，隐藏高级检索 QWidget 同时显示普通检索 QWidget。具体实现代码如下：

```
ui->normal_search_widget->setVisible(true);          //设置普通检索 QWidget 为可见
ui->advanced_search_widget->setVisible(false);       //设置高级检索 QWidget 为不可见
```

普通检索和高级检索运行界面如图 4.11 所示。

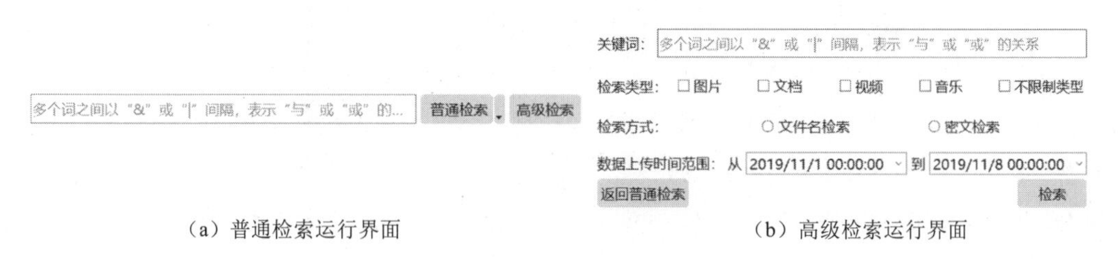

（a）普通检索运行界面　　　　（b）高级检索运行界面

图 4.11　普通检索和高级检索运行界面

4.2.2 数据加/解密的实现

当用户上传数据时，需要在客户端对数据进行加密生成密文数据，然后将密文数据上传到服务端；当用户打开数据时，客户端需要对下载的密文数据进行解密。下面将介绍数据加/解密的实现方法。

4.2.2.1 安全组件的集成

客户端对数据的加/解密是通过安全组件来实现的，安全组件可以从课程网站上获取。安全组件是经过编译封装的动态链接库，对外提供易于调用的数据加/解密接口。安全组件中包含的文件如表 4.1 所示。

表 4.1 安全组件中包含的文件

文　件	介　绍
CipherIndexLib.dll	生成密文索引的动态链接库
CipherIndexLib.a	CipherIndexLib.dll 动态链接库的导入库
YunLock.dll	数据加/解密的动态链接库
YunLock.a	YunLock.dll 动态链接库的导入库
dict 文件夹	文件夹中包含生成密文索引依赖的词典
include/cipherinterface.h	供外部程序调用的接口头文件

cipherinterface.h 头文件中定义了可供外部程序调用的接口，其中与数据加/解密相关的接口如下：

```
//数据加密接口，参数分别为明文数据路径、生成的密文数据路径、加密密钥
string YunLock_EncryptFile(string,string,string);
//数据解密接口，参数分别为需要解密的密文数据路径、解密后的明文数据路径、解密密钥
string YunLock_DecryptFile(string,string,string);
```

调用方法如下：

第一步，添加依赖。在 SecurityCloudStorageClient 项目的根目录下新建 lib 文件夹，将安全组件中的文件复制至 lib 文件夹中，右键单击项目，在弹出的快捷菜单中选择“添加现有文件”，将“include/”下的 cipherinterface.h 文件添加到项目中，或者在 SecurityCloudStorageClient.pro 文件中添加如下代码：

```
HEADERS += \
lib/include/cipherinterface.h \
```

右键单击项目，在弹出的快捷菜单中选择“添加库”→“外部库”（添加外部库的具体方法请参考第 2 章链接库介绍），将安全组件的动态库添加到项目中，或者在 SecurityCloudStorageClient.pro 文件中添加如下代码：

```
#如果是 release 模式，则添加 CipherIndexLib 动态库依赖
win32:CONFIG(release, debug|release): LIBS += -L$$PWD/lib/ -lCipherIndexLib
#如果是 debug 模式，则添加 CipherIndexLibd 动态库依赖
```

```
else:win32:CONFIG(debug, debug|release): LIBS += -L$$PWD/lib/ -lCipherIndexLibd
else:unix: LIBS += -L$$PWD/lib/ -lCipherIndexLib            #添加 CipherIndexLib 动态库依赖

#如果是 release 模式，则添加 YunLock 动态库依赖
win32:CONFIG(release, debug|release): LIBS += -L$$PWD/lib/ -lYunLock
#如果是 debug 模式，则添加 YunLockd 动态库依赖
else:win32:CONFIG(debug, debug|release): LIBS += -L$$PWD/lib/ -lYunLockd
else:unix: LIBS += -L$$PWD/lib/ -lYunLock                   #添加 YunLock 动态库依赖
```

第二步，调用接口。首先在需要调用加/解密接口的源文件对应的头文件中添加依赖，代码如下：

```
#include "./lib/include/cipherinterface.h"
```

然后在源文件中调用加/解密接口。

4.2.2.2　加密接口的调用

在需要调用加密接口的源文件中添加如下代码：

```
QString plaintextpath = "/plaintextpath/plaintextname";         //明文数据路径
QString ciphertextpath = "/cipherpath/ciphername";              //密文数据路径
//调用 QUuid 的方法生成随机数 uuid1
QString uuid1 = QUuid::createUuid().toString().replace("{","").replace ("}","").replace("-","");
//调用 QUuid 的方法生成随机数 uuid2
QString uuid2 = QUuid::createUuid().toString().replace("{","").replace ("}","").replace("-","");;
QString random_str = uuid1 + uuid2;//拼接以上生成的两个随机数，字符串长度为 64
string encrypt_key =random_str.toStdString();       //QString 转成标准 C++的 std::string 类型
string encrypt_ret = YunLock_EncryptFile(plaintextpath.toStdString(), ciphertextpath.toStdString(),
encrypt_key);                                       //调用加密接口
//将加密接口返回的 std::string 类型转成 QString 类型
QString encrypt_retqstr = QString::fromStdString(encrypt_ret);
```

加密成功后返回的结构如下：

```
{
    "function":"YunLock_EncryptFile",                  //加密接口的名字
    "Result":"success",                                //加密的结果
    "file_unique_id": "xxxxxxxx",                      //65 位的文件唯一标识
    "Response_time":"2019-11-18 17:00:13 周一",        //加密时间
    "Code":"4000",
    "Note":"encrypt success!"
}
```

加密完成后，密文被保存在加密路径下。

4.2.2.3　解密接口的调用

在需要调用解密接口的源文件中添加如下代码：

```
    QString decrept_key = "xxxxx";                              //解密密钥
    QString ciphertextpath = "/cipherpath/ciphername";          //密文数据路径
    QString plaintextpath = "/decryptpath/plaintextname";       //明文数据路径

    string decrypt_ret = YunLock_DecryptFile (ciphertextpath.toStdString(), plaintextpath.toStdString(),key.
toStdString());                                                 //调用解密接口
    //将解密接口返回的 std::string 类型转成 QString 类型
    QString decrypt_retqstr = QString::fromStdString(decrypt_ret);
```

解密成功后返回的结构如下：

```
    {
        "function":"YunLock_DecryptFile",                   //解密接口的名字
        "Result": "success",                                //解密的结果
        "Response_time":"2019-11-18 17:03:55 周一",          //解密时间
        "Code":"4000",
        "Note":"decrypt success!"
    }
```

解密完成后，解密后的明文会保存在明文数据路径下。

4.2.3 数据元信息的生成

用户数据加密完成后，需要生成数据元信息。数据元信息（Metadata）是关于数据的数据，用于描述数据的属性。数据元信息的应用范围很广，如在图书馆中使用数据元信息标识海量书籍，方便读者查找阅读；在搜索引擎中使用数据元信息组织海量数据，方便用户检索查询。在安全云存储系统中，也需要使用元信息描述数据的属性，表 4.2 列出了安全云存储系统中基本的数据元信息。

表 4.2 安全云存储系统中基本的数据元信息

名　称	类　型	描　述
filename	字符串	文件名称
filesize	数字	文件大小
ctime	时间戳	文件创建时间
mtime	时间戳	文件修改时间
lastaccesstime	时间戳	文件最后访问时间
uploadtime	时间戳	文件上传时间
fileowner	字符串	文件拥有者
plaintexthash	字符串	明文数据哈希值
ciphertexthash	字符串	密文数据哈希值
ciphertextsize	数字	加密后的密文数据大小
keyhash	字符串	密钥哈希值
fileuniqueid	字符串	文件唯一标识
type	字符串	类型（文件还是文件夹）

续表

名　称	类　型	描　述
currentid	字符串	当前节点标识
parentid	字符串	父节点标识
ifshared	布尔型	是否被分享
ifopened	布尔型	表示此文件夹是否被打开，用于文件夹结构显示。true 表示此文件夹被打开，false 表示文件夹处于关闭状态

开发者也可根据实际需求添加其他元信息。数据元信息生成的实现代码如下：

```
QString filepath = "xxxxxxx";                                  //明文数据路径
QString cipherpathpath = "xxxxxxx";                            //密文数据路径
QString encryptkey = "xxxxxxx";                                //数据加密密钥

void generateMetadata(){                                       //生成数据元信息的函数
QFileInfo fileinfo(filepath);                                  //定义一个明文数据的 QFileInfo 类
QFileInfo cipherfileinfo(cipherpath);                          //定义一个密文数据的 QFileInfo 类
    QString filename = fileinfo.fileName();                    //获取明文数据的名字
    long filesize = fileinfo.size();                           //获取明文数据的大小
    QDateTime ctime = fileinfo.created();                      //获取明文数据的创建时间
    QDateTime mtime = fileinfo.lastModified();                 //获取明文数据的最后修改时间
    QDateTime lastaccesstime = fileinfo.lastRead();            //获取明文数据的最后访问时间
    QDateTime uploadtime = QDateTime::currentDateTime();       //获取当前时间
    QString fileowner = username;                              //设置数据拥有者为全局变量中的 username
    //调用 calcfilehash 函数对明文数据计算哈希值，这个函数的实现将在下文进行介绍
    QString plaintexthash = calcfilehash(filepath,"sha256");
    //调用 calcfilehash 函数对密文数据计算哈希值，这个函数的实现将在下文进行介绍
    QString ciphertexthash = calcfilehash(this->cipherpath,"sha256");
    QString keyhash = calcstrhash(encryptkey);    //调用 calcstrhash 函数对数据加密密钥计算哈希值
    long ciphertextsize = cipherfileinfo.size();  //获得密文数据的大小
    QString type = fileinfo.isFile()?"file":"dir";    //设置 type 为 file 或者 dir 类型
    //使用 QUuid 获取随机数，设置为当前节点标识
    QString currentid = QUuid::createUuid().toString().replace("{",""). replace("}","").replace("-","");
}
```

其中，计算数据哈希值的函数 calcfilehash()的实现方法如下：

```
QString calcfilehash(QString path, QString alg_method) {
    unsigned char in[BUFFER_SIZE] = "\0";
    /*此处省略了变量初始化和参数判断的代码，现仅对部分变量进行简单说明，其中 from_fd 为
文件句柄，file 为明文数据的路径，in 为 1024 位的字符串类型，BUFFER_SIZE 等于 1024，out 为 32
位的字符串类型，outcome 为 64 位的字符串类型*/
    from_fd = fopen(file, "rb");
    /*省略了判断句柄是否为空的代码*/
    if (alg_method == "sha256") {                 //判断传参选择的算法是否为 SHA256
        sha256_context context;                   //SHA256 算法初始化
        sha256_starts(&context);                  //SHA256 算法开始
```

```
        //循环读取文件，bytes_read 为实际读取的长度，in 为读取的内容
        while (bytes_read = fread(in, sizeof(char), BUFFER_SIZE, from_fd)) {
            if ((bytes_read == -1) && (errno != EINTR)) {
                break;
            }
            else if (bytes_read == BUFFER_SIZE) {
                sha256_update(&context, in, bytes_read); //调用 sha256_ update()函数
            }
            else if ((bytes_read < BUFFER_SIZE)) {
                sha256_update(&context, in, bytes_read);
            }
            else {
                sha256_update(&context, in, bytes_read);
            }
        }
        sha256_finish(&context , out);                //SHA256 算法结束，out 为最终计算的哈希值
        for (i = 0; i < 32; i++) {
            //将哈希值以十六进制的形式输出到 outcome 中
            sprintf(outcome + 2 * i, "%02x", (unsigned char)out[i]);
        }
    }
    if (fclose(from_fd) == EOF) {
    }
    return QString(outcome);                          //返回 QString 类型的计算结果
}
```

计算数据加密密钥哈希值的函数 calcstrhash()的实现方法如下：

```
QString calcstrhash(QString input){
    char outcome[65] = "\0";                          //初始化变量
    unsigned char digest[32]="\0";                    //初始化变量
    //QString 类型转成(unsigned char*)类型
    unsigned char* inputbyte = (unsigned char*)(input.toUtf8().data());
    int length = input.length();                      //获取字符串长度
    sha256(digest,inputbyte,length);                  //调用 SHA256 算法直接计算输入的哈希值
    for (int i = 0; i < 32; i++) {
        //将哈希值以十六进制的形式输出到 outcome 中
        sprintf(outcome + 2 * i, "%02x", (unsigned char)digest[i]);
    }
    return QString(outcome);                          //返回 QString 类型的计算结果
}
```

注意：以上计算哈希值的函数需要依赖 SHA256 开源代码。开源代码可在本书实验平台中获取。

生成数据元信息后，需要将其拼接成易于传输的 JSON 格式，如下：

```
"metadata"{
    "filename" : "xxxxx",
```

```
        "filesize" : xxxxx,
        ......
    }
```

生成 JSON 字符串的方法如下：

```
QVariantMap metadatajsonvar;                                         //初始化 QVariantMap 对象
metadatajsonvar.insert("filename", filename);                        //设置 filename 值
metadatajsonvar.insert("filesize", QString::number(filesize));       //设置 filesize 值
/*添加其他数据元信息*/
QJsonObject obJct =QJsonObject::fromVariantMap(metadatajsonvar);     //QVariantMap 转 QJsonObject
QJsonDocument jsonDoc(obJct);                                        //QJsonObject 转 QJsonDocument
QByteArray json=jsonDoc.toJson();                                    //QJsonDocument 转 QbyteArray
QString messagejsonstr(json);                                        //QByteArray 转 QString
```

至此，已生成数据元信息并将其转换为 JSON 格式的字符串。

4.2.4　密文索引的生成

客户端需要对可读的文件进行处理以生成密文索引，密文索引的生成包括两个步骤：提取数据内容和生成密文索引。下面分别介绍其实现方法。

4.2.4.1　提取数据内容

本系统采用 DocToText 工具提取可读文件的内容。DocToText 是一个使用 C++语言开发的文件格式转换工具，可把多种文件格式转换成纯文本格式，还可提取文件中的注释和元数据并转换成纯文本格式。DocToText 支持常用的文件格式，包括 DOC、XLS、XLSB、PPT、RTF、PDF、Office Open XML、Email 文件（EML）和超文本标记语言（HTML）等；支持常用的操作系统，包括 Linux 32 位、Linux 64 位、Windows 32 位、Windows 64 位和 Mac OS。DocToText 可执行程序可在其官网[9]下载，源代码可在 GitHub 网站上获取。

DocToText 软件包中包含了一个可执行文件和依赖的动态库，该可执行文件可在命令行中独立运行。假设需提取内容的文件路径和名字为“filepath/”和 filename，以 Windows 为例，使用 DocToText 提取其内容的方法为在命令行中执行如下命令：

```
# doctotext.exe filepath/filename
```

命令执行成功后会将提取出来的内容打印在控制台。

下面介绍使用 QProcess 类调用该可执行文件并将执行结果捕获到程序中的具体实现过程。

第一步，根据文件名结尾判断其是否为 DocToText 支持的类型，过滤的结尾包括“.txt”“.doc”“.docx”“.ppt”“.pptx”“.xls”“.xlsx”“.pdf”“.html”“.rtf”“.odt”“.ods”“.odp”“.odg”等，判断方法如下：

```
QString datapath = "xxxx/xxxxx.suffix";                      //文件路径
if (datapath.endsWith(".txt", Qt::CaseInsensitive) ||        //判断文件名是否以.txt 结尾
datapath.endsWith(".doc", Qt::CaseInsensitive) ||            //判断文件名是否以.doc 结尾
...                                                          //判断文件名是否以其他字段结尾
) {}
```

第二步，在程序中获取可执行文件的路径。示例中将 DocToText 软件文件包放置在程序的执行路径下，因此获取其路径的方法为：

```
QString configPath;                                    //定义当前路径
QDir dir;
configPath = dir.currentPath();                        //获取程序的执行路径
QString doctotextpath = configPath + "/doctotext/doctotext.exe"; //得到 doctotext.exe 可执行程序的路径
```

第三步，使用 QProcess 调用 DocToText 可执行文件。方法如下：

（1）在头文件中定义三个槽函数，代码如下：

```
void slot_qprogress_finished(int,QProcess::ExitStatus);  //QProcess 执行结束槽函数
void slot_qprogress_readyReadStandardOutput();           //QProcess 读取控制台输出槽函数
void slot_qprogress_started();                           //QProcess 开始执行程序的槽函数
```

（2）对 QProcess 进行初始化，代码如下：

```
QProcess * mprogress = new QProcess();                  //QProcess 初始化
//连接 QProcess 执行结束的信号与槽函数
connect(mprogress,SIGNAL(finished(int,QProcess::ExitStatus)),this,SLOT(slot_qprogress_finished(int,
QProcess::ExitStatus)));
//连接 QProcess 读取控制台输出的信号与槽函数
connect(mprogress, SIGNAL(readyReadStandardOutput()),this,SLOT(slot_qprogress_
readyReadStandardOutput()));
//连接 QProcess 开始执行的信号与槽函数
connect(mprogress,SIGNAL(started()),this,SLOT(slot_qprogress_started()));
/*开始执行命令，第一个参数为 doctotext.exe 可执行文件的路径，第二个参数是用 QStringList 封
装的提取内容的文件路径*/
mprogress->start(doctotextpath ,QStringList(datapath));
```

（3）在槽函数中读取控制台输出，代码如下：

```
QString doc_plaintext = "";                             //定义内容变量
//读取控制台输出的槽函数
void SecurityCloudStorageClientWidget::slot_qprogress_ readyReadStandardOutput() {
    QProcess *p = (QProcess *)sender();                 //通过调用 sender()方法获取 QProcess 对象
    QByteArray buf = p->readAllStandardOutput();        //读取控制台输出
    QString docout = QString(buf);                      //将输出内容转成 QString 类型
    doc_plaintext = doc_plaintext + docout;             //将读取的内容拼接到 doc_ plaintext 尾部
}
//此槽函数标志着控制台程序已经开始执行了
void SecurityCloudStorageClientWidget::slot_qprogress_started() {
}
```

程序执行成功后，提取出的文件内容将保存在 doc_plaintext 变量中。

4.2.4.2 生成密文索引

文件内容提取完成后，即可调用云安全服务平台提供的安全组件生成密文索引。安全组件中生成密文索引的接口如下：

```
//生成密文索引的接口，参数分别为文件内容和文件唯一标识
string YunLock_GenerateCipherIndex(string,string);
```

Qprocess 在执行完成后进入 slot_qprogress_finished()槽函数，在该槽函数中调用生成密文索引的接口，代码如下：

```
void SecurityCloudStorageClientWidget::slot_qprogress_finished(int exitCode,
                                        QProcess::ExitStatus exitStatus) {   //QProcess 执行完成
    string cipherinde = Yunlock_GenerateCipherIndex(doc_plaintext. toStdString(),
                                        file_unique_id.toStdString());      //调用接口生成密文索引
    //将 std::string 类型的返回数据转成 QString 类型
    QString cipherindexstr = QString::fromStdString(cipherinde);
}
```

注意：调用解密接口需要依赖安全组件中的字典文件（dict 文件夹），用户需要将字典文件复制到程序的执行路径下。

生成密文索引成功后返回的数据格式如下：

```
{
    "function":"YunLock_GenerateCipherIndex",                    //解密接口的名字
    "Result": "success",                                         //生成密文索引结果
    "Response_time":"2019-11-19 11:28:07 周二",                   //密文索引生成时间
    "Code":"4000",                                               //密文索引生成状态码
    "Note":"YunLock_GenerateCipherIndex success",                //密文索引生成结果详细信息
    "retdata":{                                                  //密文索引
        "file_unique_id":{                                       //文件唯一标识
            "q3iPqzxBQlT1Mh0fdpu/OH354ebk3XewsdIUuDAMorg=":6, //密文索引和词频
            "isKpusb2xcOfa3UMKFYSTXUtZpn3o6NepnXVLxYifo4=":4,
            "zZVsOh9Ht6cTV1UAGELLP/NdZzMqC4FvgV1Zzhc4a90=":3,
            "cipherkeyword":frequence,
            ...
        }
    }
}
```

自此，密文索引生成完成。

4.2.5　客户端数据上传的实现

客户端数据上传的实现可分为四部分：文件选择框的实现、数据上传界面的设计、数据上传过程的设计和数据上传过程的实现。下面分别介绍各个部分的实现过程。

4.2.5.1　文件选择框的实现

当用户单击“上传”按钮时，会弹出文件选择框，用户可以选择任意文件进行上传。实现方法如下：

在数据管理设计界面，右键单击“上传”按钮，在弹出的快捷菜单中选择“转到槽…”，

在弹出的对话框中选择“clicked()”，单击“OK”按钮进入所触发的槽函数中，实现该槽函数的代码如下：

```
//“上传”按钮槽函数实现
void SecurityCloudStorageClientWidget::on_fileupload_pushButton_clicked(){
    QFileDialog fileDialog(this);                              //初始化 QFileDialog
    fileDialog.setFileMode(QFileDialog::ExistingFiles);        //设置可以同时选择多个文件
    QStringList filters;                                       //定义一个过滤器
    filters << "所有文件(*)"; //过滤器设置为"所有文件(*)"，表示这个文件选择框可以选择任意文件
    fileDialog.setNameFilters(filters);                        //为 QFileDialog 设置过滤器
    if (fileDialog.exec() == QDialog::Accepted)                //弹出对话框
    {
        QStringList strPathList = fileDialog.selectedFiles();//用户单击确认时，返回被选中文件的列表
        for(int i = 0; i< strPathList.size();++i)              //遍历文件列表
        {
            /*将需要上传的文件添加到上传文件列表中*/
        }
    }
}
```

4.2.5.2 数据上传界面的设计

在项目中新建 Qt 设计师界面类，类名为“UploadListForm”，此类继承自 QWidget。新建完成后进入此类的设计模式设计数据上传界面。数据上传界面的设计如图 4.12 所示。

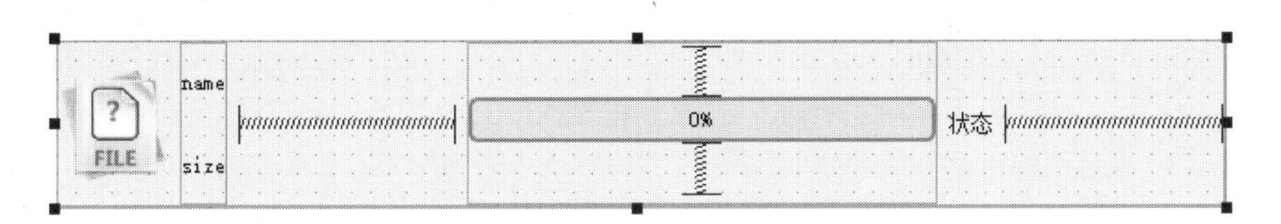

图 4.12　数据上传界面的设计

数据上传界面采用水平布局，从左至右分别为文件图标、文件名（name）和文件大小（size）、上传进度条和状态标签。设计完成后，将该界面动态添加到普通用户客户端传输列表界面中的上传列表界面中，添加的方法如下：

```
QListWidgetItem *uploaditem = new QListWidgetItem();       //初始化一个 QListWidgetItem 对象
uploaditem->setSizeHint(QSize(uploaditem->sizeHint().width(), 60)); //设置宽度为自适应，高度为 60
UploadListForm *uploadlistform = new UploadListForm();     //初始化 UploadListForm 对象
//将 uploaditem 放置在上传列表界面中，其中 uploadlist_listWidget 为数据上传界面上布置的
QListWidget 元素名称
ui->uploadlist_listWidget->addItem(uploaditem);
//将数据上传界面放置在上传列表界面中
ui->uploadlist_listWidget->setItemWidget(uploaditem,uploadlistform);
```

在 UploadListForm 类的代码中动态设置文件名、文件大小和上传状态，代码如下：

```
QFileInfo file(filepath);                       //初始化 QFileInfo 类，filepath 是要上传的数据路径
ui->name_label->setText(file.fileName());       //在数据上传界面上显示文件名
```

```
    //在数据上传界面上显示文件大小，其中 convert_size()是一个转换函数，该函数可以将数字转换成易读的字符串，比如将 1024 转换成 1 KB
    ui->size_label->setText(convert_size(file.size()));
    ui->state_label->setText("正在上传");        //在数据上传界面设置上传状态
    ui->progressBar->setValue(progress);         //在数据上传界面设置上传进度
```

数据上传界面运行效果如图 4.13 所示。

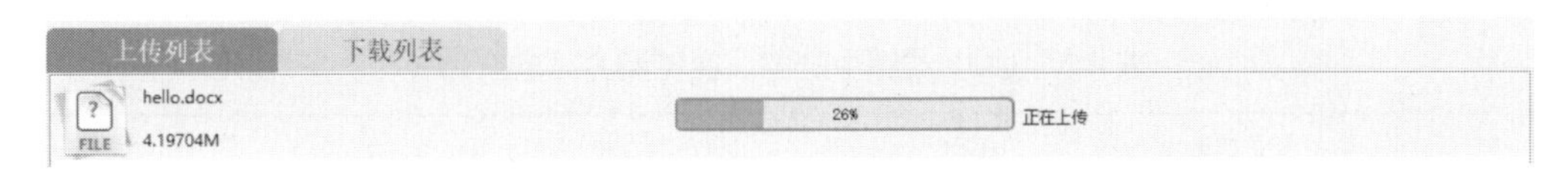

图 4.13　数据上传界面运行效果

以上步骤只是简单演示如何将上传界面添加到上传列表中，接下来的内容将介绍具体的数据上传方法。

4.2.5.3　数据上传过程的设计

用户在弹出的文件选择框中选择要上传的文件后，客户端对文件分别进行数据加密、数据元信息生成、密文索引生成三项操作（这三个操作的实现方法请参考 4.2.2 节、4.2.3 节和 4.2.4 节），从而得到该文件的密文数据、数据元信息、密文索引，然后将其上传至服务端。由于上述过程可能会比较耗时，如果将其安排在主线程中执行，则会导致界面卡顿，尤其是当用户同时上传多个文件时会造成较差的用户体验，因此在实现时需要采用容器和多线程技术。数据上传过程设计的 UML 类图如图 4.14 所示。

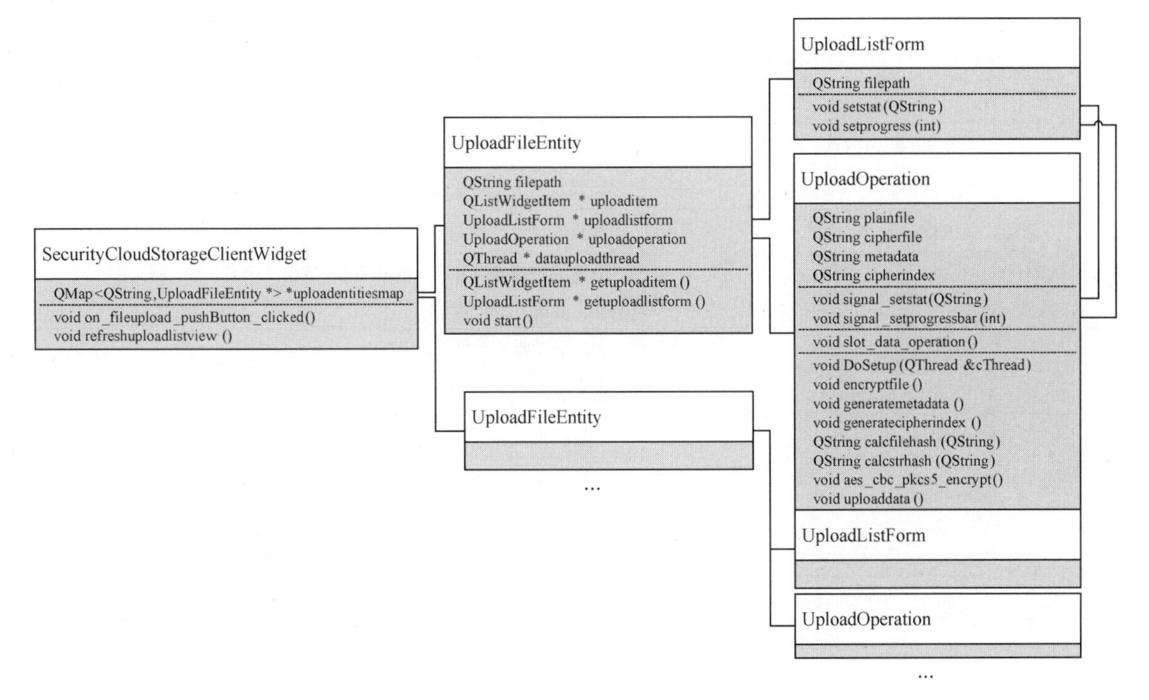

图 4.14　数据上传程序设计的 UML 类图

图 4.14 中的 SecurityCloudStorageClientWidget 为客户端主界面类，在这个类中实现了用户单击上传按钮的响应、数据上传线程类的管理和上传状态的显示等逻辑；UploadFileEntity 是数据上传实体类，该类将数据上传界面元素和数据上传线程进行统一管理；UploadListForm 类是数据上传界面实体类，主要处理数据上传界面中元素状态更新等操作；UploadOperation 为数据上传操作类，该类处理耗时的操作，如数据加密、数据元信息生成、密文索引生成、数据上传等。各个类、变量和方法的介绍如表 4.3 所示。

表 4.3　UML 类图中的类、变量和方法的介绍

类、变量或方法	介　　绍
SecurityCloudStorageClientWidget	**客户端主界面类**
QMap<QString,UploadFileEntity*> *uploadentitiesmap	存放上传数据实体的 QMap 容器
void on_fileupload_pushButton_clicked()	用户单击上传按钮时触发的槽函数，该槽函数根据用户选择的文件新建数据上传实体类 UploadFileEntity，并将其添加到 uploadentitiesmap 的 QMap 容器中
void refreshuploadlistview()	上传列表刷新函数，该函数会将数据上传界面添加到上传列表界面中，且可以控制数据上传是否开始
UploadFileEntity	**数据上传实体类，封装了数据上传界面实体类和数据上传操作类**
QListWidgetItem * uploaditem	QListWidgetItem 类
UploadListForm * uploadlistform	数据上传界面实体类
UploadOperation * uploadoperation	数据上传操作类
QThread * datauploadthread	数据上传线程
QListWidgetItem * getuploaditem()	对主界面类提供的获取数据上传界面 QListWidgetItem 的接口
UploadListForm * getuploadlistform()	对主界面类提供的获取数据上传界面实体类的接口
void start()	对主界面类提供的启动数据上传操作的接口
UploadListForm	**数据上传界面实体类**
void setstat(QString)	设置数据上传界面状态的槽函数
void setprogress(int)	设置数据上传界面上传进度的槽函数
UploadOperation	**数据上传操作类，负责数据加密、数据元信息生成、密文索引生成、数据上传等耗时的操作**
QString metadata	数据元信息
QString cipherindex	密文索引
void signal_setstat(QString)	设置数据上传界面状态的信号函数
void slot_data_operation()	线程开始后先执行槽函数，在该槽函数中可按顺序调用数据加密、数据元信息生成、密文索引生成、数据上传等函数
void DoSetup(QThread &cThread)	线程和对象绑定的函数（具体使用方法参见 2.1.3.4 节）
void encryptfile()	数据加密方法，参见 4.2.2 节
void generatemetadata()	数据元信息生成方法，参见 4.2.3 节
void generatecipherindex()	密文索引生成方法，参见 4.2.4 节
QString calcfilehash(QString)	文件哈希值计算方法

续表

类、变量或方法	介　绍
void aes_cbc_pkcs5_encrypt()	AES_CBC_PKCS5 加密算法实现，使用会话密钥（sessionkey）作为密钥对数据加密密钥进行加密，实现方法请参见 4.2.5.4 节
void uploaddata()	数据上传方法，实现方法请参见 4.2.5.4 节

在以上 UML 类图中，UploadFileEntity 中的 start()函数为线程的启动函数，客户端程序只需要在主界面类中的 refreshuploadlistview()函数中调用 UploadFileEntity 中的 start()函数，便会在新线程中自动执行数据加密、数据元信息生成、密文索引生成、数据上传等一系列操作，不仅能够同时控制多个文件的上传，还可在数据上传界面中实时显示数据上传状态，并且不会造成界面卡顿。用户同时上传多个文件的运行效果如图 4.15 所示。

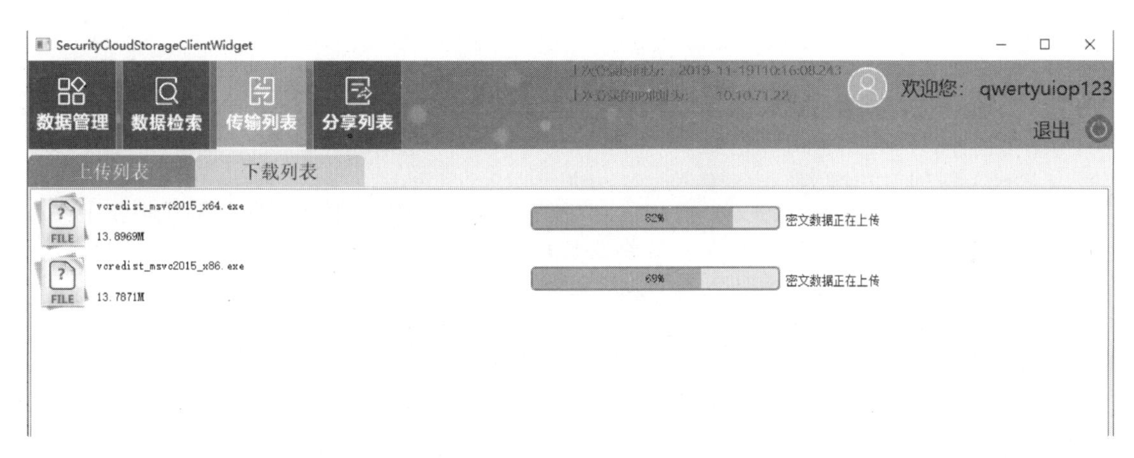

图 4.15　用户同时上传多个文件上传的运行效果

4.2.5.4　数据上传过程的实现

现假设客户端已经成功生成了数据加密密钥、密文数据、数据元信息、密文索引等数据，下面介绍将其上传至服务端的实现过程。

由于需要将密文数据、数据元信息、密文索引等数据一起传输到服务端，所以客户端需要构造一个可容纳这些数据的请求，服务端接收到这个请求后分别提取这些数据。客户端使用 QHttpMultiPart 类来构造网络请求，具体实现方法是在 UploadOperation 类中添加 uploaddata()函数，该函数的实现方法如下：

```
/*此处省略了 QNetworkAccessManager、QNetworkRequest 的初始化以及相关信号与槽函数连接等逻辑，具体请查看 2.1.3.5 节*/
//初始化 QHttpMultiPart，设置网络请求模式为 FormDataType
QHttpMultiPart *mMultiPart = new QHttpMultiPart(QHttpMultiPart:: FormDataType);
QHttpPart filePart;                              //初始化 QHttpPart
//将密文数据的路径实例化为 QFile，其中 cipherfile 为密文数据的路径
QFile *file = new QFile(this->cipherfile);
QFileInfo fileinfo(this->cipherfile);            //定义一个密文的 QFileInfo 类
file->open(QIODevice::ReadOnly);                 //以可读的方式打开文件
//这里的 file 对象就是需要提交的文件，如果需要上传多个文件，则需要创建多个 QHttpPart 对象
```

```
filePart.setBodyDevice(file);
//设置 filePart 数据传输类型为 application/octet-stream
filePart.setHeader(QNetworkRequest::ContentTypeHeader,QVariant("application/octet-stream"));
filePart.setHeader(QNetworkRequest::ContentDispositionHeader,QVariant("form-data; name=\"file\";
filename=\""+fileinfo.fileName()+"\""));        //设置文件名
filePart.setRawHeader("metadata",this->metadata.toUtf8());   //为 filePart 的头部添加数据元信息
filePart.setRawHeader("cipherindex",this->cipherindex.toUtf8());   //为 filePart 的头部添加密文索引
QByteArray sessionkeyarray = sessionkey.toUtf8(); //将 QString 类型的 sessionkey 转成 QByteArray 类型
char * key = sessionkeyarray.data();              //QByteArray 类型转成 char*类型
int keylen = sessionkeyarray.length();            //获取 sessionkey 长度
//将 QString 类型的数据加密密钥 encryptkey 转成 QByteArray 类型
QByteArray encryptkeybytearray = this->encryptkey.toUtf8();
char* input = encryptkeybytearray.data();         //将 QByteArray 类型转成 char*类型
int inputlen = encryptkeybytearray.length();      //获取数据加密密钥的长度
char cipherkeyout[109] = "\0";                    //定义密文变量
/*调用 aes_cbc_pkcs5_encrypt()函数，以 sessionkey 为密钥对数据加密密钥进行加密，这个函数的
实现方法将在下文进行介绍*/
aes_cbc_pkcs5_encrypt(key,keylen,input,inputlen, cipherkeyout);
QString outencryptkey(cipherkeyout);              //将加密后的数据加密密钥转成 QString 类型
//为 filePart 的头部添加加密后的数据加密密钥信息
filePart.setRawHeader("encryptkey",outencryptkey.toUtf8());
mMultiPart->append(filePart);
//设置数据上传网址，其中 url 为服务端网址，dataupload 为服务端接收上传数据的网址
QUrl uploaddataurl(url+"dataupload");
QNetworkRequest request(uploaddataurl);
request.setRawHeader("sessionid", sessionid.toUtf8());  //在 post 请求头部设置 sessionid 值
post_reply = manager->post(request,mMultiPart);          //发送 post 请求
connect(post_reply, SIGNAL(uploadProgress(qint64, qint64)), this,SLOT(progressChanged(qint64,
                        qint64)));              //连接数据上传进度的信号与槽函数
```

在以上代码中，以 sessionkey 作为密钥对数据进行加密的函数实现方法如下：

```
/*AES_CBC_PKCS5 加密算法实现，参数分别为数据加密密钥、数据加密密钥长度、明文数据指
针、明文数据长度、密文数据指针*/
void aes_cbc_pkcs5_encrypt(char* key , int keylen , char* input, int inputlen, char* output)
{
    char iv[17] = "\0";                                  //设置 AES 加密的 iv 为空
    AES_KEY AES;
    //根据明文数据长度计算分组数量，AES_BLOCK_SIZE 值为 16
    int blocknum = inputlen/AES_BLOCK_SIZE + 1;
    int totallength = blocknum * AES_BLOCK_SIZE;   //根据分组数量计算明文数据长度
    char *plaintext = (char*)malloc(totallength+1);      //动态分配内存
    char *ciphertext = (char*)malloc(totallength+1);     //动态分配内存
    int paddingvalue = 0;                                //初始化补码的值
    if (inputlen % AES_BLOCK_SIZE > 0)
    {
        paddingvalue = totallength - inputlen;           //设置补码的值
    }else{
```

```
            paddingvalue = 16; //设置补码的值为 16，也就是在明文数据后面拼接 16 个 16
        }
        memset(plaintext, paddingvalue, totallength);          //将动态分配的内存内容全部设置为补码值
        memcpy(plaintext, input, inputlen);                    //将明文数据复制到动态分配的内存中
        if (AES_set_encrypt_key((unsigned char*)key, 256, &AES) < 0)      //初始化密钥，生成轮密钥
        {
            fprintf(stderr, "Unable to set encryption key in AES\n");
            return;
        }
        //调用 AES_cbc_encrypt()函数对明文数据进行加密
        AES_cbc_encrypt((unsigned char *)plaintext, (unsigned char*)ciphertext, totallength, &AES,
                    (unsigned char*)iv, AES_ENCRYPT);
        base64enc(output, ciphertext, totallength);      //调用 base64enc()算法对加密后的数据进行编码
        if(nullptr!= plaintext){
            free(plaintext);                             //释放动态分配的内存
        }
        if(nullptr!= ciphertext){
            free(ciphertext);                            //释放动态分配的内存
        }
}
```

注意： 以上代码实现需要依赖 AES 和 BASE64 开源代码，在头文件中添加引用，如 #include "aes_cbc.h"、#include "base64_enc.h"，对应的源代码可在本书实验平台中获取。

通过上述过程，客户端便可将用户需要上传的数据元信息、密文索引、数据加密密钥和密文数据等一并上传到服务端。使用抓包工具查看发送的网络请求数据格式如下：

```
POST https://ip:port/dataupload HTTP/1.1
sessionid: xxxxxxx                                    //用户身份鉴别成功后获得的 sessionid 值
Content-Type: multipart/form-data; boundary="boundary_.oOo._Mjg2ODU= MTE4NDU=MjE1NzU="
MIME-Version: 1.0
Content-Length: 10511
Connection: Keep-Alive
Accept-Encoding: gzip, deflate
Accept-Language: zh-CN,en,*
User-Agent: Mozilla/5.0
Host: ip:port

--boundary_.oOo._Mjg2ODU=MTE4NDU=MjE1NzU=
Content-Type: application/octet-stream
Content-Disposition: form-data; name="file"; filename="xxxxx.xxx"
metadata: {"xxxxx":"xxxx",…}                          //数据元信息
cipherindex: {"cipherkeyword": frequence,…}           //密文索引
encryptkey: xxxxxxxxxxxxxxxxxxxxxxxxxxxxx             //以 sessionkey 为密钥加密的数据加密密钥

/*二进制的密文数据*/
--boundary_.oOo._Mjg2ODU=MTE4NDU=MjE1NzU=--
```

4.2.6 数据存储的实现

服务端接收到客户端上传的数据后，将数据元信息存储到服务端数据库中，将密文数据存储到公有/私有云存储系统（平台）中，将数据加密密钥和密文索引存储到云安全服务平台中。下面分别介绍以上步骤的实现方法。

4.2.6.1 服务端数据接收的实现

服务端接收客户端发送的数据上传 post 请求。原则上讲，post 请求不限制 Header 和 Body 的大小，但在实际使用过程中，项目使用的服务器往往会对请求 Header 和 Body 的大小进行限制。因此，需要在服务端修改配置文件 application.properties，设置请求 Body 的上限，代码如下：

```
spring.servlet.multipart.max-file-size=200MB          //设置单个文件上传总大小上限
spring.servlet.multipart.max-request-size=200MB       //设置单个请求的总大小上限
```

服务端接收到客户端上传的数据后，在 controller 包中新建 DataTransmissionController 类对数据进行解析，代码如下：

```
@RestController
public DataTransmissionController{
    @Autowired
    //注入保存数据元信息到数据库的 service 类，MetadataSer 类将在下文 4.2.6.2 节进行介绍
    private MetadataSer metadataser;
    @Autowired
    //注入对接云存储平台的 service 类，DockingCloudStorageSer 类将在下文 4.2.6.3 节进行介绍
    private DockingCloudStorageSer dockingcloudstorageser;
    @Autowired
    //注入对接云安全服务平台的 service 类，DockingSecurityCloudSer 类将在下文 4.2.6.5 节进行
介绍
    private DockingSecurityCloudSer dockingsecuritycloudser;

    @RequestMapping("/dataupload")        //定义数据上传的网络地址
    @ResponseBody
    @Auth(normaluser = "普通用户")        //设置只有普通用户才能访问这个网络地址
    public Object dataupload(HttpServletRequest request, @RequestParam ("file") MultipartFile file)
throws IOException, ServletException {        //定义 dataupload 函数
        String sessionid = request.getHeader("sessionid");   //从请求的 Header 中获取 sessionid
        Collection<Part> parts = request.getParts();          //从请求中获得 parts 信息
        String metadata = "";                                  //定义数据元信息变量
        String cipherindex = "";                               //定义密文索引变量
        for (Part part : parts) {                              //遍历 parts
            metadata = part.getHeader("metadata");             //从 part 头部取出 metadata 值
            cipherindex = part.getHeader("cipherindex");       //从 part 头部取出 cipherindex 值
            String encryptkey = part.getHeader("encryptkey"); //从 part 头部取出 encryptkey 值
        }
        //调用 Service 层的 savemetadata()方法对数据元信息进行保存，具体实现方法请参考
```

```
4.2.6.2 节
            Metadata saveresult = metadataser.savemetadata(metadata);
            /*调用对接云安全服务平台的 Service 层的 uploadkey()方法将密钥上传到云安全服务平台
中，具体实现代码见 4.2.6.5 节*/
            dockingsecuritycloudser.uploadkey(sessionid,encryptkey, fileuniqueid);
            /*调用对接云安全服务平台的 Service 层的密文索引上传接口 uploadcipherindex()方法将
密文索引上传到云安全服务平台中，具体实现代码见 4.2.6.5 节*/
            dockingsecuritycloudser.uploadcipherindex(cipherindex);
            /*调用对接公有/私有云存储平台的 Service 层的 uploaddata 将密文数据上传到公有云存储
平台中，fileuniqueid 为文件唯一标识，具体实现代码见 4.2.6.3 节*/
            dockingcloudstorageser.uploaddata(file,fileuniqueid);
            //向客户端返回数据上传成功信息
            return response("dataupload","success","8000","dataupload success", null);
        }
    }
```

4.2.6.2　服务端数据元信息的存储

服务端收到客户端发送的数据元信息后，对元信息进行解析，将其存储到服务端数据库中，具体实现方法如下：

第一步，在服务端项目的 entity 包中新建 Metadata 实体类，添加数据元信息的定义，代码如下：

```
/*此处省略包名和 import 语句*/
@Entity                                              //实体类注解
public class Metadata {
    @Id
    //表示主键由数据库自动生成（主要是自动增长型）
    @GeneratedValue(strategy = GenerationType.IDENTITY)
    private Integer id;                              //主键
    @NotNull
    private String filename;                         //文件名
    private long filesize;                           //文件大小
    private LocalDateTime ctime;                     //文件创建时间
    private LocalDateTime mtime;                     //文件修改时间
    private LocalDateTime lastaccesstime;            //文件最后访问时间
    /*此处省略了其他数据元信息的定义和对应的 get()和 set()方法*/
}
```

第二步，在 repository 包中新建 MetadataRepository 接口类，代码如下：

```
public interface MetadataRepository extends JpaRepository<Metadata, Integer> {
    public Metadata findOneByFileuniqueid(String fileuniqueid);     //根据 fileuniqueid 查询数据库
}
```

第三步，在 service 包中新建 MetadataSer 接口类，并定义数据元信息保存方法，代码如下：

```
public interface MetadataSer {
    public Metadata savemetadata(String metadata);     //定义数据元信息保存方法
}
```

第四步，在 service 包中新建 MetadataSerImpl 类，实现 MetadataSer 接口类的方法，代码如下：

```
@Service
public class MetadataSerImpl implements MetadataSer {
    @Autowired
    private MetadataRepository metadatarepository;                    //注入 MetadataRepository 类
    public Metadata savemetadata(String metadata) {                   //保存数据元信息函数的实现
        //将 String 类型的字符串转成 JSONObject 对象
        JSONObject jsonObject = JSONObject.parseObject(metadata);
        String filename = jsonObject.getString("filename");           //获取 filename 的值
        long filesize = jsonObject.getLong("filesize");               //获取 filesize 的值
        //定义时间格式
        DateTimeFormatter formatter = DateTimeFormatter.ofPattern("yyyy- MM-dd HH:mm:ss");
        //获取 ctime 的值
        LocalDateTime ctime = LocalDateTime.parse(jsonObject.getString ("ctime"), formatter);
        //获取 mtime 的值
        LocalDateTime mtime = LocalDateTime.parse(jsonObject.getString ("mtime"), formatter);
        String fileuniqueid = jsonObject.getString("fileuniqueid");//获取 fileuniqueid 的值
        /*此处省略了获取其他数据元信息的代码实现*/
        //根据 fileuniqueid 值查询数据库
        Metadata findout = metadatarepository.findOneByFileuniqueid (fileuniqueid);
        if (null == findout) {                                        //如果没有查询到
            Metadata metadataobj = new Metadata ();
            metadataobj.setFilename(filename);                        //设置 filename 的值
            metadataobj.setFilesize(filesize);                        //设置 filesize 的值
            metadataobj.setCtime(ctime);                              //设置 ctime 的值
            /*此处省略了设置其他数据元信息的代码实现*/
            Metadata saveresult = metadatarepository.save(metadataobj);    //保存数据元信息
            return saveresult;
        } else {
            return null;
        }
    }
}
```

4.2.6.3 服务端与公有云存储平台的对接

目前，国内外大型云服务服务商均提供了公有云存储服务。本节以国外的 Amazon S3 和国内的阿里云、腾讯云、华为云等为例，介绍安全去存储系统服务端对接公有云存储平台的实现方法，读者可以任选一种进行实现。

在对接之前，需要在项目的 Service 层新建 DockingCloudStorageSer 接口，定义数据上传、数据下载和数据删除接口，与公有云存储平台或私有云存储平台的对接从实现这些接口开始。接口定义如下：

```
public interface DockingCloudStorageSer {
    public void uploaddata(MultipartFile file,String fileuniqueid);         //定义数据上传接口
```

```
    public InputStream downloaddata(String fileuniqueid);                //定义数据下载接口
    public void   deletedata(String fileuniqueid);                       //定义数据删除接口
}
```

（1）与 Amazon S3 对接。2006 年 3 月，Amazon 推出的简易存储服务 S3 是全球首个公有云存储服务，能够提供高性能、高可用性的对象存储服务，具有持久可靠、备份恢复、安全合规、灵活管理、随时查询、数据分析等功能。服务端对接 Amazon S3 可分为三个步骤。

第一步，注册账户并开通 Amazon S3 服务。使用浏览器访问亚马逊 AWS（Amazon Web Service）官网[2]，按照指引创建并登录 AWS 账户，进入 Amazon S3 界面，按照提示和说明开通对象存储服务，开通 Amazon S3 服务后，用户可以登录控制台，创建存储桶并在存储桶里上传、查看、检索和删除对象。登录 Amazon S3 控制台，根据指引创建访问密钥，访问密钥包括接入标识（ACCESS_ID）和接入密钥（ACCESS_KEY），访问密钥需安全保存。

注意：创建存储桶不会产生费用，向存储桶传入数据或从存储桶传出数据时会产生费用。

第二步，添加依赖。在项目的 pom.xml 文件中添加 Amazon S3 的依赖，使系统自动下载所需的依赖包，代码如下：

```
<dependency>
    <groupId>com.amazonaws</groupId>
    <artifactId>aws-java-sdk-s3</artifactId>
    <version>{amazons3version}</version> <!—-版本号。由于依赖包会不定期更新，所以用户需要从 AWS S3 官网获取合适的版本号，本书使用的版本号是 1.11.681-->
</dependency>
```

第三步，依赖包下载完成后，调用其开放接口实现数据上传、数据下载和数据删除接口。在服务端的 service 包下新建 AmazonDockingCloudStorageSerImpl 类，此类实现了 DockingCloudStorageSer 接口的方法，代码如下：

```
@Service
public class AmazonDockingCloudStorageSerImpl implements DockingCloudStorageSer{
    static AmazonS3 s3;                                        //定义 Amazon S3 对象
    //从 AWS 官网获取的接入 ID，此 ID 需要安全保存
    private static String AWS_ACCESS_ID ="xxxxx";
    //从 AWS 官网获取的接入 Key，此 Key 需要安全保存
    private static String AWS_SECRET_KEY = "xxxxx";
    static final String bucketName = "xxxxxxxx";       //在 Amazon S3 中已创建成功的存储桶的名字

    @Override
    //数据上传方法的实现
    public void uploaddata(MultipartFile file, String fileuniqueid) throws IOException {
        //初始化接入凭证对象
        AWSCredentials awsc = new BasicAWSCredentials(AWS_ACCESS_ID, AWS_SECRET_KEY);
        AmazonS3ClientBuilder builder = AmazonS3ClientBuilder.standard(). withCredentials(
                        new AWSStaticCredentialsProvider(awsc));//初始化 AmazonS3ClientBuilder
        /*设置 Amazon S3 的地区，区域应选择存储桶所在区域，示例代码中设置的是亚太_1，位于新加坡*/
```

```
            builder.setRegion(Regions.AP_SOUTHEAST_1.getName());
            AmazonS3 s3Client = builder.build();            //初始化 Amazon S3
            /*调用 putObject()方法将数据上传到 Amazon S3 对应的存储桶中，文件名是文件唯一标
识，设置的访问权限是可读，用户可以根据需要设置对应的权限*/
            s3Client.putObject(new PutObjectRequest(bucketName, fileuniqueid, file.getInputStream(),
                                    null).withCannedAcl(CannedAccessControlList. PublicRead));
        }

        @Override
        public InputStream downloaddata(String fileuniqueid) {  //数据下载函数实现
            //初始化接入凭证对象
            AWSCredentials awsc = new BasicAWSCredentials(AWS_ACCESS_ID, AWS_SECRET_KEY);
            AmazonS3ClientBuilder builder = AmazonS3ClientBuilder.standard(). withCredentials(
                        new AWSStaticCredentialsProvider(awsc)); //初始化 AmazonS3ClientBuilder
            /*设置 Amazon S3 的地区，区域应选择存储桶所在区域，示例代码中设置的是亚太_1，位
于新加坡*/
            builder.setRegion(Regions.AP_SOUTHEAST_1.getName());
            AmazonS3 s3Client = builder.build();            //初始化 Amazon S3
            //调用 getObject()函数下载数据
            S3Object object = s3Client.getObject(new GetObjectRequest (bucketName, fileuniqueid));
            InputStream stream= null;                       //定义数据流
            stream = object.getObjectContent();             //获取数据流
            return stream;                                  //返回数据流
        }

        @Override
        public void deletedata(String fileuniqueid) {   //数据删除函数的实现
            //初始化接入凭证对象
            AWSCredentials awsc = new BasicAWSCredentials(AWS_ACCESS_ID, AWS_SECRET_KEY);
            AmazonS3ClientBuilder builder = AmazonS3ClientBuilder.standard(). withCredentials(
                        new AWSStaticCredentialsProvider(awsc)); //初始化 AmazonS3ClientBuilder
            /*设置 Amazon S3 的地区，区域应选择存储桶所在区域，示例代码中设置的是亚太_1，位
于新加坡*/
            builder.setRegion(Regions.AP_SOUTHEAST_1.getName());
            AmazonS3 s3Client = builder.build();            //初始化 Amazon S3
            s3Client.deleteObject(bucketName, fileuniqueid);   //调用 deleteObject()函数删除数据
        }
    }
```

通过上述代码，即可在 Amazon S3 中实现数据上传、下载和删除的操作。更多操作请参考 Amazon S3 对象存储官方开发文档。

此外，当用户较多或者数据较大时，数据上传过程对服务端的带宽和性能要求较高。为了降低对服务端性能的要求，客户端可以通过服务端向 Amazon S3 请求临时接入凭证，然后使用临时接入凭证将密文数据从客户端直接上传至 Amazon S3 中，下面介绍具体实现过程。

第一步，在项目的 pom.xml 文件中添加 Amazon STS 的依赖，代码如下：

```
<dependency>
    <groupId>com.amazonaws</groupId>
    <artifactId>aws-java-sdk-sts</artifactId>
    <version>{amazons3version}</version> <!—版本号，由于依赖包会不定期更新，所以用户需要从 AWS 官网获取合适的版本号，本书使用的版本号是 1.11.681-->
</dependency>
```

第二步，在项目的 service 包下的 AmazonDockingCloudStorageSerImpl 类中添加获取 Amazon STS 的方法，代码如下：

```
public Map<String, String> stsService(){              //获取 Amazon STS 的函数
    //初始化接入凭证，其中 AWS_ACCESS_ID 和 AWS_SECRET_KEY 为用户接入凭证
    AWSCredentials awsCred = new BasicAWSCredentials(AWS_ACCESS_ID, AWS_SECRET_KEY);
    /*使用上一步的 awsCred 初始化获取 STS Token 的类，区域应选择存储桶所在区域，示例代码中区域选择为亚太_1，位于新加坡*/
    AWSSecurityTokenService stsClient = AWSSecurityTokenServiceClientBuilder. standard().
                withCredentials(new AWSStaticCredentialsProvider (awsCred)).withRegion(
                Regions.AP_SOUTHEAST_1.getName()).build();

    //初始化获取 Token 的请求类并设置临时凭证有效时间，示例程序中设置为 7200 s
    GetSessionTokenRequest getSessionTokenRequest = new GetSessionTokenRequest()
                                                  .withDurationSeconds(7200);
    //向 Amazon STS 发送获取 Token 的请求
    GetSessionTokenResult sessionTokenResult = stsClient.getSessionToken (getSessionTokenRequest);
    Credentials sessionCredentials = sessionTokenResult.getCredentials(). withSessionToken(
            sessionTokenResult.getCredentials().getSessionToken()). withExpiration(
            sessionTokenResult.getCredentials().getExpiration());
    Map<String, String> result = new HashMap<String, String>();
    result.put("accessKeyId", sessionCredentials.getAccessKeyId());      //获取临时凭证 Id
    result.put("accessKey", sessionCredentials.getSecretAccessKey());    //获取临时凭证 Key
    result.put("tokenSecret", sessionCredentials.getSessionToken());     //获取临时凭证 Token
    result.put("expiration", sessionCredentials.getExpiration().toString());  //获取临时凭证过期时间
    return result;                                      //将获取的临时凭证封装并返回
}
```

客户端收到服务端返回的临时凭证后，便可调用 Amazon S3 临时凭证接口实现数据上传和下载等相关操作。感兴趣的读者可以参考 Amazon S3 开发文档[3]构造临时凭证请求，也可以直接下载客户端开发包对相关接口进行调用。Amazon S3 提供多种编程语言的客户端开发包，开发者可根据需求下载对应系统的客户端开发包代码，对代码进行编译生成库文件，进而对接口进行调用。

注意：客户端和库文件使用的编译器需要保持相同，如果客户端使用 MinGW 编译器进行编译，则库文件也要使用 MinGW 编译器进行编译；如果客户端使用 MSVC 编译器进行编译，库文件也要使用 MSVC 编译器进行编译。

客户端开发包的编译方法请感兴趣的读者独立完成，这里就不再介绍了。接口调用方法

在 Amazon S3 开发文档中有说明，所以这里也不再介绍了。

（2）阿里云对象存储对接。阿里云对象存储服务（Object Storage Service，OSS）是阿里云提供的海量、安全、低成本、高可靠的云存储服务，具有不受平台限制的 RESTful API 接口，用户可以在任何应用、任何时间、任何地点存储和访问任意类型的数据，也可以使用阿里云提供的 API、SDK 接口或者 OSS 迁移工具轻松地将海量数据移入或移出阿里云 OSS[4]。服务端与阿里云对象存储的对接可分为三个步骤。

第一步，注册并开通阿里云对象存储服务。首先，登录阿里云注册界面，按提示要求填写注册信息，也可以使用淘宝、钉钉或者支付宝等账户进行授权登录。其次，注册成功后，登录阿里云官网，在产品分类中找到并进入 OSS，可以看到 OSS 的产品介绍、价格介绍、帮助文档等。按照帮助文档中“开通 OSS 服务”的操作步骤开通 OSS 服务。然后，在“控制台”单击“Access Key”生成接入标识（AccessKeyId）和接入密钥（AccessKeySecret），作为调用阿里云对象存储 API 的接入凭证，接入凭证需要安全保存。

注意： 开通 OSS 服务后，默认按照存储数据大小和访问次数收费，用户也可以按需购买资源包。

第二步，添加依赖。在项目的 pom.xml 文件中添加依赖，使系统自动下载所需的依赖包，代码如下：

```
<dependency>
        <groupId>com.aliyun.oss</groupId>
        <artifactId>aliyun-sdk-oss</artifactId>
        <version>{version}</version><!—-版本号。由于依赖包会不定期更新，所以用户需要从阿里云
对象存储官网获取合适的版本号，本书使用的版本号是 3.5.0-->
</dependency>
```

第三步，调用阿里云对象存储的开放接口实现数据上传、数据下载和数据删除接口。在服务端的 service 包下新建 AliDockingCloudStorageSerImpl 类，此类实现了 DockingCloudStorageSer 接口的方法，代码如下：

```
@Service
public class AliDockingCloudStorageSerImpl implements DockingCloudStorageSer{
    //阿里云对象存储接入端点，接入端点与用户选择的区域有关，可以从开通对象存储网站上获取
    static String endpoint = "https://xxxxxxx.com" ;
    static String accessKeyId ="xxxxxxx";                //阿里云对象存储接入标识
    static String accessKeySecret = "xxxxxxxxxxxxx";     //阿里云对象存储接入密钥
    static String bucketname = "xxxxxxxxx";              //在对象存储中创建的存储桶

    @Override
    //数据上传函数实现
    public void uploaddata(MultipartFile file,String fileuniqueid) throws IOException {
        //使用接入凭证初始化 OSS
        OSS ossClient = new OSSClientBuilder().build(endpoint, accessKeyId, accessKeySecret);
        /*调用 putObject()函数实现数据上传，其中 fileuniqueid 为文件唯一标识，也是上传到对
象存储中的文件名*/
```

```
            PutObjectResult saveresult = ossClient.putObject(bucketname, fileuniqueid, file.getInputStream());
            ossClient.shutdown();                                    //关闭 ossClient
        }

        @Override
        public InputStream downloaddata(String fileuniqueid) {
            //使用接入凭证初始化 OSS
            OSS ossClient = new OSSClientBuilder().build(endpoint, accessKeyId, accessKeySecret);
            //调用 getObject()函数根据 fileuniqueid 下载文件
            OSSObject getobject = ossClient.getObject(bucketname, fileuniqueid);
            //从下载的 OSSObject 对象中获取下载的数据流
            InputStream stream= getobject.getObjectContent();
            /*如果此时调用 ossClient.shutdown()函数关闭 ossClient，stream 内容将无法读取，所以这
里先不关闭，等待将数据流中的数据读取完成后，再调用函数进行关闭*/
            return stream;                                           //返回数据流
        }

        @Override
        public void deletedata(String fileuniqueid) {
            //使用接入凭证初始化 OSS
            OSS ossClient = new OSSClientBuilder().build(endpoint, accessKeyId, accessKeySecret);
            ossClient.deleteObject(bucketname, fileuniqueid); //调用 deleteObject()函数对数据进行删除
            ossClient.shutdown();                                    //关闭 ossClient
        }
    }
```

通过上述代码，即可在阿里云对象存储中实现数据上传、下载和删除操作，更多操作请参考阿里云对象存储官方开发文档。

此外，阿里云也提供临时授权数据操作服务，客户端能够使用阿里云临时安全令牌服务（Security Token Service，STS）直接和阿里云对象存储对接。具体实现方法如下：

第一步，开通阿里云访问控制 RAM 功能。在阿里云控制台界面单击“访问控制 RAM”按钮进入访问控制界面，新建用户和组，并对用户和组进行权限管理策略配置。在用户中新建 AccessKey，用于获取阿里云 STS。

第二步，在服务端项目的 pom.xml 文件中添加阿里云 STS 依赖，代码如下：

```
<dependency>
    <groupId>com.aliyun</groupId>
    <artifactId>aliyun-java-sdk-sts</artifactId>
    <version>{version}</version><--!阿里云 STS 依赖包的版本，示例代码中的版本为 3.0.0-->
</dependency>
<dependency>
    <groupId>com.aliyun</groupId>
    <artifactId>aliyun-java-sdk-core</artifactId>
    <version>{version}</version><--!阿里云 SDK 核心依赖包的版本，示例代码中的版本为 4.4.6-->
</dependency>
```

第三步，在项目的 service 包下的 AliDockingCloudStorageSerImpl 类中添加获取阿里云 STS

的方法，代码如下：

```
//阿里云 STS 获取方法实现
public Map<String, String> stsService() throws ClientException, com.aliyuncs.exceptions.ClientException {
    long sessionTime = 3600;    //设置临时凭证的有效期，单位是 s，最小为 900，最大为 3600
    /*添加默认的阿里云 STS 端点，STS 端点与用户选择的区域有关，这个端点可以从开通对象存储网站上获取*/
    DefaultProfile.addEndpoint("", "", "Sts", endpoint);
    //使用接入凭证构造 profile
    IClientProfile profile = DefaultProfile.getProfile(endpoint, accessKeyId,accessKeySecret);
    DefaultAcsClient client = new DefaultAcsClient(profile);    //使用 profile 构造 client
    AssumeRoleRequest request = new AssumeRoleRequest();
    request.setMethod(MethodType.POST);    //设置发送请求的方式为 POST
    //设置 RoleArn，该值可以在访问控制界面的 RAM 角色管理中查找
    request.setRoleArn("acs:ram::$accountID:role/$roleName");
    request.setRoleSessionName("external-username");    //设置会话名称
    request.setDurationSeconds(sessionTime);    //设置临时凭证过期时间
    AssumeRoleResponse response = client.getAcsResponse(request);    //获取临时凭证
    Map<String, String> result = new HashMap<String, String>();
    result.put("accessKeyId", response.getCredentials(). getAccessKeyId());    //获取 accessKeyId
    result.put("accessKeySecret", response.getCredentials().getAccessKeySecret()); //获取 accessKeySecret
    result.put("tokenSecret", response.getCredentials().getSecurityToken());    //获取 Token 值
    return result;    //将获取的临时凭证封装并返回
}
```

客户端收到服务端返回的临时凭证后，便可调用客户端软件开发包实现和阿里云对象存储的对接，完成数据上传和下载等操作。客户端软件开发包可以在阿里云对象存储开发者网站上进行下载，开发者需要根据操作系统和使用的编译器选择适当编程语言的开发包，例如，阿里云提供 C、C++和 C#语言的客户端软件开发包，其中 C 和 C++语言客户端软件开发包支持 Linux 和 Windows 操作系统，二者都可使用 GCC 和 MSVC 编译器进行编译。如果开发者选择使用 C 或 C++语言客户端软件开发包，需要确保编译客户端和编译开发包所使用的编译器相同，而 C#语言客户端软件开发包只支持 Windows 操作系统，这个开发包需使用 Microsoft .NET Framework 进行编译，如果开发者选择使用 C#语言客户端软件开发包，则客户端只能使用 MSVC 进行编译。客户端软件开发包的编译方法和接口的调用方法请参考阿里云对象存储开发文档。

（3）腾讯云对象存储对接。腾讯云对象存储（Cloud Object Storage，COS）是由腾讯云推出的无目录层次结构、无数据格式限制，可容纳海量数据且支持 HTTP/HTTPS 协议访问的分布式存储服务。COS 提供网页端管理界面、多种主流开发语言的 SDK、API，以及命令行和图形化工具，并且兼容 Amazon S3 的 API，方便用户直接使用社区工具和插件[5]。服务端与腾讯云对象存储的对接可分为三个步骤。

第一步，注册并开通腾讯云对象存储服务。首先，使用浏览器进入腾讯云官网，单击“免费注册”按钮后按照指引进行用户注册，注册成功后完成实名认证。其次，登录进入腾讯云官网，在云产品中找到“对象存储”并单击进入，登录对象存储控制台，第一次进入对象存

储控制台，将提示您还未开通 COS 服务，勾选“我已阅读并同意”，并单击“立即开通服务”，即可免费开通 COS 服务。然后，在对象存储控制台中单击“密钥管理”按钮进入“云 API 密钥”界面，新建 SecurityId 和 SecurityKey，作为调用腾讯对象存储 API 的接入凭证，在使用过程中要保证其安全性。

注意： 腾讯云对象存储默认的收费规则是按照存储数据大小和访问次数收费的，用户也可以按需购买资源包。

第二步，添加依赖。在项目的 pom.xml 文件中添加依赖，使系统自动下载所需的依赖包，代码如下：

```
<dependency>
    <groupId>com.qcloud</groupId>
    <artifactId>cos_api</artifactId>
    <version>{version}</version><!—-版本号。由于依赖包会不定期更新，所以用户需要从腾讯云对象存储官网获取合适的版本号，本书使用的版本号是 5.5.9-->
</dependency>
```

第三步，调用腾讯云对象存储的开放接口实现数据上传、数据下载和数据删除接口。在服务端的 service 包下新建 TengxunDockingCloudStorageSerImpl 类，此类实现了 DockingCloudStorageSer 接口的方法，代码如下：

```
@Service
public class TengxunDockingCloudStorageSerImpl implements DockingCloudStorageSer{
    String tengxunsecretId = "xxxxxxxxxxxx";            //腾讯云对象存储接入 Id
    String tengxunsecretKey = "xxxxxxxx";               //腾讯云对象存储接入 Key
    String bucketName = "xxxxxxxxxxxxxx";               //腾讯云对象存储桶名字
    String region = "xxxxxxxx"; //腾讯云对象存储区域，region 的列表可以在官网文档中获取

    @Override
    //数据上传函数实现
    public void uploaddata(MultipartFile file, String fileuniqueid) throws IOException {
        //初始化 COSCredentials 对象
        COSCredentials cred = new BasicCOSCredentials(tengxunsecretId, tengxunsecretKey);
        //配置 ClientConfig，设置 region 的值
        ClientConfig clientConfig = new ClientConfig(new Region(region));
        COSClient cosclient = new COSClient(cred, clientConfig);      //初始化 COSClient 对象
        PutObjectResult putObjectResult =cosclient.putObject(bucketName, fileuniqueid,
                                        file.getInputStream(),null);  //数据上传实现
        String etag = putObjectResult.getETag();                     //获取上传数据的 etag
    }

    @Override
    public InputStream downloaddata(String fileuniqueid) {           //数据下载函数实现
        //初始化 COSCredentials 对象
        COSCredentials cred = new BasicCOSCredentials(tengxunsecretId, tengxunsecretKey);
        //配置 ClientConfig，设置 region 的值
```

```
        ClientConfig clientConfig = new ClientConfig(new Region(region));
        COSClient cosclient = new COSClient(cred, clientConfig);       //初始化 COSClient 对象
        //初始化 GetObjectRequest 对象
        GetObjectRequest getObjectReq = new GetObjectRequest(bucketName, fileuniqueid);
        COSObject cosObject = cosclient.getObject(getObjectReq);      //下载数据
        COSObjectInputStream cosObjectInput = cosObject. getObjectContent(); //获取下载的数据流
        return cosObjectInput;                                         //返回数据流
    }

    @Override
    public void deletedata(String fileuniqueid) {
        //初始化 COSCredentials 对象
        COSCredentials cred = new BasicCOSCredentials(tengxunsecretId, tengxunsecretKey);
        //配置 ClientConfig，设置 region 的值
        ClientConfig clientConfig = new ClientConfig(new Region(region));
        COSClient cosclient = new COSClient(cred, clientConfig);       //初始化 COSClient 对象
        cosclient.deleteObject(bucketName,fileuniqueid);               //删除数据
    }
}
```

通过上述代码，即可在腾讯云对象存储中实现数据上传、下载和删除操作。更多操作请参考腾讯云对象存储官方开发文档。另外，本书编写时，腾讯云对象存储不支持临时授权数据操作服务。

（4）华为云对象存储对接。华为云对象存储服务（Object Storage Service，OBS）是一项稳定可靠、安全可信、智能高效、友好易用的云存储服务，支持管理控制台，具备标准 Restful API 接口，提供多种语言的 SDK，兼容主流的客户端工具，方便用户存储、访问任意数量和形式的非结构化数据。服务端与华为云对象存储的对接可分为三个步骤。

第一步，注册并开通华为云对象存储服务。首先，使用浏览器进入华为云官网[5]，单击“注册”按钮后根据提示信息完成用户注册，注册成功后完成个人或企业账号实名认证。其次，注册成功后，登录进入华为云官网，在产品中找到并进入“对象存储服务 OBS”，单击“管理控制台”按钮进入控制台界面，鼠标指向界面右上角的登录用户名，在下拉列表中单击“我的凭证”，在左侧导航栏单击“访问密钥→新增访问密钥”，进入“新增访问密钥”界面后输入当前用户的登录密码。也可以通过邮箱或者手机进行验证，输入对应的验证码，单击“确定”按钮下载访问密钥。为防止访问密钥泄露，建议将密钥文件保存到安全的位置。

注意：华为云对象存储服务默认采用按需收费，即按实际使用的时长、存储用量、请求次数等计费项进行收费，用户也可以按需购买资源包。

第二步，添加依赖。在项目的 pom.xml 文件中添加依赖，使系统自动下载所需的依赖包，代码如下：

```
<dependency>
    <groupId>com.huaweicloud</groupId>
    <artifactId>esdk-obs-java</artifactId>
    <version>{version}</version><!—版本号。由于依赖包会不定期更新，所以用户需要从华为云
```

```
对象存储官网获取合适的版本号，本书使用的版本号是 3.19.7-->
    </dependency>
```

第三步，调用华为云对象存储的开放接口实现数据上传、数据下载和数据删除接口。在服务端的 service 包下新建 HuaweiDockingCloudStorageSerImpl 类，此类实现了 DockingCloudStorageSer 接口的方法，代码如下：

```
@Service
public class HuaweiDockingCloudStorageSerImpl implements DockingCloudStorageSer{
    static String endPoint = "https://xxxxx";                    //华为云对象存储接入端点
    static String ak = "xxxxxxxxxxxx";                           //华为云对象存储接入凭证 Id
    static String sk = "xxxxxxxxxxxxxxxxx";                      //华为云对象存储接入凭证 Key
    static String bucketname = "xxxxxx";                         //在华为云对象存储中建立的存储桶的名字

    @Override
    //数据上传的函数实现
    public void uploaddata(MultipartFile file, String fileuniqueid) throws IOException {
        ObsClient obsClient = new ObsClient(ak, sk, endPoint);                    //初始化 ObsClient 对象
        obsClient.putObject(bucketname,fileuniqueid,file. getInputStream()); //数据上传
    }

    @Override
    public InputStream downloaddata(String fileuniqueid) {                        //数据下载的实现
        ObsClient obsClient = new ObsClient(ak, sk, endPoint);                    //初始化 ObsClient 对象
        //初始化数据下载对象
        GetObjectRequest request = new GetObjectRequest(bucketname, fileuniqueid);
        ObsObject obsObject = obsClient.getObject(request);                       //下载数据
        InputStream input = obsObject.getObjectContent();                         //读取对象内容
        return input;                                                             //返回数据流
    }

    @Override
    public void deletedata(String fileuniqueid) {                                 //数据删除的实现
        ObsClient obsClient = new ObsClient(ak, sk, endPoint);                    //初始化 ObsClient 对象
        obsClient.deleteObject(bucketname, fileuniqueid);                         //删除数据
    }
}
```

通过上述代码，即可在华为云对象存储中实现数据上传、下载和删除操作，更多操作请参考华为云对象存储官方开发文档。另外，本书编写时，华为云对象存储不支持临时授权数据操作服务。

（5）百度云对象存储对接。百度云对象存储 BOS（Baidu Object Storage，BOS）[7]是一项稳定、安全、高效、高可扩展的云存储服务，支持多媒体、文本、二进制等任意类型的数据存储，提供单对象 0～5 TB 的数据存储功能，支持分块上传和断点下载，存储空间、网络流量和 API 请求等资源使用按量收费，支撑了百度网盘近千 PB 用户数据的存储。服务端与百度云对象存储的对接可分为三个步骤。

第一步，注册并开通百度云对象存储服务。用户使用浏览器进入百度智能云官网，单击“注册”按钮后按照指引进行用户注册，注册完成后，需完成实名认证。使用注册的账户登录百度智能云平台，单击控制台右上角用户名的“安全认证”按钮进入认证界面，单击“实名认证”按钮后根据实际情况选择“企业认证”或者“个人认证”。根据网页指引开通 BOS 服务，在控制台左侧边栏选择对象存储，用户在这里可以查看对象存储使用状态、新建或删除存储桶、管理文件等。在 BOS 控制台中，单击“Access Key”按钮进入安全认证界面，在这里用户可以新建 Access Key，并对已有的 Access Key 进行管理。Access Key 是接入 BOS 的凭证，需安全保存。

注意： 百度云对象存储支持按需计费的后付费和存储包形式的预付费两种形式。

第二步，添加依赖。在项目的 pom.xml 文件中添加依赖，使系统自动下载所需的依赖包：

```
<dependency>
    <groupId>com.baidubce</groupId>
    <artifactId>bce-java-sdk</artifactId>
    <version>{version}</version><!—-版本号。由于依赖包会不定期更新，所以用户需要从百度云对象存储官网获取合适的版本号，本书使用的版本号是 0.10.36-->
</dependency>
```

第三步，调用百度云对象存储的开放接口实现数据上传、数据下载和数据删除接口。在服务端的 service 包下新建 BaiduDockingCloudStorageSerImpl 类，此类实现了 DockingCloudStorageSer 接口的方法，代码如下：

```
@Service
public class BaiduDockingCloudStorageSerImpl implements DockingCloudStorageSer{
    String baidusecretId = "xxxxxx";        //百度云对象存储接入 Id
    String baidusecretKey = "xxxxxx";       //百度云对象存储接入 Key
    String ENDPOINT = "xxxxxx";             //访问端点，可以从百度对象存储控制台中获得
    String bucketname ="xxxxxxx";           //存储桶的名字
    @Override
    //数据上传函数的实现
    public void uploaddata(MultipartFile file, String fileuniqueid) throws IOException {
        BosClientConfiguration config = new BosClientConfiguration();      //初始化配置类
        //给配置类设置接入凭证
        config.setCredentials(new DefaultBceCredentials(baidusecretId, baidusecretKey));
        config.setEndpoint(ENDPOINT);                           //给配置类设置访问端点
        BosClient client = new BosClient(config);               //使用配置类初始化 BosClient
        PutObjectResponse putObjectFromFileResponse =client.putObject (bucketname, fileuniqueid,
                                    file.getInputStream());//数据上传
    }

    @Override
    public InputStream downloaddata(String fileuniqueid) {                 //数据下载函数实现
        BosClientConfiguration config = new BosClientConfiguration();      //初始化配置类
        //给配置类设置接入凭证
        config.setCredentials(new DefaultBceCredentials(baidusecretId, baidusecretKey));
```

```
        config.setEndpoint(ENDPOINT);                              //给配置类设置访问端点
        BosClient client = new BosClient(config);                  //使用配置类初始化 BosClient
        //新建 GetObjectRequest
        GetObjectRequest getObjectReq =new GetObjectRequest(bucketname, fileuniqueid);
        BosObject object = client.getObject(getObjectReq);                   //下载 Object 到文件
        BosObjectInputStream outstream = object.getObjectContent();          //获取数据流
        return outstream;                                                    //返回数据流
    }

    @Override
    public void deletedata(String fileuniqueid) {
        BosClientConfiguration config = new BosClientConfiguration();        //初始化配置类
        //给配置类设置接入凭证
        config.setCredentials(new DefaultBceCredentials(baidusecretId, baidusecretKey));
        config.setEndpoint(ENDPOINT);                              //给配置类设置访问端点
        BosClient client = new BosClient(config);                  //使用配置类初始化 BosClient
        client.deleteObject(bucketname,fileuniqueid);              //数据删除
    }
}
```

通过以上代码实现，即可在百度云对象存储中实现数据上传、下载和删除操作，更多操作请参考百度云对象存储官方开发文档。

百度云通过 STS（Security Token Service）机制对外提供临时授权服务，通过使用百度云 STS，可以为授权用户颁发一个自定义时效和权限的临时凭证。用户使用该临时凭证可以调用百度云的 API 获取百度云资源。更多关于百度云 STS 的介绍请访问百度云 STS 官方 API 介绍。

在项目的 Service 层对应的类中添加获取百度云 STS 服务的方法，代码如下：

```
private String STS_ENDPOINT = "http://sts.bj.baidubce.com";        //百度云 STS 官网
public Map<String, String> stsService(){                            //获取百度云 STS 的函数
    //初始化百度云接入凭证
    BceCredentials credentials = new DefaultBceCredentials(baidusecretId, baidusecretKey);
    StsClient client = new StsClient(new BceClientConfiguration(). withEndpoint(STS_ENDPOINT).
                withCredentials(credentials)); //使用接入凭证初始化 StsClient
    //向百度云 STS 发送请求获取临时凭证
    GetSessionTokenResponse response = client.getSessionToken(new GetSessionTokenRequest());
    //利用返回的 response 创建 BceCredentials 类
    BceCredentials bosstsCredentials = new DefaultBceSessionCredentials (response.getAccessKeyId(),
                            response.getSecretAccessKey(),response. getSessionToken());
    Map<String, String> result = new HashMap<String, String>();
    result.put("accessKeyId", response.getAccessKeyId());           //获取临时凭证 Id
    result.put("accessKey", response.getSecretAccessKey());         //获取临时凭证 Key
    result.put("tokenSecret", response.getSessionToken())           //获取临时凭证 Token
    result.put("expiration", response.getExpiration().toString());  //获取临时凭证过期时间
    return result;                                        //将获取的临时凭证封装成 Map 并返回
}
```

客户端收到服务端返回的临时凭证后，便可调用客户端软件开发包实现和百度云对象存储的对接，完成数据上传和下载等操作。百度云对象存储客户端开发包的编译方法和接口的调用方法请参考百度云对象存储开发文档[7]。

4.2.6.4　服务端与私有云存储平台的对接

目前，私有云存储平台有很多种类，其中开源项目 OpenStack Swift 是比较流行的一种。OpenStack Swift 提供了弹性可伸缩、高可用的分布式对象存储服务，用户使用普通硬件便可自行构建冗余的、可扩展的 OpenStack Swift 分布式对象存储集群，即 OpenStack Swift 私有云存储平台，存储容量可达 PB 级，适合存储大规模的非结构化数据。

本书将以 OpenStack Swift 私有云存储平台为例，讲述服务端与 OpenStack Swift 的对接以及将数据存储至 OpenStack Swift 私有云存储平台中的方法，服务端和 OpenStack Swift 对接的流程如图 4.16 所示。

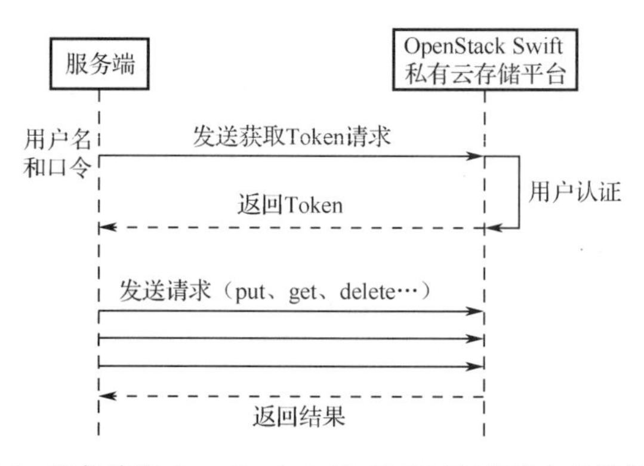

图 4.16　服务端和 OpenStack Swift 私有云存储平台对接的流程

（1）服务端使用用户名和口令向 OpenStack Swift 私有存储平台发送获取访问凭证 Token 的请求。

（2）OpenStack Swift 私有云存储平台接收到请求后对服务端进行用户认证，认证通过后向服务端返回访问凭证 Token。

（3）服务端接收到访问凭证 Token 后，使用 Token 向 OpenStack Swift 私有云存储平台发送数据上传（put）、数据下载（get）、数据删除（delete）等数据操作请求。

图 4.17　OpenStack Swift 私有云存储平台登录界面

（4）OpenStack Swift 私有云存储平台接收并处理相应的请求后，将结果返回至服务端。

OpenStack Swift 私有云存储平台的搭建方法请参考 OpenStack Swift 官方文档[8]，现假设 OpenStack Swift 私有云存储平台已经搭建完成，下面介绍服务端和 OpenStack Swift 私有云存储平台进行对接实现数据存储的具体过程。

（1）注册并开通服务。

第一步，访问 OpenStack 网页服务。在浏览器中输入“http://ip:port/dashboard”访问 OpenStack 网页服务，其登录界面如图 4.17 所示。

第二步，系统登录。登录系统后进入主界面，单击“对象存储”，进入 OpenStack Swift 对象存储界面，如图 4.18 所示。

openstack
admin
项目
访问API
计算
卷
网络
对象存储
容器
管理员
身份管理
项目 / 对象存储 / 容器
容器
+ 容器
选择要浏览的容器（container）
没有要显示的条目。
admin

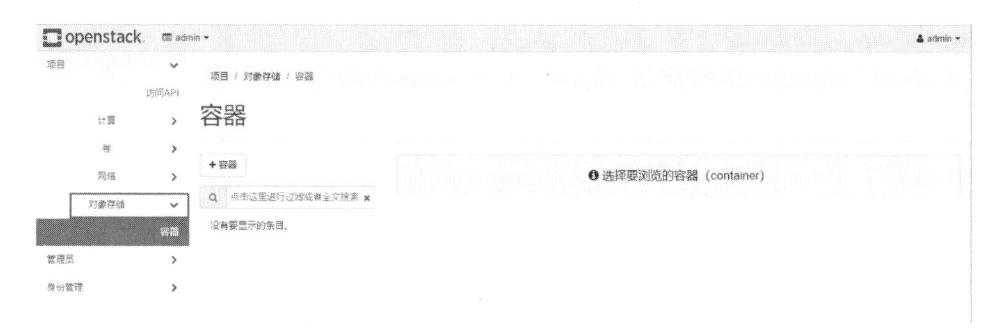

图 4.18　OpenStack Swift 对象存储界面

用户可以在这个界面中新建一个容器（有时也称为桶或存储桶），用于存放用户数据。用户可以为该容器设置访问权限，规定哪些用户可以访问该容器。

第三步，注册账号。单击“身份管理→用户→创建用户”，在弹出的对话框中填写“用户名”“密码”“主项目”，单击“创建用户”按钮，如图 4.19 所示。

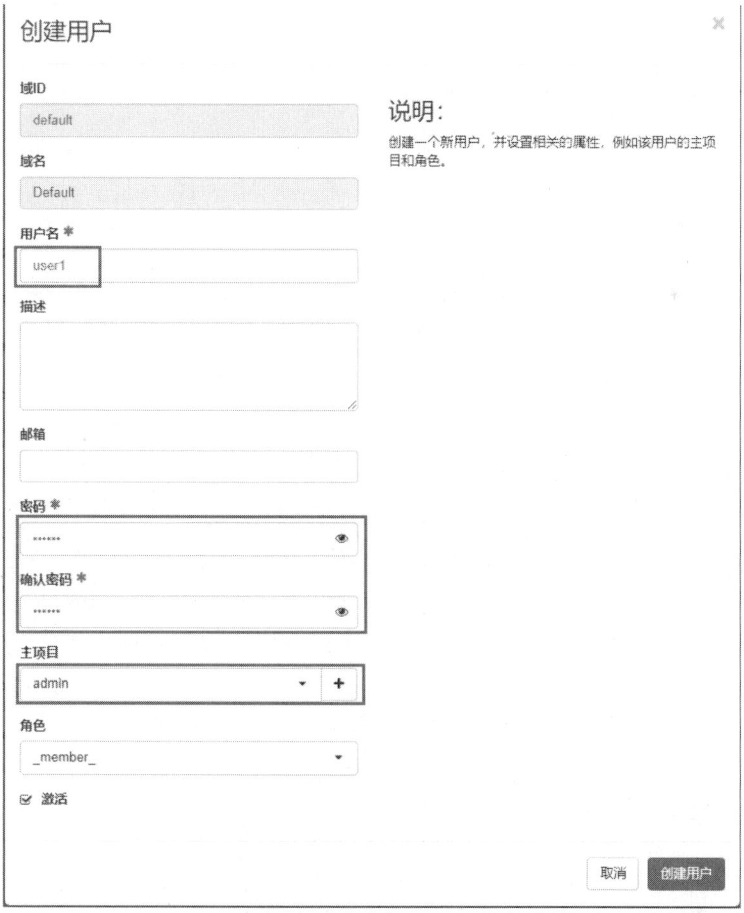

创建用户
域ID
default
域名
Default
用户名 *
user1
描述
邮箱
密码 *
确认密码 *
主项目
admin
角色
member
激活
说明:
创建一个新用户，并设置相关的属性，例如该用户的主项目和角色。
取消
创建用户

图 4.19　创建新用户

（2）获取访问凭证。用户创建完成后，就可以使用注册的用户名、口令向 OpenStack Swift 私有云存储平台发送获取访问凭证 Token 的请求。

在项目工程的 service 包下，新建 SwiftDockingCloudStorageSerImpl 类，在该类中通用 RestTemplate 类调用 OpenStack Swift 私有云存储平台对外提供的标准 RestFul 接口来获取 Token，代码如下：

```
    private String username = "xxxxxx";                        //用户名
    private String password = "xxxxxxx";                       //口令
    //获取 Token 的 url，该 url 可以从 OpenStack Swift 主界面的访问 API 界面获取
    String tokenurl = "http://ip:5000/v3/auth/tokens";
    //数据存储的 url，该 url 可以从 OpenStack Swift 主界面的访问 API 界面获取
    String objectstorageurl = "http://ip:8080/v1/AUTH_xxx";
    String bucketname = "bucketname";                          //桶的名字，也就是创建的容器名字

    public String gettoken(){                                  //获取 Token 函数的实现
        RestTemplate restTemplate = new RestTemplate();        //新建 RestTemplate 对象
        HttpHeaders headers = new HttpHeaders();               //新建 HttpHeaders 对象
        //HTTP 头部设置 Content-Type 为 application/json
        headers.setContentType(MediaType.APPLICATION_JSON);
        //构造 HTTP 请求的 Body 内容
        String bodyValTemplate = "{\"auth\": {\"identity\": {\"methods\": [\"password\"],\"password\":
{\"user\": {\"name\": \"" + username + "\",\"domain\": {\"name\": \"Default\"},\"password\":\"" + password +
"\"}}}}}";
        HttpEntity entity = new HttpEntity(bodyValTemplate, headers);     //初始化 entity
        HttpHeaders httpheads = restTemplate.exchange(tokenurl,HttpMethod. POST,
                    entity,String.class).getHeaders();//发送获取 Token 请求，请求方式为 POST
        //从返回信息头部获取 x-subject-token 字段
        List<String> tokenlist = httpheads.get("x-subject-token");
        String token = null;
        if(null!=tokenlist&&tokenlist.size()>0){
            token = tokenlist.get(0);                                     //获取 Token
        }
        return token;                                                     //返回 Token
    }
```

以上代码执行成功后，就会获得 Token 值，使用 Token 可以执行接下来的数据操作方法。

（3）实现数据操作方法。服务端获取 Token 后，便可通过 RestTemplate 类调用 OpenStack Swift 私有云存储平台对外提供的标准 RestFul 接口，构造相应的请求来实现数据上传、数据下载和数据删除等操作。

① 数据上传。在 SwiftDockingCloudStorageSerImpl 类中添加数据上传实现方法，代码如下：

```
    @Override
    //数据上传实现方法
    public void uploaddata(MultipartFile file, String fileuniqueid) throws IOException {
        //获取 Token，该函数的实现请参考 4.2.6.4 节
        String token = gettoken();
        RestTemplate uploadfilerestTemplate = new RestTemplate();        //构建 RestTemplate 对象
```

```
    HttpHeaders uploadfileheaders = new HttpHeaders();              //构建 HttpHeaders 对象
    //设置 HTTP 请求的 Content-Type 为 multipart/form-data
    uploadfileheaders.setContentType(MediaType.MULTIPART_FORM_DATA);
    uploadfileheaders.add("X-Auth-Token",token);          //在 HTTP 头部添加“X-Auth-Token”的值
    //新建 MultiValueMap 对象
    MultiValueMap<String, Object> param = new LinkedMultiValueMap<>();
    ByteArrayResource conetentsasresource = new ByteArrayResource(file. getBytes()){
      @Override
      public String getFilename(){
          return file.getOriginalFilename();
      }
    };                          //将 MultipartFile 的二进制数据转成 ByteArrayResource 类型
    //设置 param 中 file 值为上一步得到的 ByteArrayResource 数据
    param.add("file", conetentsasresource);
    HttpEntity<MultiValueMap<String, Object>> uploadentity = new HttpEntity<>(param,
                                        uploadfileheaders);            //初始化 uploadentity
    //调用 exchange()方法发送数据上传请求，objectstorageurl 为数据存储的 url
    String strbody = uploadfilerestTemplate.exchange(objectstorageurl+" /"+bucketname+"/"+fileuniqueid,
                                        HttpMethod.PUT, uploadentity, String. class).getBody();
}
```

使用抓包工具查看数据上传 HTTP 请求，格式如图 4.20 所示。

```
PUT http://10.10.102.151:8080/v1/AUTH_77b973f8dab344439505b6c1f20fb6dd/testcontainer/b7a4fb22c58be2127a1caaa665a54dc1041d7652_14c1715af1ae3025f3c0982b68eba24fac164541 HTTP/1.1
Accept: text/plain, application/json, application/cbor, application/*+json, */*
X-Auth-Token: gAAAAABd3RDoDrsjt4BqgSLuxpD6LC6eW9fY2uRltPljAY9nN7raigYNpyY0pXSAOP6MfylgLztLA0PbPyUGXXdgM57w2uHECncsw7elHXTcF9HEvjYovFeWgSCW2_xma0EE13NWR_bKEhgxJ
Content-Type: multipart/form-data;charset=UTF-8;boundary=nGy3UHLX2Fr6RjqGO49QjDUMrkHGSIHi
User-Agent: Java/1.8.0_121
Host: 10.10.102.151:8080
Connection: keep-alive
Content-Length: 7515

--nGy3UHLX2Fr6RjqGO49QjDUMrkHGSIHi
Content-Disposition: form-data; name="file"; filename="ui_downloadlistform.h"
Content-Type: text/x-c
Content-Length: 7312

EncryptedFile b7a4fb22c58be2127a1caaa665a54dc1041d7652_14c1715af1ae3025f3c0982b68eba24fac164541 rv02fGKzZrtXMo3fDQtZHpk7TUZuyg2UMGJnBlhpAnM=
```

图 4.20　使用抓包工具查看数据上传 HTTP 请求格式

② 数据下载。在 SwiftDockingCloudStorageSerImpl 类中添加数据下载实现方法，代码如下：

```
@Override
public InputStream downloaddata(String fileuniqueid) {
    //获取 Token，该函数的实现请参考 4.2.6.4 节中的获取访问凭证
    String token = gettoken();
    RestTemplate downloadrestTemplate = new RestTemplate();     //新建 RestTemplate 对象
    HttpHeaders downloadheaders = new HttpHeaders();            //新建 HttpHeaders 对象
```

```
        InputStream inputStream = null;
        String bodystr = "";
        //获取 Token，该函数的实现请参考 4.2.6.4 节中获取访问凭证
        HttpEntity downloadentity = new HttpEntity(bodystr, downloadheaders);     //初始化 downloadentity
                byte[] strbody = downloadrestTemplate.exchange (objectstorageurl+"/"+bucketname+"/"+
                fileuniqueid, HttpMethod.GET, downloadentity, byte[].class). getBody();
        //发送数据下载请求，返回值为下载的二进制数组
        if (null != strbody && strbody.length > 0) {
            ByteArrayInputStream bis = new ByteArrayInputStream(strbody);
            inputStream = new BufferedInputStream(bis);          //将二进制数组转成数据流格式
        }
        return inputStream;                                      //返回数据流
    }
```

③ 数据删除。在 SwiftDockingCloudStorageSerImpl 类中添加数据删除实现方法，代码如下：

```
    @Override
    public void deletedata(String fileuniqueid) {
        //获取 Token，该函数的实现请参考 4.2.6.4 节中的获取访问凭证
        String token = gettoken();
        RestTemplate deleterestTemplate = new RestTemplate();          //新建 RestTemplate 对象
        HttpHeaders deleteheaders = new HttpHeaders();                 //新建 HttpHeaders 对象
        String deletebodyValTemplate = "";
        //初始化 deleteentity
        HttpEntity deleteentity = new HttpEntity(deletebodyValTemplate, deleteheaders);
        String strbody = deleterestTemplate.exchange(objectstorageurl+"/"+ bucketname+"/"+fileuniqueid,
                HttpMethod.DELETE, deleteentity, String.class).getBody();      //发送数据删除请求
    }
```

（4）临时授权访问。OpenStack Swift 私有云存储平台也提供临时授权访问数据操作服务，使客户端能够直接和 OpenStack Swift 私有云存储平台对接，流程如图 4.21 所示。

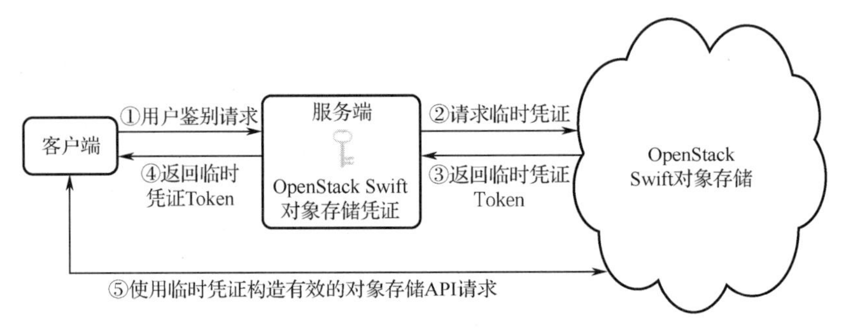

图 4.21　OpenStack Swift 临时授权访问

① 客户端向服务端发送用户鉴别请求，服务端对请求进行认证。

② 认证通过后，服务端使用访问凭证向 OpenStack Swift 对象存储发送获取 Token 的请求。

③ OpenStack Swift 对象存储接收到请求后，对服务端进行身份验证，验证通过后向服务端返回临时凭证 Token。

④ 服务端将接收到的临时凭证 Token 返回至客户端。

⑤ 客户端使用临时凭证 Token 构造 API 访问请求，直接和 OpenStack Swift 私有云存储平台对接。

其中，服务端将临时凭证 Token 返回至客户端的具体实现方法如下：在 SwiftDockingCloudStorageSerImpl 类中添加向客户端返回临时凭证 Token 的实现方法，代码如下：

```
public Map<String, String> stsService(){
    //获取 Token，该函数的实现请参考 4.2.6.4 节中的获取访问凭证
    String token = gettoken();
    Map<String, String> result = new HashMap<String, String>();
    result.put("token", token);                    //将 Token 封装在 Map 容器中
    return result;                                 //向客户端返回 Token
}
```

客户端收到 Token 后，使用 Token 直接和 OpenStack Swift 私有云存储平台对接后上传文件，实现方法如下：

```
/*此处省略了 QNetworkAccessManager、QNetworkRequest 的初始化，以及相关信号与槽函数连接等逻辑，具体请查看 2.1.3.5 节*/
network_request.setRawHeader("X-Auth-Token",token.toUtf8());  //设置 HTTP 头部 X-Auth-Token 的值
//设置 Content-Type 值
network_request.setHeader(QNetworkRequest::ContentTypeHeader,"application/x-www-form-urlencoded");
network_request.setUrl(QUrl(url+"/"+bucketname+ "/"+ filename));      //拼接数据上传的 url
//设置 Content-Length 的值
network_request.setHeader(QNetworkRequest::ContentLengthHeader, file_len);
file = new QFile(filepath);                  //初始化要上传的文件，filepath 为文件路径
file->open(QIODevice::ReadOnly);             //以可读的方式打开文件
post_reply = manager->put(network_request, file);        //数据上传
connect(post_reply, SIGNAL(uploadProgress(qint64, qint64)), this,SLOT (progressChanged(qint64,
                                    qint64)));          //连接数据上传进度的信号与槽函数
```

数据下载和删除的实现方法与数据上传类似，这里就不再进行叙述了。

4.2.6.5 服务端与云安全服务平台的对接

云安全服务平台可以为服务端提供数据加密和密文检索服务，服务端与云安全服务平台对接后完成密钥管理和密文检索等相关功能。下面将详细介绍服务端与云安全服务平台各项数据安全服务功能的实现过程。

本书搭建了配套的云安全服务平台，可对外提供数据加/解密、密文检索和安全审计等服务。获取云安全服务的步骤如下：

第一步，账户注册。访问云安全服务主页（本书配套的实验平台的网址），单击“账户注册”，按提示要求填写注册信息，单击“注册”按钮进行账户注册。

第二步，服务查看。注册成功后，登录进入云安全服务主界面，主界面左侧栏分为产品介绍、相关下载、接入凭证、审计日志和我的账户等模块。在产品介绍中可以查看功能介绍和开发文档介绍；在相关下载中可以下载不同平台的安全组件 SDK；在接入凭证中可以查看和管理安全组件接入凭证；在审计日志中可以查看安全组件调用的审计日志；在我的账户中

可以查看和管理用户账户。

第三步，获取接入凭证标识和接入凭证密钥。在接入凭证管理界面单击“新增接入凭证”按钮可生成接入凭证标识和接入凭证密钥。接入凭证标识和接入凭证密钥是云安全服务的重要凭证信息，需安全保存。

服务端和云安全服务平台对接完成后可实现密钥管理、密文索引管理和安全审计等功能。下面分别介绍密钥上传、密钥获取、密钥删除、密文索引上传、密文索引检索、密文索引删除和安全审计的具体实现方法。

在对接之前，需要在项目的 Service 层新建 DockingSecurityCloudSer 接口，定义密钥上传、密钥获取、密钥删除、密文索引上传、密文索引检索、密文索引删除和安全审计的接口，与公有云存储平台或私有云存储平台的对接从实现这些接口开始。接口定义如下：

```
public interface DockingSecurityCloudSer {
    public String uploadkey(String sessionid ,String encryptkey,String fileuniqueid); //定义密钥上传接口
    public String getkey(String sessionid ,String fileuniqueid);        //定义密钥获取接口
    public String deletekey(String fileuniqueid);                       //定义密钥删除接口
    public String uploadcipherindex(JSONObject cipherindex);            //定义密文索引上传接口
    public String searchcipherindex(String condition, JSONArray keywords); //定义密文索引检索接口
    public String deletecipherindex(String fileuniqueid);               //定义密文索引删除接口
    public Object listAuditLog(LocalDateTime fromtime , LocalDateTime totime , String user,
                String module, int pageNo, int pageSize);               //定义安全审计接口
}
```

（1）密钥上传的实现。客户端将数据加密密钥上传至服务端后，服务端通过调用云安全服务平台提供的密钥上传接口将数据加密密钥上传至云安全服务平台中存储。服务端向云安全服务平台发送上传密钥的请求格式如下所示：

```
POST /uploadkey HTTP/1.1                    //“/uploadkey”为密钥上传接口
Host: ip:port                               //云安全服务平台的 IP 地址和端口
accessid: xxxx                              //云安全服务平台的接入凭证 Id
accesskey: xxxx                             //云安全服务平台的接入凭证 Key
Content-Type: application/json              //请求的格式为 JSON

{
    "method":"uploadkey",                   //方法为 uploadkey
    "request":{
        "fileuniqueid": "xxxxxx",           //文件唯一标识
        "fileencryptkey": "xxxxxxxx"        //数据加密密钥
    },
    "timestamp":"2019-10-22 13:01:30",      //发送此请求时的系统时间
    "version":"1.0"                         //接口版本信息
}
```

云安全服务平台成功接收并保存数据加密密钥后，返回的数据格式如下所示：

```
{
    "result": "success",                    //调用密钥上传接口返回结果
    "code": "8000",                         //调用密钥上传接口返回的状态码
```

```
        "method": "uploadkey",                     //密钥上传接口方法名
        "details": {
            "savetime": "2019-10-22 13:01:30",     //返回密钥保存成功时间
            "fileuniqueid": "xxxxxx"               //存储的数据加密密钥对应的文件唯一标识
        },
        "timestamp":"2019-10-22 13:01:30",         //返回消息的时间
        "message": "uploadkey success"             //调用密钥上传接口返回消息
    }
```

服务端和云安全服务平台对接后，密钥上传的实现步骤如下：

第一步，在服务端项目中的 application.properties 文件中定义主密钥，主密钥用于加密保存在云安全服务平台的数据加密密钥，代码如下：

```
    sklois.securitycloud.masterkey=f43758da36384f56acec821f447058f9     //定义 32 位的主密钥
```

第二步，在 service 包下新建 DockingSecurityCloudSerImpl 类，该类实现了 DockingSecurityCloudSer 接口的方法，代码如下：

```
    @Service
    public class DockingSecurityCloudSerImpl implements DockingSecurityCloudSer {
        private String securitycloudaccessid ="xxxxx";
        private String securitycloudaccesskey ="xxxxx";
        private String securitycloudendpoint ="https://ip:port";
        @Autowired
        private RegisterUserRepository registeruserrepository;          //注入 RegisterUserRepositories 类
        @Value("${sklois.securitycloud.masterkey}")
        private String masterkey;     //定义主密钥，其值在 application.properties 文件定义
        /*Service 层上传密钥的实现方法，参数分别为会话 ID、使用会话密钥加密的数据加密密钥，
文件唯一标识*/
        public String uploadkey(String sessionid,String encryptkey,String fileuniqueid) {
            //对 encryptkey 进行 BASE64 解码
            byte[] encryptedBytes = Base64.getDecoder().decode(encryptkey);
            //根据 sessionid 值从数据库查询 sessionkey 的值
            RegisterUser findout = registeruserrepository.findOneBySessionid (sessionid);
            /*使用 sessionkey 对数据加密密钥进行解密，aesCbcDecrypt()函数的实现方法请参考
3.2.2.4 节*/
            byte[] bytes = aesCbcDecrypt(findout.getSessionkey(), encryptedBytes);
            /*调用 aesCbcEncrypt()函数，以 masterkey 为密钥对数据加密密钥进行加密，
aesCbcEncrypt()函数的实现方式请参考 3.2.2.4 节*/
            byte[] encryptout = aesCbcEncrypt(masterkey, bytes);
            //对加密后的二进制结果进行 BASE64 编码
            String encryptoutbase64 = Base64.getEncoder().encodeToString (encryptout);
            RestTemplate restTemplate = new RestTemplate();
            //拼接上传密钥的访问网址，其中 securitycloudendpoint 为云安全服务平台开放的服务网址
            String url = securitycloudendpoint + "/uploadkey";
            HttpHeaders headers = new HttpHeaders();
            /*在请求头中添加 accessid 字段，其中 securitycloudaccessid 为在云安全服务平台中获取
的接入凭证 Id*/
```

```
            headers.add("accessid", securitycloudaccessid);
            /*在请求头中添加 accesskey 字段，其中 securitycloudaccesskey 为在云安全服务平台中获
取的接入凭证 Key*/
            headers.add("accesskey", securitycloudaccesskey);
            MediaType type = MediaType.parseMediaType("application/json; charset=UTF-8");
            headers.setContentType(type);                        //设置请求的类型为 JSON
            JSONObject msgjsonobj = new JSONObject();            //定义请求 Body 消息体的 JSON 对象
            //定义请求 Body 体中存放 request 字段的 JSON 对象
            JSONObject requestjsonobj = new JSONObject();
            requestjsonobj.put("fileuniqueid",fileuniqueid);                //设置 fileuniqueid
            requestjsonobj.put("fileencryptkey",encryptoutbase64);          //设置 fileencryptkey
            msgjsonobj.put("method","uploadkey");                           //设置 method
            msgjsonobj.put("request",requestjsonobj);                       //设置 request
            LocalDateTime currentTime = LocalDateTime.now();
            DateTimeFormatter formatter = DateTimeFormatter.ofPattern("yyyy- MM-dd HH:mm:ss");
            msgjsonobj.put("timestamp",currentTime.format(formatter));     //设置 timestamp
            msgjsonobj.put("version","1.0");                                //设置 version
            HttpEntity entity = new HttpEntity(msgjsonobj.toString(), headers);  //初始化 HttpEntity 类
            //发送 post 请求
            String strbody = restTemplate.exchange(url, HttpMethod.POST, entity, String.class).getBody();
            return strbody;
        }
    }
```

上述代码执行成功后，会返回密钥上传成功结果。

（2）密钥获取的实现。当客户端打开密文数据时，需向服务端获取解密密钥，服务端再向云安全服务平台发送的获取密钥请求。云安全服务平台获取密钥的请求格式如下：

```
POST /getkey HTTP/1.1                          //“/getkey”为密钥获取接口
Host: ip:port                                  //云安全服务平台的 IP 地址和端口
accessid: xxxx                                 //云安全服务平台的接入凭证 Id
accesskey: xxxx                                //云安全服务平台的接入凭证 Key
Content-Type: application/json                 //请求的格式为 JSON

{
    "method":"getkey",                         //方法为 getkey
    "request":{
        "fileuniqueid": "xxxxx"                //文件唯一标识
    },
    "timestamp":"2019-10-22 13:01:30",         //发送此请求时的系统时间
    "version":"1.0"                            //接口版本信息
}
```

云安全服务平台根据文件唯一标识查询对应的数据加密密钥，并将其返回给服务端，返回的数据格式如下所示：

```
{
    "result": "success",                       //获取密钥结果
    "code": "8000",                            //获取密钥状态码
```

```
        "method": "getkey",                          //获取密钥方法
        "details": {
            "fileencryptkey": "xxxxx",               //返回的数据加密密钥
            "fileuniqueid": "xxxxx",                 //返回的文件唯一标识
            "savetime": "2019-10-22 13:01:30"        //返回密钥保存时间
    },
        "timestamp":"2019-10-22 13:01:30",           //返回消息的时间
        "message": "getkey success"                  //获取密钥信息
    }
```

服务端和云安全服务平台对接后，密钥获取的实现步骤如下：

第一步，在 Controller 层新建 GetCipherKeyController 类，添加密钥获取接口和对应的函数，如下：

```
    @Autowired
    DockingSecurityCloudSer dockingsecuritycloudser;      //注入对接云安全服务平台的 Service 层类
    @Autowired
    MetadataSerImpl metadataserimpl;                      //注入数据元信息操作的 Service 层类
    @Autowired
    //注入数据分享操作的 Service 层类，该类的实现将在 4.2.9.1 节中介绍
    DataShareSerImpl datashareserimpl;

    @RequestMapping("/getkey")                            //定义获取密钥的访问地址为"/getkey"
    @ResponseBody
    @Auth(normaluser = "普通用户")                          //设置此接口只允许普通用户访问
    public Object getkey(@RequestBody JSONObject json, HttpServletRequest request,
HttpServletResponse response,HttpSession session) {
        /*此处省略了接收到的 JSON 数据其他字段的解析和合法性判断的代码*/
        JSONObject requestobj = json.getJSONObject("request");      //解析 JSON 数据的 request 字段
        String fileuniqueid = requestobj.getString("fileuniqueid");  //从 JSON 中获取文件唯一标识
        String sessionid = request.getHeader("sessionid");          //从消息头中获得会话标识
        /*判断该用户是否有权限获得密钥，包括该文件是否属于该用户，以及该文件是否被分享给
了该用户*/
        /*调用 MetadataSerImpl 类的 checkauth()方法判断该文件是否属于这个用户，该方法将在下文
介绍*/
        boolean mret = metadataserimpl.checkauth(fileuniqueid,sessionid);
        /*调用 DataShareSerImpl 类的 checkauth()方法判断该文件是否被分享给该用户，该方法的实现
将在 4.2.9.5 节中介绍*/
        boolean sret = datashareserimpl.checkauth(fileuniqueid,sessionid);
        if(mret || sret){
            //调用 Service 层的 getkey()方法从云安全服务平台获取密钥，该函数的实现方法在下文介绍
            String filekey = dockingsecuritycloudser.getkey(sessionid, fileuniqueid);
            JSONObject ret = new JSONObject();
            ret.put("fileuniqueid",fileuniqueid);       //将文件唯一标识添加到返回的 JSON 数据中
            ret.put("fileencryptkey", filekey);         //将返回的密钥添加到返回的 JSON 数据中
            //向客户端返回获取密钥的结果
            return response("getkey", "success", "8000","getkey success", ret);
```

```
        }else{
            //返回密钥获取失败消息
        }
    }
```

第二步，在 service 包下的 MetadataSerImpl 类中添加 checkauth()方法，在该方法中判断该文件是否属于该用户，如下：

```
    public boolean checkauth(String fileuniqueid,String sessionid){
        //根据 sessionid 查询标识信息
        RegisterUser fuser = registeruserrepository.findOneBySessionid (sessionid);
        //根据文件唯一标识和用户查询数据元信息
        Metadata ret= metadatarepository.findOneByFileuniqueidAndFileowner (fileuniqueid,fuser.getName());
        if(null!=ret){                                  //如果查询结果不为空，则返回 true
            return true;
        }else{
            return false;
        }
    }
```

在 service 包下的 DockingSecurityCloudSerImpl 类中添加 getkey()方法，在该方法中实现服务端向云安全服务平台对接获取密钥的逻辑，实现代码如下：

```
    public String getkey(String sessionid ,String fileuniqueid){     //密钥获取的实现方法
        RestTemplate restTemplate = new RestTemplate();
        //拼接获取密钥的访问网址，其中 securitycloudendpoint 为云安全服务平台的开放服务网址
        String url = securitycloudendpoint + "/getkey";
        HttpHeaders headers = new HttpHeaders();
        /*此处省略了构造 HTTP 请求头的函数实现，添加 accessid、accesskey 和 Content-Type 的值，
具体实现方法请参考密钥上传的实现方法*/
        JSONObject msgjsonobj = new JSONObject();//定义请求 Body 消息体的 JSON 对象
        //定义请求 Body 体中存放 request 字段的 JSON 对象
        JSONObject requestjsonobj = new JSONObject();
        requestjsonobj.put("fileuniqueid",fileuniqueid);          //设置 fileuniqueid
        msgjsonobj.put("method","getkey");                        //设置 method
        msgjsonobj.put("request",requestjsonobj);                 //设置 request
        /*此处省略了添加时间戳和接口版本的逻辑，具体实现方法请参考密钥上传的实现方法*/
        HttpEntity entity = new HttpEntity(msgjsonobj.toString(), headers);        //初始化 HttpEntity 类
        //发送 post 请求
        String strbody = restTemplate.exchange(url, HttpMethod.POST, entity, String.class).getBody();
        JSONObject jsonObject = new JSONObject();
        jsonObject = JSONObject.parseObject(strbody);             //将返回的字符串类型转成 JSON 对象
        JSONObject details = jsonObject.getJSONObject("details");    //获取 details 字段的值
        String getfileencryptkey = details.getString("fileencryptkey");
        //获取数据加密密钥
        String getfileuniqueid = details.getString("fileuniqueid");        //获取文件唯一标识
        byte[] fkeybyte= Base64.getDecoder().decode(getfileencryptkey);
        //BASE64 解码
```

```
        /*调用 aesCbcDecrypt()函数对加密后数据加密密钥进行解密，aesCbcDecrypt()函数的实现方法
请参考 3.2.2.4 节*/
        byte[] decreptkey = aesCbcDecrypt(masterkey, fkeybyte);
        //根据 sessionid 查询 sessionkey
        RegisterUser findout = registeruserrepository.findOneBySessionid (sessionid);
        /*调用 aesCbcEncrypt()函数对数据加密密钥进行加密，aesCbcEncrypt()函数的实现方法请参考
3.2.2.4 节*/
        byte[] encryptout = aesCbcEncrypt(findout.getSessionkey() , decreptkey);
        //对加密的数据加密密钥进行 BASE64 编码
        String encryptoutbase64 = Base64.getEncoder().encodeToString (encryptout);
        return encryptoutbase64;                //返回加密后的数据加密密钥
    }
```

以上代码首先从云安全服务平台获取加密后的数据加密密钥，再使用主密钥对加密后的数据加密密钥进行解密，最后使用会话密钥对数据加密密钥进行加密后返回。

（3）密钥删除的实现。当用户删除个人文件时，服务端调用云安全服务平台提供的密钥删除接口将该文件对应的密钥一并删除。

服务端向云安全服务平台发送的删除密钥的请求格式如下所示：

```
POST /deletekey HTTP/1.1                    //“/deletekey”为密钥删除接口
Host: ip:port                               //云安全服务平台的 IP 地址和端口
accessid: xxxx                              //云安全服务平台的接入凭证 Id
accesskey: xxxx                             //云安全服务平台的接入凭证 Key
Content-Type: application/json              //请求的格式为 JSON

{
    "method":"deletekey",                   //方法为 deletekey
    "request":{
        "fileuniqueid": "xxxxx"             //文件唯一标识
    },
    "timestamp":"2019-10-22 13:05:30",      //发送此请求时的系统时间
    "version":"1.0"                         //接口版本信息
}
```

云安全服务平台根据文件唯一标识删除对应的数据加密密钥密文后，向服务端返回的数据格式如下所示：

```
{
    "result": "success",                    //删除密钥返回结果
    "code": "8000",                         //删除密钥返回的状态码
    "method": "deletekey",                  //删除密钥方法名
    "details": {
        "fileuniqueid": "xxxxx",            //删除密钥对应的文件唯一标识
        "savetime": "2019-10-22 13:01:30"   //返回密钥保存时间
    },
    "timestamp":"2019-10-22 13:05:30",      //消息返回时间
    "message": "deletekey success"          //删除密钥返回消息
}
```

下面介绍服务端和云安全服务平台对接后密钥删除的具体实现过程。在 service 包下的 DockingSecurityCloudSerImpl 类中添加 deletekey()方法，在该方法中实现服务端向云安全服务平台对接删除密钥的逻辑，实现方法如下：

```
public String deletekey(String fileuniqueid){                    //密钥删除的实现方法
        RestTemplate restTemplate = new RestTemplate();
        //拼接删除密钥的访问网址，其中 securitycloudendpoint 为云安全服务平台的开放服务网址
        String url = securitycloudendpoint + "/deletekey";
        HttpHeaders headers = new HttpHeaders();
        /*此处省略了构造 HTTP 请求头的函数实现，添加 accessid、accesskey 和 Content-Type 的值，
具体实现方法请参考密钥上传的实现方法*/
        JSONObject msgjsonobj = new JSONObject();                //定义请求 Body 消息体的 JSON 对象
        //定义请求 Body 体中存放 request 字段的 JSON 对象
        JSONObject requestjsonobj = new JSONObject();
        requestjsonobj.put("fileuniqueid",fileuniqueid);         //设置 fileuniqueid
        msgjsonobj.put("method","deletekey");                    //设置 method 为 deletekey
        msgjsonobj.put("request",requestjsonobj);                //设置 request
        /*此处省略了添加时间戳和接口版本的逻辑，具体实现方法请参考密钥上传的实现方法*/
        HttpEntity entity = new HttpEntity(msgjsonobj.toString(), headers);
        //发送删除密钥 post 请求
        String strbody = restTemplate.exchange(url, HttpMethod.POST, entity, String.class).getBody();
        return strbody;                                          //返回消息
}
```

通过以上代码，就可以成功删除保存在云安全服务平台的数据加密密钥。

（4）密文索引上传的实现。服务端通过调用云安全服务平台提供的密文索引上传接口将数据密文索引上传至云安全服务平台中存储。服务端向云安全服务平台发送密文索引上传的请求格式如下所示：

```
POST /uploadcipherindex HTTP/1.1          //“/uploadcipherindex”为密文索引上传接口
Host: ip:port                             //云安全服务平台的 IP 地址和端口
accessid: xxxx                            //云安全服务平台的接入凭证 Id
accesskey: xxxx                           //云安全服务平台的接入凭证 Key
Content-Type: application/json            //请求的格式为 JSON

{
    "method":"uploadcipherindex",         //方法为 uploadcipherindex
    "request":{
        "xxxxxxxxxxxxxxxxxxxx":{          //文件唯一标识
            "q3iPqzxBQlT1Mh0fdpu/OH354ebk3XewsdIUuDAMorg=":6,    //密文索引和词频
            "isKpusb2xcOfa3UMKFYSTXUtZpn3o6NepnXVLxYifo4=":4,
            "zZVsOh9Ht6cTV1UAGELLP/NdZzMqC4FvgV1Zzhc4a90=":3,
            "………………":X
        }
    },
    "timestamp":"2019-10-22 13:01:30",    //发送此请求时的系统时间
    "version":"1.0"                       //接口版本信息
}
```

云安全服务平台成功接收并保存数据密文索引后，向服务端返回的数据格式如下所示：

```
{
    "result": "success",                          //上传密文索引返回结果
    "code": "8000",                               //上传密文索引返回的消息码
    "method": "uploadcipherindex",                //上传密文索引方法名
    "details": {
        "savetime": "2019-10-22 13:01:30"         //上传密文索引成功的时间
    },
    "timestamp":"2019-10-22 13:01:30",            //返回消息的时间
    "message": "uploadcipherindex success"        //上传密文索引返回消息
}
```

下面介绍服务端和云安全服务平台对接后，密文索引上传的具体实现过程。在 service 包下的 DockingSecurityCloudSerImpl 类中添加 uploadcipherindex ()方法，在该方法中实现服务端向云安全服务平台上传密文索引的逻辑，实现方法如下：

```
//密文索引上传的实现方法，参数 cipherindexjsonobj 为密文索引的 JSON 对象
public String uploadcipherindex(JSONObject cipherindexjsonobj) {
    RestTemplate restTemplate = new RestTemplate();
    //拼接密钥删除的访问网址，其中 securitycloudendpoint 为云安全服务平台的开放服务网址
    String url = securitycloudendpoint + "/uploadcipherindex";
    HttpHeaders headers = new HttpHeaders();
    /*此处省略了构造 HTTP 请求头的函数实现，添加 accessid、accesskey 和 Content-Type 的值，
具体实现方法请参考密钥上传的实现方法*/
    JSONObject msgjsonobj = new JSONObject();        //定义请求 Body 消息体的 JSON 对象
    msgjsonobj.put("method","uploadcipherindex");    //设置 method 为 uploadcipherindex
    msgjsonobj.put("request",cipherindexjsonobj);    //设置 request
    /*此处省略了添加时间戳和接口版本的逻辑，具体实现方法请参考密钥上传的实现方法*/
    HttpEntity entity = new HttpEntity(msgjsonobj.toString(), headers);      //初始化 HttpEntity 类
    //发送密文索引上传的 post 请求
    String strbody = restTemplate.exchange(url, HttpMethod.POST, entity, String.class).getBody();
    return strbody;                                                          //返回结果
}
```

（5）密文索引检索的实现。服务端通过调用云安全服务平台提供的检索密文索引接口来实现密文索引检索功能，该接口支持普通检索和高级检索两种方式，其中，普通检索支持单关键词检索，高级检索支持多关键词的与、或逻辑检索。服务端向云安全服务平台发送普通密文索引检索的请求格式如下所示：

```
POST /searchcipherindex HTTP/1.1          // “/searchcipherindex” 为密文索引检索接口
Host: ip:port                             //云安全服务平台的 IP 地址和端口
accessid: xxxx                            //云安全服务平台的接入凭证 Id
accesskey: xxxx                           //云安全服务平台的接入凭证 Key
Content-Type: application/json            //请求的格式为 JSON

{
    "method":"searchcipherindex",         //密文索引检索方法
```

```
        "request":{                                          //密文索引检索请求消息
            "condition":"AND" or "OR ",                      //与或者或
            "keywords": [  //普通检索时，关键词数量为 1；高级检索时，关键词数量大于或等于 1
            "xxxxxxxxxx",                                    //密文索引关键词
            "xxxxxxxxx",                                     //密文索引关键词
            "xxxxxxxx",                                      //密文索引关键词
            …
            ]
        },
        "timestamp":"2019-10-22 13:01:30",                   //密文索引检索的时间
        "version":"1.0"                                      //接口版本信息
}
```

云安全服务平台执行密文索引检索后返回检索结果，检索结果的数据格式如下所示：

```
{
        "result": "success",                                 //密文索引检索返回结果
        "code": "8000",                                      //密文索引检索返回的状态码
        "method": "searchcipherindex",                       //密文索引检索方法名
        "details": {
            "searchtime": "2019-10-22 13:01:30",             //检索密文索引时间
            "searchresult": [
                //文件唯一标识、关键词（包含所有符合条件的关键词和词频）
                {"fileuniqueid": "xxxxxxx", "keywords": ["xxxxxx":X, "xxxxxxx":X,…] },
                //文件唯一标识、关键词（包含所有符合条件的关键词和词频）
                {"fileuniqueid": "xxxxxx","keywords": ["xxxxxx":X, "xxxxxxx":X] ,…  },
                ……
            ]
        },
        "timestamp":"2019-10-22 13:01:30",                   //信息返回时间
        "message": "searchcipherindex success"               //密文索引检索返回的消息
}
```

下面介绍服务端和云安全服务平台对接后，密文索引检索的具体实现过程。在 service 包下的 DockingSecurityCloudSerImpl 类中添加 searchcipherindex()方法，实现方法如下：

```
//密文索引检索的实现方法，参数为检索条件和关键词
public String searchcipherindex(String condition , JSONArray cipherkeywords) {
        RestTemplate restTemplate = new RestTemplate();
        //构造密文索引检索的访问网址，其中 securitycloudendpoint 为云安全服务平台的开放服务网址
        String url = securitycloudendpoint + "/searchcipherindex";
        HttpHeaders headers = new HttpHeaders();
        /*此处省略了构造 HTTP 请求头的函数实现，添加 accessid、accesskey 和 Content-Type 的值，
具体实现方法请参考密钥上传的实现方法*/
        JSONObject msgjsonobj = new JSONObject();
        JSONObject requestjsonobj = new JSONObject();
        msgjsonobj.put("method","searchcipherindex");
        requestjsonobj.put("condition", condition);
```

```
        requestjsonobj.put("keywords", cipherkeywords);
        msgjsonobj.put("request",requestjsonobj);
        /*此处省略了添加时间戳和接口版本的逻辑，具体实现方法请参考密钥上传的实现方法*/
        HttpEntity entity = new HttpEntity(msgjsonobj.toString(), headers);        //初始化 HttpEntity 类
        //发送密文索引检索的 post 请求
        String strbody = restTemplate.exchange(url, HttpMethod.POST, entity, String.class).getBody();
        return strbody;
    }
```

上述函数执行成功后，会返回密文索引检索信息。由于该密文索引检索信息只包含文件唯一标识和词频，不包含数据元信息，所以服务端还需根据文件唯一标识查询数据库以获得更多数据元信息并返回给客户端，这些后续的逻辑将在下文4.2.10节中标识叙述。

（6）密文索引删除的实现。当用户删除个人文件时，服务端需要调用云安全服务平台提供的密文索引删除接口将该文件对应的密文索引一并删除。服务端向云安全服务平台发送密文索引删除的请求格式如下所示：

```
POST /deletecipherindex HTTP/1.1 //
Host: ip:port                                   //云安全服务平台的 IP 地址和端口
accessid: xxxx                                  //云安全服务平台的接入凭证 Id
accesskey: xxxx                                 //云安全服务平台的接入凭证 Key
Content-Type: application/json                  //请求的格式为 JSON

{
    "method":"deletecipherindex",               //密文索引删除方法名
    "request":{
        "fileuniqueid": "xxxxxxx"               //文件唯一标识
    },
    "timestamp":"2019-10-22 13:01:30",          //密文索引删除请求的时间
    "version":"1.0"                             //接口版本信息
}
```

云安全服务平台根据文件唯一标识删除对应的密文索引后，向服务端返回的数据格式如下所示：

```
{
    "result": "success",                        //密文索引删除返回结果
    "code": "8000",                             //密文索引删除状态码
    "method": "deletecipherindex",              //密文索引删除方法名
    "details": {
        "deletetime": "2019-10-22 13:01:30",    //密文索引删除时间
        "deletecipherkeywordnumber": X          //密文索引删除引关键词个数
    },
    "timestamp":"2019-10-22 13:01:30",          //返回消息的时间
    "message": "deletecipherindex success"      //密文索引删除返回的消息
}
```

下面介绍服务端和云安全服务平台对接后，密文索引删除的具体实现过程。在 service 包下的 DockingSecurityCloudSerImpl 类中添加 deletecipherindex ()方法，实现方法如下：

```
//密文索引删除的实现方法，参数 fileuniqueid 为文件唯一标识
public String deletecipherindex(String fileuniqueid) {
    RestTemplate restTemplate = new RestTemplate();
    //拼接密文索引删除的访问网址，其中 securitycloudendpoint 为云安全服务平台的开放服务网址
    String url = securitycloudendpoint + "/deletecipherindex";
    HttpHeaders headers = new HttpHeaders();
    /*此处省略了构造 HTTP 请求头的函数实现，添加 accessid、accesskey 和 Content-Type 的值，
具体实现方法请参考密钥上传的实现方法*/
    JSONObject msgjsonobj = new JSONObject();        //定义请求 Body 消息体的 JSON 对象
    //定义请求 Body 消息体的 request 对应的 JSON 对象
    JSONObject requestjsonobj = new JSONObject();
    msgjsonobj.put("method","deletecipherindex");     //设置 method 为 deletecipherindex
    requestjsonobj.put("fileuniqueid",fileuniqueid);  //设置文件唯一标识
    msgjsonobj.put("request",requestjsonobj);
    /*此处省略了添加时间戳和接口版本的逻辑，具体实现方法请参考密钥上传的实现方法*/
    HttpEntity entity = new HttpEntity(msgjsonobj.toString(), headers); //初始化 HttpEntity 类
    //发送密文索引删除的 post 请求
    String strbody = restTemplate.exchange(url, HttpMethod.POST, entity, String.class).getBody();
    return strbody;                                   //返回结果
}
```

以上就是在 Service 层密文索引删除的实现代码。

（7）安全审计的实现。云安全服务平台对外提供审计日志获取服务，通过调用审计日志接口，用户可以列出或者查询云安全服务平台开放接口调用情况。审计日志列出或查询请求的格式如下：

```
POST /auditloglist HTTP/1.1                  //审计日志条件检索网络请求地址
Host: ip:port                                //云安全服务平台的 IP 地址和端口
accessid: xxxx                               //云安全服务平台的接入凭证 Id
accesskey: xxxx                              //云安全服务平台的接入凭证 Key
Content-Type: application/json               //请求的格式为 JSON

{
    "method":"auditloglist",                 // auditloglist 方法
    "request":{
        "fromtime":"2019-01-01 00:00:00",    //时间起点
        "totime":"2020-01-01 00:00:00",      //时间终点
        "module":"密钥管理模块",              //模块，分为密钥管理模块和密文索引检索模块
        "pagenum":0,                         //分页查询，设置页数
        "pagesize":20                        //分页查询，设置每页显示数量
    },
    "timestamp":"2019-10-26 13:01:30",
    "version":"1.0"
}
```

审计日志接口返回结果格式如下：

```
{
    "result": "success",
    "code": "8000",
    "details": {
        "auditlognumber": XX,                          //审计日志信息的总数量
        "auditlog": [                                  //审计日志信息
            {"result": "success","ipaddress": "IP 地址",…  //审计日志信息
            },
            ……
        ]
    },
    "timestamp":"2019-10-26 13:01:30",
    "message": "audit log list success"
}
```

服务端和云安全服务平台对接后，审计日志获取的实现方法与前文介绍的实现方法类似，这里就不再叙述了，读者可参考以上相关实现方式完成审计日志列出相关功能。

4.2.7　数据列出的实现

数据列出是指在客户端数据管理界面显示文件信息，以便用户浏览或操作。数据列出实现流程如下：

（1）客户端向服务端发送显示文件夹树状结构请求。

（2）服务端查询数据库，获取文件夹树状结构并返回给客户端。

（3）客户端收到服务端返回的文件夹树状结构后，将其显示在数据管理界面上。

（4）当用户单击界面上显示的文件夹时，客户端向服务端发送获取文件列表请求。

（5）服务端根据客户端发送的请求查询数据库，将查询到的数据元信息返回给客户端。

（6）客户端将文件显示在数据管理界面中。

下面介绍数据列出功能的具体实现过程，包括服务端数据列出实现和客户端数据列出实现两部分。实现之前，首先定义客户端和服务端之间“请求-响应”的数据格式，具体如下：

（1）获取文件夹树状结构的“请求-响应”数据格式。客户端向服务端发送的获取文件夹树状结构的请求格式如下：

```
POST /folderstructurelist HTTP/1.1             //列出文件夹树状结构请求地址
Host: ip:port                                  //服务端的 IP 地址和端口
sessionid: xxxx                                //客户端身份鉴别成功后获得的 sessionid
Content-Type: application/json                 //请求的格式为 JSON

{
    "method":"folderstructurelist",            //列出文件夹树状结构的方法名
    "timestamp":"2019-10-22 13:01:30",         //发送请求的时间
    "version":"1.0"                            //接口版本
}
```

服务端向客户端返回的文件夹树状结构的数据格式如下：

```
/*因篇幅有限，此处省略了返回的JSON数据中method、result、code、timestamp、message字段*/
"details":{
    "folderstructure": [                                //服务端返回的文件夹树状结构json数组
        {
            "id": 300,
            "currentid": "xxxxx",                       //文件夹唯一标识
            "opened": true,                             //文件夹已被用户打开
            "foldername": "xxxx",                       //文件夹名字
            /*文件夹其他属性信息*/
            "children": [                               //文件夹下包含的子文件夹
                {
                    "id": 301,
                    "currentid": "xxxxxx",              //文件夹唯一标识
                    "opened": true,                     //文件夹已被用户打开
                    "foldername": "xxxxx",              //文件夹名字
                    /*文件夹其他属性信息*/
                },
                {
                    /*其他子文件夹信息*/
                }
            ]
        },
        {
            /*其他文件夹信息*/
        }
    ]
}
```

在服务端返回的数据格式中，当文件夹下包含子文件夹时，该文件夹元信息包含children键值对，其值为各个子文件夹的元信息组成的数组。子文件夹可以一直嵌套，直到文件夹下没有子文件夹为止，数据元信息children键值对为缺省状态。

（2）获取文件列表的“请求-响应”数据格式。客户端向服务端发送的获取文件列表的请求格式如下：

```
POST /filelist HTTP/1.1                         //文件列出的请求地址
Host: ip:port                                   //服务端的IP地址和端口
sessionid: xxxx                                 //客户端身份鉴别成功后获得的sessionid
Content-Type: application/json                  //请求的格式为JSON

{
    "method":"filelist",                        //文件列出的方法名
    "request":{
        "folderuniqueid":"xxxxxxx",             //文件夹唯一标识，表示获取该文件夹下的文件列表
        "pagenum":x,                            //分页查询，设置页数
        "pagesize":xx                           //分页查询，设置每页显示数量
    },
    "timestamp":"2019-10-22 13:01:30",          //发送请求的时间
```

```
        "version":"1.0"                          //接口版本
    }
```

服务端向客户端返回的文件列表的数据格式如下：

```
    //因篇幅有限，此处省略了返回的 JSON 数据中 method、result、code、timestamp、message 字段
    "details":{
        "filenumber": xxx,                       //文件总数量
        "filelist": [                            //服务端返回的文件信息 JSON 数组
        {"id": X, "filename": "xxxxxxxx", "filesize": xxx,   /*其他元信息*/},
        {/*文件元信息*/},
        /*其他文件信息*/
    ]}
```

4.2.7.1　服务端数据列出的实现

服务端接收客户端发送的获取文件夹树状结构和获取文件列表的请求后，查询数据库并将结果返回给客户端。服务端数据列出的实现过程如下：

第一步，在项目的 controller 包中新建 DataListController 类，在该类中添加获取文件夹树状结构和获取文件列表的接口，在这两个接口对应的函数中分别调用 Service 层的文件夹和文件列出函数。DataListController.java 实现代码如下：

```
    @RestController
    public class DataListController {
        @Autowired
        private MetadataSer metadataser;                 //注入数据元信息 service 类

        @RequestMapping("/folderstructurelist")          //定义文件夹树状结构的接口
        @ResponseBody
        @Auth(normaluser = "普通用户")                   //设置只有普通用户才有访问这个接口的权限
        //获取文件夹树状结构函数的实现
        public Object folderstructurelist(HttpServletRequest request) throws IOException, ServletException {
            /*此处根据 sessionid 获取当前用户名，具体实现请参考数据上传实现中获取用户名的方法*/
            /*调用 Service 层的 folderlist()函数查询当前用户名下的文件夹结构列表，folderlist()函数
的实现方法将在下文进行介绍*/
            List<JSONObject> folderlist = metadataser.folderlist(username);
            JSONObject ret = new JSONObject();
            ret.put("folderstructure",folderlist);       //将查询到的文件夹信息添加到 JSON 对象中
            //返回结果
            return response("folderstructurelist", "success", "8000", "folderstructurelist success", ret);
        }

        @RequestMapping("/filelist")                     //定义文件列出接口
        @ResponseBody
        @Auth(normaluser = "普通用户")                   //设置只有普通用户才有访问这个接口的权限
        //文件列出函数的实现，传参 JSON 为客户端
        public Object filelist(@RequestBody JSONObject json, HttpServletRequest request) {
            /*此处省略了参数判断逻辑*/
```

```
            //从 JSON 对象中获取 request 键对应的 JSON 对象
            JSONObject jsonobj = json.getJSONObject("request");
            String folderuniqueid = jsonobj.getString("folderuniqueid");    //获取文件夹唯一标识
            int pagenum = jsonobj.getIntValue("pagenum");                   //获取页数
            int pagesize = jsonobj.getIntValue("pagesize");                 //获取每页显示的数量
            /*此处省略了获取用户名 username 的逻辑，具体实现请参考数据上传实现中获取用户名
的方法*/
            //调用 Service 层的 filelist()函数实现数据列出，filelist()函数的实现将在下文进行介绍
            List<JSONObject> filelist= metadataser.filelist(pagenum, pagesize, folderuniqueid,username);
            //调用 Service 层的方法查询文件总数量
            long filenumber = metadataser.countByParentidAndFileowner (folderuniqueid, username);
            JSONObject ret = new JSONObject();
            ret.put("filelist",filelist);                   //将查询到的文件信息添加到 JSON 对象中
            ret.put("filenumber", filenumber);              //将文件总数量添加到 JSON 对象中
            return response("filelist", "success", "8000","filelist success", ret);      //返回结果
        }
    }
```

第二步，在 repository 包中的 MetadataRepository 接口类中添加数据库查询代码：

```
    //根据数据类型（file 和 dir）、父节点 ID 和文件拥有者查询数据库
    public List<Metadata> findAllByTypeAndParentidAndFileowner(String type,String parentid,String
fileowner);
```

第三步，在项目 service 包中的 MetadataSerImpl 类中添加文件夹树状结构列出函数 folderlist()和文件列出函数 filelist()，代码如下：

```
    @Autowired
    private MetadataRepository metadatadao;                       //注入元信息
    public List<JSONObject> folderlist(String username) {         //文件夹树状结构列出函数的实现
        //调用 get_folder_list()方法实现获取文件夹列表，参数分别是父节点 ID 和用户名
        List<JSONObject> ret = get_folder_list("xxxx", username);
        return ret;
    }

    List<JSONObject> get_folder_list(String parentid, String username) {   //获取文件夹列表函数的实现
        //定义一个 List<JSONObject>容器，用于存放文件夹信息
        List<JSONObject> listItems = new ArrayList<>();
        //调用 repository 层的数据库查询函数对文件夹信息进行查询，参数分别为 dir、父节点 ID、
用户名，查询该用户下父节点为 parentid 的文件夹
        List<Metadata> result = metadatadao. findAllByTypeAndParentidAndFileowner("dir", parentid,
                                                                                username);
        if (null != result && result.size() > 0) {                //如果查询结果不为空
            for (Metadata one : result) {                         //遍历查询结果
                if (0 == "dir".compareToIgnoreCase(one.getType())) {
                    JSONObject listItem = new JSONObject(true);
                    listItem.put("id", one.getId());
                    listItem.put("currentid", one.getCurrentid());
```

```
                listItem.put("opened", one.isIfopened());
                /*将其他文件夹信息放入 JSONObject 对象中*/
                //递归查询该文件夹下是否存在子文件夹
                List<JSONObject> listItem_recursive = get_folder_list (one.getCurrentid(), username);
                //查询结果不为空
                if (null != listItem_recursive && listItem_recursive. size() > 0) {
                    //将查询结果放入该 JSONObject 对象的 children 键对应的值中
                    listItem.put("children", listItem_recursive);
                }
                //将每个文件夹信息存放到事先定义的 List<JSONObject>容器中
                listItems.add(listItem);
            }
        }
    }
    return listItems;                               //返回结果
}

//文件列出函数的实现方法，传参分别为页数、每页显示数量、文件夹唯一标识和用户名
public List<JSONObject> filelist(int pageNo,int pageSize, String folderuniqueid, String username) {
    Page<Metadata> findoutpage = null;              //定义查询结果 Page<Metadata>类
    //定义查询的排序方式，示例中表示以 uploadtime 倒序排列
    Sort sort = new Sort(Sort.Direction.DESC, "uploadtime");
    Pageable pageable = new PageRequest(pageNo, pageSize, sort);  //定义 Pageable 类
    List<JSONObject> listItems = new ArrayList<>();               //定义存放文件列表的容器类
    ExampleMatcher matcher = ExampleMatcher.matching(). withStringMatcher(
                        ExampleMatcher.StringMatcher.EXACT)//设置字符串匹配为精确匹配
            //精确匹配 parentid 字段
            .withMatcher("parentid", ExampleMatcher.GenericPropertyMatchers. exact())
            //精确匹配 fileowner 字段
            .withMatcher("fileowner", ExampleMatcher.GenericPropertyMatchers. exact())
            .withIgnorePaths("id")                      //忽略 id 字段
            .withIgnorePaths("ciphertextsize")          //忽略 ciphertextsize 字段
            .withIgnorePaths("currentid")               //忽略 currentid 字段
            .withIgnorePaths("filename")                //忽略 filename 字段
            .withIgnorePaths("filesize")                //忽略 filesize 字段
            .withIgnorePaths("fileuniqueid")            //忽略 fileuniqueid 字段
            .withIgnorePaths("ifopened")                //忽略 ifopened 字段
            .withIgnorePaths("ifshared");               //忽略 ifshared 字段
    Metadata filemetadata = new Metadata();
    filemetadata.setParentid(folderuniqueid);
    filemetadata.setFileowner(username);
    Example<Metadata> ex = Example.of(filemetadata, matcher); //初始化 Example 类
    //调用 Repository 层的数据库查询函数对文件信息进行分页查询
    findoutpage=metadatarepository.findAll(ex,pageable);
    List<Metadata> listout = findoutpage.getContent();          //从查询结果中获取查询的列表
    if (null != listout && listout.size() > 0) {                //如果查询结果不为空
        for (Metadata one : listout) {                          //将遍历结果添加在 List 容器中
```

```
                JSONObject listItem = new JSONObject(true);
                listItem.put("id", one.getId());
                listItem.put("filename", one.getFilename());          //设置文件名
                listItem.put("filesize", one.getFilesize());          //设置文件大小
                /*添加其他文件元信息*/
                listItems.add(listItem);                              //将 JSON 对象添加到 List 容器中
            }
        }
        return listItems;                                             //返回结果
    }
```

注意：上述代码中在初始化 ExampleMatcher 类时，忽略了很多查询元素，因为这些元素默认非空，为了让程序返回正常结果需要将其忽略，开发者在实际编程时也需注意忽略非空的字段。

4.2.7.2 客户端数据列出的实现

前文已经多次讲述了客户端向服务端发送请求的实现方法，这里不再讲述客户端发送获取文件夹树状结构和获取文件列表请求的实现方法。假设客户端已经向服务端发送了正确的请求，客户端接收到服务端返回的数据后，需对 JSON 对象进行解析并将数据显示在界面上。关于解析 JSON 的实现方法请参考 3.2.5.2 节中客户端审计日志的解析。下面介绍客户端将文件夹树状结构和文件列表显示到界面上的具体实现过程。

（1）显示文件夹树状结构。

第一步，在客户端项目中定义文件实体类，此类继承自 QObject 类，此类既可以表示文件也可以表示文件夹，代码如下：

```
class FileMetadata : public QObject
{
    Q_OBJECT
public:
    explicit FileMetadata(QObject *parent = nullptr);
    /*此处省略 get()和 set()函数*/
private:
    QString filename;                                        //表示文件名
    QString fileowner;                                       //文件夹属主
    QString type;                                            //文件夹类型
    QString currentid;                                       //文件夹唯一标识
    QString parentid;                                        //当前文件夹父节点唯一标识
    bool ifopened;                                           //文件夹是否被打开
    QList<FileMetadata * > *children{children = nullptr};    //该文件夹下包含的子文件夹
};
```

第二步，采用递归方式解析服务端返回的文件夹树状结构信息，代码如下：

```
//解析文件夹树状结构的函数，参数 folderstruarray 为文件夹树状结构的 JSON 数组，该函数返回值为文件夹元信息 QList 列表
QList<FileMetadata*> * FolderStructureList::parse_folder_structure (QJsonArray &folderstruarray ){
    //定义存放文件夹元信息的 QList 容器
    QList<FileMetadata*> *childrenfolderstructure = new Qlist <FileMetadata*>();
    for(int i = 0; i< folderstruarray.size(); i++)                //遍历 JSON 数组
    {
        //取出 JSON 数组中第 i 个元素并将其转换成 QJsonObject 对象
        QJsonObject pobj =    folderstruarray.at(i).toObject();
        FileMetadata * foldermetadata = new FileMetadata();     //实例化 FileMetadata 类
        QString currentid;
        if(pobj.contains("currentid"))                          //如果 JSON 元素中包含 currentid 键
        {
            currentid = pobj.value("currentid").toString();   //得到文件夹元信息当前唯一标识的值
            foldermetadata->setcurrentid(currentid);           //设置实例中文件夹唯一标识的值
        }
        /*此处省略了对其他字段解析的实现方法*/
        if(pobj.contains("children"))                           //如果 JSON 元素中包含 children 键
        {
            //将 children 键对应的值转成 JSON 数组类型
            QJsonArray children =    pobj.value("children").toArray();
            //递归调用 parse_folder_structure()函数对子文件夹进行解析
            QList<FileMetadata*> * childrenout = parse_folder_structure (children);
            foldermetadata->setchildren(childrenout);          //设置实例中子文件夹的值
        }
        childrenfolderstructure->append(foldermetadata);      //将实例添加到 QList 容器中
    }
    return childrenfolderstructure;                            //返回容器
}
```

第三步，扩展 QTreeWidgetItem 类，将文件夹元信息显示在界面上。在项目中创建一个继承自 QTreeWidgetItem 的 LocalTreeWidgetItem 子类，其头文件 localtreewidgetitem.h 的代码如下：

```
//LocalTreeWidgetItem 继承自 QObject 和 QTreeWidgetItem
class LocalTreeWidgetItem : public QObject,public QTreeWidgetItem{
    Q_OBJECT
public:
    LocalTreeWidgetItem(QTreeWidgetItem *parent);                    //构造函数
    LocalTreeWidgetItem(QTreeWidgetItem *parent,QStringList &list); //构造函数
    LocalTreeWidgetItem(QStringList &list);                          //构造函数
    FileMetadata *getfilemetadata();                                 //FileMetadata 的 get()方法
    void setfilemetadata(FileMetadata *);                            //FileMetadata 的 set()方法
private:
    FileMetadata *filemetadata{filemetadata = nullptr};              //定义 FileMetadata 变量
};
```

源文件 localtreewidgetitem.cpp 实现如下：

```
//构造函数的实现
LocalTreeWidgetItem::LocalTreeWidgetItem(QTreeWidgetItem *parent) : QTreeWidgetItem(parent){
}
LocalTreeWidgetItem::LocalTreeWidgetItem(QTreeWidgetItem *parent,QStringList &list):
                        QTreeWidgetItem(parent,list){                    //构造函数的实现
}
LocalTreeWidgetItem::LocalTreeWidgetItem(QStringList &list):QTreeWidgetItem(list){ //构造函数的实现
}
FileMetadata *LocalTreeWidgetItem::getfilemetadata(){ //get()方法的实现
    return this->filemetadata;
}
void LocalTreeWidgetItem::setfilemetadata(FileMetadata* filemetadata){        //set()方法的实现
    this->filemetadata=filemetadata;
}
```

第四步，将 LocalTreeWidgetItem 子类添加到 QTreeWidget 上，代码如下：

```
QStringList top_name;                          //定义 QStringList 类
top_name.append("根目录");                     //在 QStringList 中插入根目录字符串
//初始化 LocalTreeWidgetItem 类，item 上显示的内容为 top_name 的内容
LocalTreeWidgetItem *top_item = new LocalTreeWidgetItem(top_name);
/*连接单击 treewidget 时触发的信号与自定义的槽函数，当用户单击 treewidget 时会触发
TreeWidgetItemPressed_Slot()槽函数*/
connect(ui->treewidget, SIGNAL(itemPressed(QTreeWidgetItem*, int)), this, SLOT(
                        TreeWidgetItemPressed_Slot(QTreeWidgetItem*, int)));
ui->treewidget->addTopLevelItem(top_item);      //在 QTreeWidget 上添加 LocalTreeWidgetItem
ui->treewidget->expandItem(top_item);           //设置 top_item 为展开状态
ui->treewidget->setFocus();                     //设置 QTreeWidget 为获取鼠标焦点状态
ui->treewidget->setCurrentItem(top_item);       //在 QTreeWidget 中设置当前 item
//调用函数在根节点上添加子节点，该函数的实现方法在下文介绍
folderstructurelist(top_item,folderstructure);
```

其中，folderstructurelist()函数的实现方法如下：

```
void folderstructurelist(QTreeWidgetItem *top_item, QList<FileMetadata *> *folderstructure){
    QListIterator<FileMetadata *> iterater(*folderstructure);          //定义 QListIterator
    while (iterater.hasNext()) {                                       //遍历 QList 中的 FileMetadata 元素
        FileMetadata * entity =   iterater.next();                     //得到元素 FileMetadata 的值
        QStringList strlist;                                           //定义 QStringList 类
        strlist.append(entity->getfoldername());         //在 QStringList 中插入文件夹名字字符串
        //定义 LocalTreeWidgetItem 类，上面显示的内容为 strlist 的内容
        LocalTreeWidgetItem* item = new LocalTreeWidgetItem(strlist);
        item->setfilemetadata(entity);//设置 LocalTreeWidgetItem 中的文件夹元信息实体类为 entity
        top_item->addChild(item);                             //将 item 添加到 top_item 的子节点
        if(item->getfilemetadata()->getifopened()){           //判断文件夹元信息是否为展开状态
            item->setExpanded(true);                          //设置 item 为展开状态
        }
```

```
            //判断 entity 是否含有子节点，如果有，则递归调用 folderstructurelist()函数进行界面显示
            if(nullptr!=entity->getchildren()&&entity->getchildren()->size()> 0){
                folderstructurelist(item,entity->getchildren());//调用 folderstructurelist()函数进行界面显示
            }
        }
    }
```

第五步，实现当用户单击 QTreeWidget 时触发的 TreeWidgetItemPressed_Slot()槽函数，代码如下：

```
    //当用户单击 QTreeWidget 时触发的槽函数实现方法，参数分别是当前选中的 QTreeWidgetItem 和
列数
    void TreeWidgetItemPressed_Slot(QTreeWidgetItem * pressedItem, int column){
        //使用 dynamic_cast 方法将传参的 pressedItem 转成 LocalTreeWidgetItem 类型
        auto localpressedItem = dynamic_cast<LocalTreeWidgetItem*> (pressedItem);
        if (qApp->mouseButtons() == Qt::RightButton)       //判断是否为鼠标右键
        {
            QMenu *pMenu = new QMenu(this);                      //初始化 QMenu
            pMenu->addAction(QString("新建文件夹"));              //在 QMenu 上添加新建文件夹选项
            pMenu->addSeparator();                               //添加分割行
            pMenu->addAction(QString("重命名"));                  //在 QMenu 上添加重命名选项
            pMenu->exec(QCursor::pos());                         //弹出 QMenu
        }else if(qApp->mouseButtons() == Qt::LeftButton){        //判断是否为鼠标左键单击
            if(nullptr!=localpressedItem->getfilemetadata()){
                //调用 getfilemetadata()函数获取文件列表，参数为当前选中的文件夹唯一标识
                getfilemetadata(localpressedItem->getfilemetadata()-> getcurrentid());
            }else{
                //调用 getfilemetadata()函数获取文件列表，参数为根目录文件夹唯一标识
                getfilemetadata(rootcurrentid);
            }
        }
    }
```

在上述代码中，当用户右键单击文件夹时将弹出 QMenu 对话框，对话框中包括“新建文件夹”和“重命名”等按钮，用户单击相应的按钮后，客户端会向服务端发送对应的请求，服务端收到请求后进行对应的操作。由于客户端发送请求和服务端数据库操作的实现方法在前文已有介绍，所以这里就不再对这两个操作的实现方法进行叙述了。

（2）显示文件列表。

第一步，设计客户端数据操作界面。在文件列出界面中，为了方便用户操作，需要在每个文件或文件夹的展示界面添加操作按钮，实现方法为：右键单击项目，在弹出的快捷菜单中选择“Add New…→Qt→Qt 设计师界面类→Widget”，在弹出的对话框中单击“下一步”按钮，填入类名“OperationWidget”。进入设计界面后，在界面上添加打开、下载、分享和删除 4 个图标。客户端数据操作界面的设计如图 4.22 所示。

图 4.22　客户端数据操作界面的设计

第二步，客户端获取文件夹下的文件列表。当用户左键单击文件夹时，客户端触发获取文件列表的函数，该函数向服务端发送获取当前文件夹下包含的文件列表的请求，并接收、

解析服务端返回的数据元信息，其实现方法与上文获取文件夹树状结构类似，这里就不再继续讨论了。假设获取文件列表的函数已经成功获取并解析服务端返回的文件列表信息，则将数据元信息存放于 QList 容器中，代码如下：

```
QList<FileMetadata*> * filelist;
```

第三步，遍历 QList 容器中的内容，将数据元信息显示在界面上，实现方法如下：

```
ui->tablewidget->setRowCount(0);                          //将 tablewidget 内容清空
ui->tablewidget->setRowCount(filelist->size());           //将 tablewidget 行数设置为 filelist 的数量
QListIterator<FileMetadata*> iterater(*filelist);         //定义
int addrow=0;
while (iterater.hasNext()) {                              //遍历 QList
    FileMetadata* entity =   iterater.next();             //获取 QList 中的元素
    QTableWidgetItem *check=new QTableWidgetItem();         //定义 Item
    check->setCheckState (Qt::Unchecked);                   //设置该 Item 是未选中的
    ui->tablewidget->setItem(addrow,0,check);               //将选择框摆放到 tablewidget 的第一列
    OperationWidget *operationwidget = new OperationWidget(); //定义文件操作界面类
    entity->setoperationwidget(operationwidget);            //将该界面类设置为 entity 的属性值
    //将 operationwidget 界面类摆放到 tablewidget 的第二列
    ui->tablewidget->setCellWidget(addrow,1,entity-> getoperationwidget());
    /*此处省略了摆放其他 Item 的逻辑*/
    addrow++;
}
```

文件夹树状结构列出和文件列表列出的运行界面如图 4.23 所示。

图 4.23　文件夹树状结构列出和文件列表列出的运行界面

4.2.8　数据下载和打开的实现

在上文中，服务端已经将用户的密文数据保存在安全云存储系统中，当用户需要查看数

据时，需要将密文数据下载到本地解密后打开。下面介绍数据下载和打开的实现过程，在介绍具体实现过程之前，首先定义客户端和服务端之间“请求-响应”的数据格式，具体如下：

（1）数据下载的“请求-响应”数据格式。客户端向服务端发送的数据下载请求的格式如下：

```
POST /datadownload HTTP/1.1                  //下载文件的网络请求地址
Host: ip:port                                //服务端的 IP 地址和端口
sessionid: xxxx                              //客户端身份鉴别成功后获得的 sessionid
Content-Type: application/json               //请求的格式为 JSON

{
    "method":"datadownload",                 //文件下载的方法名
    "request":{
        "fileuniqueid":"xxxxxxx",            //下载文件的唯一标识
    },
    "timestamp":"2019-10-22 13:01:30",       //发送请求的时间
    "version":"1.0"                          //接口版本
}
```

服务端向客户端返回的消息的格式如下：

```
Content-Type: application/octet-stream                     //表示下载文件的类型为任意的二进制文件
Content-disposition:attachment;filename="xxxxxxx"          //表示下载文件的默认的文件名为 xxxxxxx

/*下载数据的二进制数据*/
```

（2）获取数据解密密钥“请求-响应”的数据格式。客户端向服务端发送的获取数据解密密钥的请求格式如下：

```
POST /getkey HTTP/1.1                        //密钥获取的请求地址
Host: ip:port                                //服务端的 IP 地址和端口
sessionid: xxxx                              //客户端身份鉴别成功后获得的 sessionid
Content-Type: application/json               //请求的格式为 JSON

{
    "method":"getkey",                       //密钥获取的方法名
    "request":{
        "fileuniqueid":"xxxxxxx",            //文件的唯一标识
    },
    "timestamp":"2019-10-22 13:01:30",       //发送请求的时间
    "version":"1.0"                          //接口版本
}
```

服务端向客户端返回的数据格式如下：

```
{
    "method":"getkey",                       //密钥获取的方法名
    "result":"success",
    "details":{
```

```
            "fileuniqueid":"xxxxxxx",                        //文件的唯一标识
            "encryptkey":"xxxxxxxxxx"                        //数据解密密钥
        },
        "code":8000,                                         //返回消息的时间
        "timestamp":"2019-10-22 13:01:30",                   //返回消息的时间
        "message":"getkey success"
    }
```

4.2.8.1 服务端数据下载的实现

上文在讲述服务端与公/私有云存储平台对接时，已经实现了在 Service 层进行数据下载的方法，服务端只需要添加数据下载接口和对应函数，调用 Service 层的数据下载方法就可以从云存储系统获取密文数据并将其返回给客户端。

在服务端项目 controller 包中的 DataTransmissionController 类中添加数据下载代码，如下所示：

```
    @Autowired
    MetadataSerImpl metadataserimpl;                         //注入元信息操作的 Service 层类
    @Autowired
    //注入数据分享操作的 Service 层类，该类的实现将在 4.2.9.1 节中介绍
    DataShareSerImpl datashareserimpl;

    @RequestMapping("datadownload")                          //数据下载接口
    @Auth(normaluser = "普通用户")                            //设置只有普通用户才能进行数据下载
    public void datadownload(@RequestBody JSONObject json, HttpServletResponse response,
                            HttpServletRequest request) throws Exception { //数据下载函数的实现
        /*此处省略了参数判断和 method、version、timestamp 等 JSON 字段的解析逻辑*/
        JSONObject requestjsonobj = json.getJSONObject("request");     //解析 JSON 中的 request 字段
        String fileuniqueid = requestjsonobj.getString("fileuniqueid");//从 requestjsonobj 中获取文件唯一标识
        /*此处省略了解析获得的关键字段合法性判断，假设已从请求的字符串中成功获得 fileuniqueid*/
        /*判断该用户是否有权限下载该文件，包括该文件是否属于自己，该文件是否被分享给了自己*/
        /*调用 MetadataSerImpl 类的 checkauth()方法判断该文件是否属于这个用户，该函数的实现方
法请参考 4.2.6.5 节*/
        boolean mret = metadataserimpl.checkauth(fileuniqueid,sessionid);
        /*调用 DataShareSerImpl 类的 checkauth()方法判断该文件是否被分享给该用户，这个方法的实
现将在 4.2.9.5 节中介绍*/
        boolean sret = datashareserimpl.checkauth(fileuniqueid,sessionid);
        if(mret||sret){
            /*调用 Service 层 downloaddata()根据文件唯一标识下载文件，该函数的具体实现请参考
公有云和私有云存储系统中数据下载的实现方法，该方法返回 InputStream 类*/
            InputStream stream = dockingcloudstorageser.downloaddata (fileuniqueid);
            //调用 Repository 层的方法，根据文件唯一标识获取数据元信息
            Metadata metadata = metadatadao.findOneByFileuniqueid (fileuniqueid);
            if (null != stream) {                            //如果返回的 InputStream 不为空
                String mimeType = "application/octet-stream";
                //设置返回消息的类型为 application/octet-stream
                response.setContentType(mimeType);
```

```
                response.setHeader("Content-disposition",
                        String.format("attachment; filename=\"%s\"", URLEncoder. encode(
                                metadata.getFilename(), "UTF-8")));//设置返回数据的文件名
                try (
                    InputStream inputStream = new BufferedInputStream(stream)) {
                        //将二进制数据以数据流的形式返回到客户端
                        FileCopyUtils.copy(inputStream, response. getOutputStream());
                    }
            }
        }
    }
```

4.2.8.2　客户端数据下载的实现

客户端数据下载的实现可分为保存路径选择框的实现、数据下载界面的设计、数据下载过程的设计以及数据下载过程的实现，下面分别具体的实现过程。

（1）保存路径选择框的实现。当用户单击“下载”按钮时，程序需弹出“下载”对话框，用户可以在该对话框中选择下载路径。数据下载包括单个文件下载和批量文件下载，保存路径选择框的实现框略有不同，实现方法分别如下：

① 单个文件下载时，可以在弹出的对话框中自定义文件名字，实现方法如下：

```
    /*单个文件下载时弹出的是可自定义文件名的对话框。第一个参数是 parent，用于指定父组件；第二个参数是 caption，表示对话框的标题；第三个参数是 dir，是对话框默认打开的目录，“.”代表程序运行目录，“/”代表当前盘符的根目录，filename 表示下载的文件名；第四个参数是 filter，是对话框的后缀名过滤器；第五个参数是 selectedFilter，是默认选择的过滤器；第六个参数是 options，是对话框的一些参数设定，如只显示文件夹等。该函数返回一个被用户选中的文件的路径，这个文件可以是不存在的*/
    QString saveFileName = QFileDialog::getSaveFileName(this,"保存文件","filename",QString(tr("*")),
                        Q_NULLPTR,QFileDialog::ShowDirsOnly | QFileDialog::DontResolveSymlinks);
```

② 批量文件下载时需手动选择下载的路径，实现方法如下：

```
    /*批量下载时弹出的是选择下载路径的对话框。第一个参数是 parent，用于指定父组件；第二个参数是 caption，表示对话框的标题；第三个参数是 dir，是对话框默认打开的目录；第四个参数是 options，是对话框的一些参数设定，如只显示文件夹等。此函数返回一个用户选择的路径*/
    QString save_path = QFileDialog::getExistingDirectory(this,"请选择保存路径","./");
```

（2）数据下载界面的设计。在项目中新建 Qt 设计师界面类，类名为“DownloadListForm”，此类继承自 QWidget，新建完成后进入此类的设计模式进行数据下载界面的设计。数据下载界面设计如图 4.24 所示。

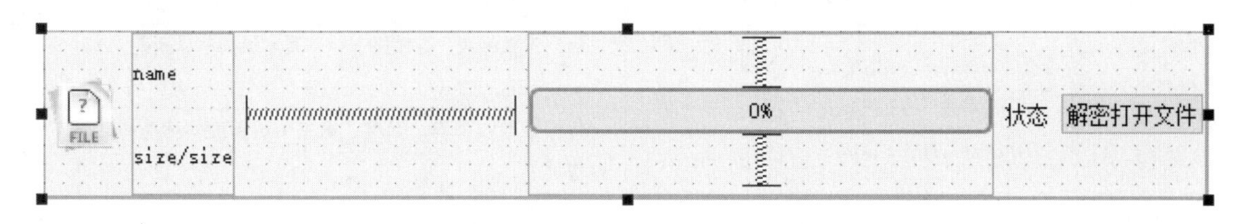

图 4.24　数据下载界面设计

数据下载界面整体采用水平布局，从左到右分别是文件图标、文件名（name）和文件大小（size）、下载进度条、状态标签和解密打开文件按钮。将该界面添加到客户端传输列表的实现方法与数据上传类似，具体的实现方法请参考 4.2.5.2 节。

（3）数据下载过程的设计。数据下载需支持多份数据同时下载，数据下载时需要将下载状态显示在界面上，和数据上传过程相同，数据下载过程同样也比较耗时，因此也需要使用容器和多线程技术来管理数据下载过程。数据下载过程的 UML 类图如图 4.25 所示。

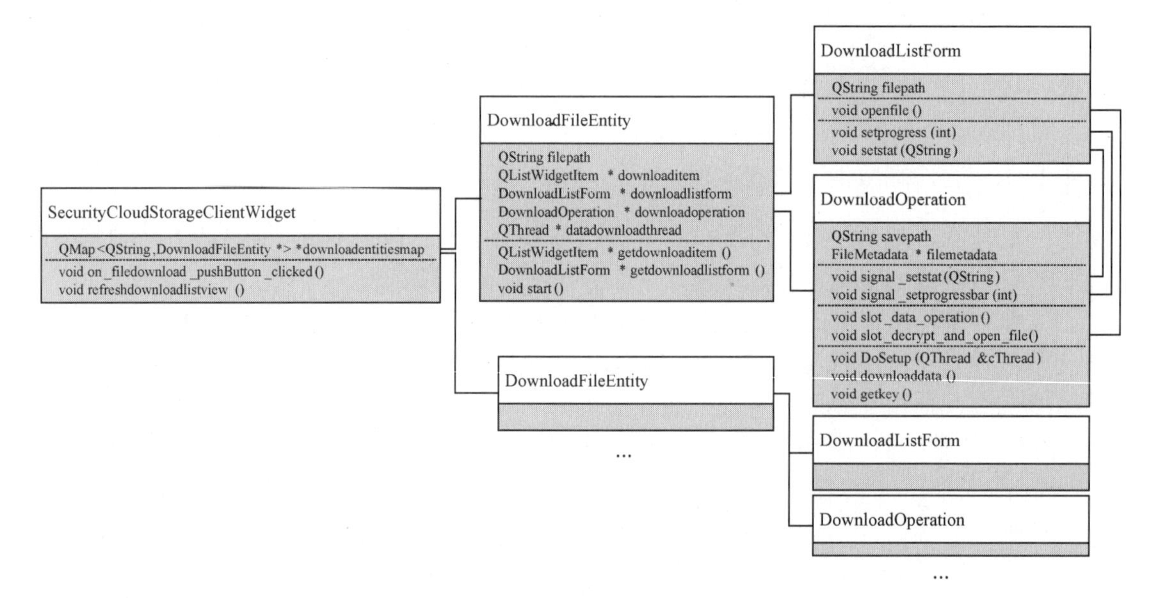

图 4.25　数据下载过程的 UML 类图

上图中 SecurityCloudStorageClientWidget 为客户端程序主界面类，在这个类中实现了用户单击“下载”按钮的响应、数据下载线程类的管理等逻辑；DownloadFileEntity 是数据下载实体类，该类将界面元素和数据下载线程统一进行管理；DownloadListForm 类是下载界面实体类，主要处理界面中元素状态更新等操作；DownloadOperation 为下载操作类，该类处理耗时的数据下载操作等。UML 类图中的类、变量和方法如表 4.4 所示。

表 4.4　UML 类图中类、变量和方法

类、变量或方法	介　绍
SecurityCloudStorageClientWidget	**客户端主界面类**
QMap<QString,DownloadFileEntity*> *downloadentitiesmap	存放下载数据实体的 QMap 容器
void on_filedownload_pushButton_clicked()	用户单击下载按钮触发的槽函数
void refreshdownloadlistview()	刷新下载列表，将数据下载界面添加到主界面中，通过调用 DownloadFileEntity 中的 start()函数来控制数据下载是否开始
DownloadFileEntity	**数据下载实体类，封装了数据下载界面实体类和数据下载操作类**
QListWidgetItem * downloaditem	QListWidgetItem 类
DownloadListForm * downloadlistform	数据下载界面实体类

续表

类、变量或方法	介　绍
DownloadOperation * downloadoperation	数据下载操作类
QThread * datadownloadthread	数据下载线程
QListWidgetItem * getdownloaditem()	主界面类调用此方法可获取数据上传界面的 QListWidgetItem
DownloadListForm * getdownloadlistform()	获取数据下载界面实体类的接口
void start()	数据下载启动函数，调用此函数启动数据下载操作
DownloadListForm	**数据下载界面实体类，负责数据下载界面显示**
void openfile()	用户单击“解密打开文件”按钮触发的信号函数
void setstat(QString)	设置下载界面状态的槽函数
void setprogress(int)	设置界面下载进度的槽函数
DownloadOperation	**数据下载操作类，负责数据下载、数据解密和打开等操作**
QString savepath	文件存储路径
FileMetadata * filemetadata	数据元信息类
void signal_setstat(QString)	设置数据下载界面状态的信号函数
void signal_setprogressbar(int)	设置数据下载进度的信号函数
void slot_data_operation()	线程开始后首先执行的函数，在这个函数中执行数据下载等操作
void slot_decrypt_and_open_file()	此槽函数接收单击“解密打开文件”按钮时发出的信号
void DoSetup(QThread &cThread)	线程和对象绑定的函数（具体使用方法请参考 2.1.3.4 节）
void downloaddata()	数据下载方法
void getkey()	数据解密密钥获取方法
void aes_cbc_pkcs5_decrypt()	解密密文数据的密钥的方法

通过上述设计，便可在容器中实现多线程的管理，从而地态动控制多份数据的下载，并在数据下载界面中实时显示数据下载的进度。

（4）数据下载过程的实现。假设用户已经在客户端项目中新建了 DownloadOperation 类，此类继承自 QObject，下面将介绍此类的具体实现方法。

第一步，在 downloadoperation.h 中定义文件类和请求变量，代码如下：

```
QFile *file {file=nullptr};                                    //定义文件类
QNetworkAccessManager *manager{ manager = nullptr };           //定义请求变量
QNetworkReply *post_reply{ post_reply = nullptr };             //定义 QNetworkReply 类
```

第二步，实现数据下载方法，代码如下：

```
void downloaddata(){
        /*检查文件存储路径是否存在，如果不存在则创建，savepath 为用户在下载对话框中选择的下载路径*/
        if (!QDir(savepath).exists()){
            QDir savepathDir;
```

```
            savepathDir.mkdir(savepath);
        }
        //初始化文件类，文件的存储路径为 savepath，文件名为数据元信息中文件的名字
        file = new QFile(savepath + "/" + this->filemetadata->getfilename());
        if (!file->open(QIODevice::WriteOnly | QIODevice::Append)) //判断文件是否能打开
        {   //如果打开文件失败，则删除 file，并使 file 指针为 0，然后返回
            delete file;
            file = nullptr;
            return;
        }
        /*此处省略了 QNetworkAccessManager、QNetworkRequest 的初始化以及相关信号与槽函数连
接等逻辑，具体请查看 2.1.3.5 节*/
        QUrl downloaddataurl(url+"datadownload");          //设置请求地址，其中 url 为服务端网络地址
        QNetworkRequest request(downloaddataurl);          //初始化 QNetworkRequest
        //设置请求的头部 sessionid 字段对应的值
        request.setRawHeader("sessionid", sessionid.toUtf8());
        request.setRawHeader("Content-Type", "application/json");     //设置请求的格式为 JSON
        /*此处省略了其他请求 JSON 对象的拼接*/
        QVariantMap requestvar;
        requestvar.insert("fileuniqueid", this->filemetadata->getfileuniqueid()); //设置 fileuniqueid 字段的值
        QVariantMap var;                                                //定义 QVariantMap 对象
        var.insert("request",requestvar);
        //将 QVariantMap 对象转成 QJsonObject 对象
        QJsonObject obJct = QJsonObject::fromVariantMap(var);
        QJsonDocument jsonDoc(obJct);           //将 QJsonObject 对象转成 QJsonDocument 对象
        QByteArray json = jsonDoc.toJson();     //将 QJsonDocument 对象转成 QByteArray
        QString messagejsonstr(json);           //将 QByteArray 转成 QString
        post_reply = manager->post(request,messagejsonstr.toUtf8()); //发送数据下载的 post 请求
        //连接读取下载内容的信号与槽函数
        connect(post_reply, SIGNAL(readyRead()), this, SLOT(httpReadyRead ()));
        /*此处省略了其他信号与槽函数的连接*/
    }
```

第三步，当客户端收到服务端返回的数据时，触发 httpReadyRead()函数，实现方法如下：

```
    void httpReadyRead() {
        //如果 file 不为空且读取的二进制数据大于 10240 B
        if (file && post_reply->bytesAvailable() > 10240)
        {
            //从返回数据中读取可用的二进制数据
            QByteArray bytes = post_reply->read(post_reply-> bytesAvailable());
            file->write(bytes);                 //将二进制数据写入 file 文件
            file->flush();                      //将缓存中的数据写入文件
        }
    }
```

第四步，当全部数据返回成功后，触发 slot_replyFinished()函数，实现方法如下：

```
void slot_replyFinished(QNetworkReply* reply){
    if (file && post_reply->bytesAvailable() > 0) {//如果 file 不为空，且返回的二进制数据长度大于 0
        QByteArray bytes = post_reply->read(post_reply-> bytesAvailable()); //读取可用的二进制数据
        file->write(bytes);                 //将二进制数据写入 file 文件
        file->flush();                      //将缓存中的数据写入文件
    }
    if (nullptr != file) {                  //如果 file 不为空
        file->flush();                      //将缓存中的数据写入文件
        file->close();                      //关闭 file
        file = 0;
        delete file;
    }
}
```

数据下载运行界面如图 4.26 所示。

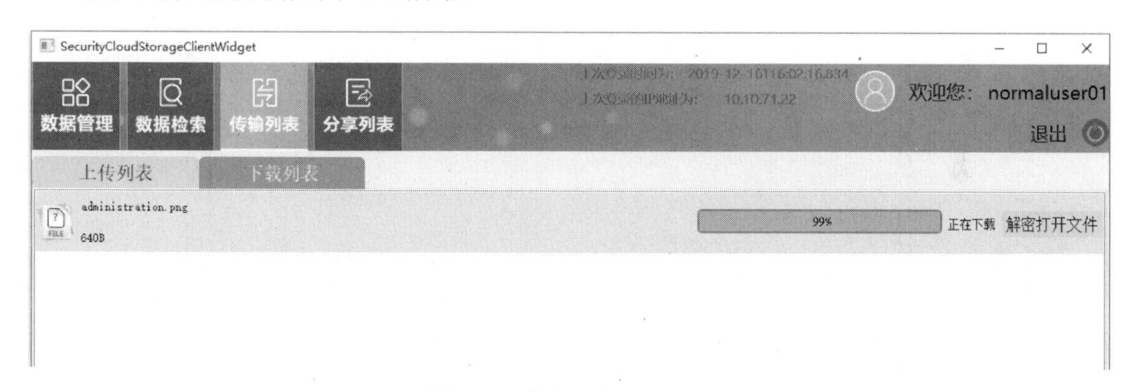

图 4.26　数据下载运行界面

4.2.8.3　客户端数据打开的实现

数据下载完成后，用户单击“解密打开文件”按钮即可打开下载的数据。客户端数据打开的实现过程包括数据解密密钥获取、数据解密和明文数据打开三个部分。其中，服务端下载的数据解密密钥获取的实现方法请参考 4.2.6.5 节，用户单击客户端传输列表界面中的“解密打开文件”按钮时向服务端发送密钥获取请求，具体实现方法请参考 3.2.2.1 节。客户端收到服务端返回的数据解密密钥后，由于该密钥在服务端已经被会话密钥（sessionkey）加密了，所以客户端还需要使用会话密钥（sessionkey）对其进行解密，解密的实现方法如下：

```
//将用户鉴别成功后得到的 sessionkey 转成 QByteArray 类型
QByteArray sessionkeyarray = sessionkey.toUtf8();
char* key = sessionkeyarray.data();              //QByteArray 类型转成 char*类型
char* encryptkey = "xxxxxxxxxxxxxx";             //encryptkey 为从服务端收到的数据解密密钥
char output [84]="\0";                           //定义解密后的密钥变量
aes_cbc_pkcs5_decrypt(key,strlen(key),input,strlen(input),output); //调用函数对数据解密密钥进行解密
```

aes_cbc_pkcs5_decrypt()函数的实现方法如下：

```
//AES_CBC_PKCS5 解密算法的实现，参数分别为数据解密密钥、数据解密密钥长度、密文数据、密文数据长度、解密后的字符串指针
void aes_cbc_pkcs5_decrypt(char* key , int keylen , char* input, int inputlen, char* pcOut) {
    char iv[17] = "\0";                                  //定义 iv
    AES_KEY AES;                                         //定义 AES_KEY
    int base64declength = base64_binlength(input,1); //根据 input 值获取 BASE64 解码后的数据长度
    char *dest = (char*)malloc(base64declength+1);     //动态分配空间
    base64dec(dest,input,1);        //对 input 进行 BASE64 解码，解码后的数据存放在 dest 中
    if (AES_set_decrypt_key((unsigned char*)key, keylen*8, &AES) < 0)      //数据解密密钥初始化
    {
        fprintf(stderr, "Unable to set encryption key in AES\n");
        exit(-1);
    }
    /*调用 AES_cbc_encrypt()函数对密文数据进行解密，第一个参数为输入的密文数据，第二个参数为解密后的数据，第三个参数为输入的密文数据长度，第四个参数为数据解密密钥，第五个参数为iv，第六个参数为 AES_DECRYPT 表示进行数据解密*/
    AES_cbc_encrypt((unsigned char *)dest, (unsigned char*)out, base64declength,&AES, (unsigned char*)iv,AES_DECRYPT);
    out[64] = 0;        //由于数据解密密钥的长度是 64，所以对 out 的 65 位进行截断处理
    if(nullptr!= dest){
        free(dest);    //释放内存
    }
}
```

以上代码执行完成后，就可成功地得到数据解密密钥，接下来就可以对密文数据进行解密了。密文数据解密的实现方法请参考 4.2.2 节，密文数据解密成功后得到明文数据，客户端就可以打开明文数据，打开明文数据的实现方法如下：

```
void OpenFile(QString filename) {               //打开文件操作，filename 为明数据件路径
#ifdef Q_OS_WIN                                 //如果是 Windows 操作系统
    QString file = filename;
    HINTSTANCE nRes = 0;
    //调用 Windows 系统接口以默认的方式打开文件
    nRes = (int)ShellExecuteW(nullptr, QString("open").toStdWString(). c_str(), file.toStdWString().c_str(),
                                                   nullptr, nullptr, SW_SHOW);
    int nRes2 = 0;
    char* cmd = QString("rundll32 shell32, OpenAs_RunDLL %1").arg(file). toLocal8Bit().data();
    if ((qint64)nRes <= SE_ERR_NOASSOC) { //ShellExecuteW 返回值小于 31，表示执行出现错误
        nRes2 = WinExec(cmd, SW_SHOWNORMAL);           //调用打开方式对话框
    }
#endif
}
```

以上就完成了客户端数据打开的实现过程。

4.2.9 数据分享的实现

数据分享是指数据拥有者将数据的获取权限开放给其他用户，使其他用户能够查看、下

载和打开。数据拥有者可以控制分享的权限，指定所有用户或特定用户获取被分享数据。本书以将数据分享给特定用户为例，介绍数据分享的实现方法。

数据分享框架如图 4.27 所示，分为分享者客户端、服务端和被分享者客户端三部分，其中分享者拥有数据分享、获取分享数据列表和取消分享三项功能；被分享者拥有获取被分享数据列表、下载和打开被分享的数据两项功能；服务端接收分享者客户端和被分享者客户端的请求，保存数据分享信息，并将数据分享信息与用户信息、数据元信息进行关联。

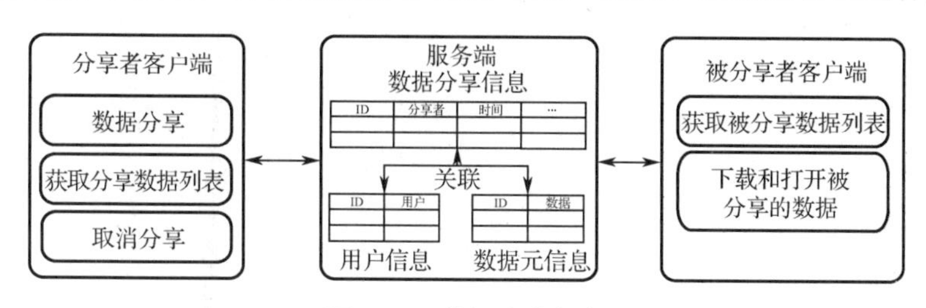

图 4.27　数据分享框架

下面分别介绍数据分享、获取分享数据列表、取消分享、获取被分享数据列表、下载和打开被分享的数据的具体实现过程。

4.2.9.1　客户端和服务端数据分享的实现

（1）定义客户端和服务端之间进行数据分享时“请求-响应”交互的数据格式，具体如下。

① 客户端向服务端发送数据分享请求的格式如下：

```
POST /sharedata HTTP/1.1                      //数据分享请求地址
Host: ip:port                                 //服务端的 IP 地址和端口
sessionid: xxxx                               //身份鉴别成功后获得的 sessionid
Content-Type: application/json                //请求的格式为 JSON

{
    "method":"sharedata",                     //分享数据的方法名
    "request":{
        "fileuniqueid": "xxxxxx",             //文件唯一标识
        "sharedusername": "xxxxxx"            //被分享者用户名
    },
    "timestamp":"2019-10-22 13:01:30",        //发送请求的时间
    "version":"1.0"                           //接口版本
}
```

② 服务端向客户端返回数据分享结果的格式如下：

```
{
    "result": "success",                      //数据分享返回结果
    "code": "8000",                           //数据分享返回的状态码
    "method": "sharedata",                    //数据分享方法名
    "details": {
        "fileuniqueid": "xxxxxx" ,            //被分享的文件唯一标识
        "sharedusername": "xxxxxx"            //被分享者用户名
    },
```

```
        "message": "sharedata success",         //数据分享返回消息
        "timestamp":"2019-10-22 13:01:30"       //消息返回的时间
    }
```

（2）客户端数据分享实现。单击数据管理界面的“数据分享”按钮时，在弹出数据分享对话框中填写被分享者用户名，具体实现过程如下。

在项目中新建 Qt 设计师界面类，类名为“FileShareWidget”，继承自 QWidget。新建完成后进入此类的设计模式，设计数据分享对话框界面，界面设计如图 4.28 所示。

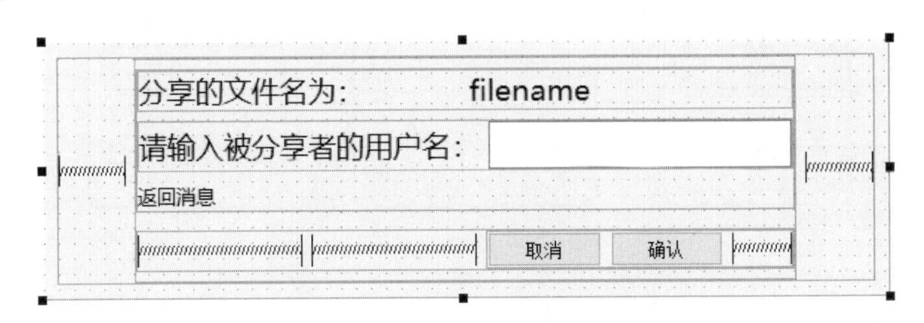

图 4.28　数据分享对话框界面设计

数据分享对话框界面从上至下依次为“分享的文件名为”标签、“请输入被分享者的用户名”标签、用户名输入框、数据分享返回消息标签、取消按钮和确认按钮。

数据分享对话框弹出过程的实现方法如下：

```
void slot_datashare(){                                  //单击数据分享按钮时触发的槽函数
    //初始化 FileShareWidget 类，其中 entity 为被分享数据的实体类
    FileShareWidget *fileshare = new FileShareWidget(entity);
    //模态对话框，单击弹出子对话框，父窗口不可单击
    fileshare->setWindowModality(Qt::ApplicationModal);
    fileshare->show();                                  //FileShareWidget 界面显示
}
```

数据分享对话框运行效果如图 4.29 所示。

图 4.29　数据分享对话框运行效果

用户输入被分享者的用户名后单击“确认”按钮，客户端向服务端发送数据分享请求，具体实现方法参考 3.2.2.1 节。

（3）服务端数据分享实现。服务端接收到客户端数据分享的请求后，将请求中指定的数据分享给指定的用户名，具体实现过程如下。

第一步，在服务端项目的 entity 包中新建 DataShareEntity 类，代码如下：

```
//此处省略包名和 import 语句
@Entity //实体类注解
public class DataShareEntity {
    @Id
    //表示主键由数据库自动生成（主要是自动增长型）
    @GeneratedValue(strategy = GenerationType.IDENTITY)
    private Integer id;                        //主键
    private Integer fromid;                    //分享者用户主键标识（ID）
    private Integer fileid;                    //分享的数据主键标识
    private Integer toid;                      //被分享者用户主键标识
    private LocalDateTime sharetime;           //分享时间
    /*此处省略 get()和 set()方法*/
}
```

第二步，在 repository 包中新建 DataShareRepository 接口类，代码如下：

```
public interface DataShareRepository extends JpaRepository <DataShareEntity, Integer> {
    //根据分享者用户主键标识查找分享信息
    public List<DataShareEntity> findAllByFromid(Integer fromid);
    //根据被分享者用户主键标识查找分享信息
    public List <DataShareEntity> findAllByToid(Integer toid);
    //根据分享者用户主键标识、数据主键标识和被分享者用户主键标识查找分享信息
    public DataShareEntity findOneByFromidAndFileidAndToid(Integer fromid,Integer fileid,Integer
toid);
}
```

第三步，在 service 包中新建 DataShareSer 接口类，代码如下：

```
public interface DataShareSer {
    //定义数据分享的方法
    public HashMap<String, Object> sharedata(String sessionid,String fileuniqueid,String shareusername);
}
```

第四步，新建 DataShareSerImpl 类，实现 DataShareSer 接口类的方法，代码如下：

```
@Service                                          //Service 注解，表示这个类属于 Service 层
public class DataShareSerImpl implements DataShareSer {
    @Autowired
    private RegisterUserRepository registeruserdao;      //注入注册用户操作 Repository（持久）层类
    @Autowired
    private MetadataRepository metadatadao;              //注入数据元信息操作 Repository 层类
    @Autowired
    private DataShareRepository datasharedao;            //注入分享信息操作 Repository 层类
    @Override
    //数据分享方法的实现
    public HashMap<String, Object> sharedata(String sessionid,String fileuniqueid,String shareusername){
        //定义函数返回的 HashMap
        HashMap<String, Object> retmap = new HashMap<String, Object>();
        //根据 sessionid 查询注册用户，也就是数据分享者的信息
        RegisterUser fuser = registeruserdao.findOneBySessionid (sessionid);
```

```
            Metadata metadata = metadatadao.findOneByFileuniqueidAndFileowner (fileuniqueid,
                                fuser.getName());    //根据数据唯一标识和用户名查询数据元信息
            //根据被分享者的用户名查询被分享者的用户信息
            RegisterUser tuser = registeruserdao.findOneByName (shareusername);
            DataShareEntity findout = datasharedao. findOneByFromidAndFileidAndToid(fuser.getId(),
                        metadata.getId(),tuser.getId()); //查询数据是否已经被分享者分享给了被分享者
            DataShareEntity datashareentity = new DataShareEntity();        //新建数据分享实体类
            datashareentity.setFromid(fuser.getId());         //设置数据分享实体类的分享者标识
            datashareentity.setFileid(metadata.getId());      //设置数据分享实体类的数据元信息标识
            datashareentity.setToid(tuser.getId());           //设置数据分享实体类的被分享者标识
            LocalDateTime currentTime = LocalDateTime.now();              //获取当前时间
            datashareentity.setSharetime(currentTime);        //设置数据分享实体类的分享时间
            DataShareEntity saveret = datasharedao.save(datashareentity);  //保存数据分享信息
        }
    }
```

注意： 由于篇幅限制，上面代码省略了条件、步骤和返回结果等检查，开发者在具体实现时需要根据实际情况添加检查逻辑。

第五步，在 controller 包中新建 DataShareController 控制类，完成数据分享过程并将数据分享结果返回至客户端，代码如下：

```
    @RestController
    public class DataShareController {
        @Autowired
        private DataShareSer datashareser;                                //注入 Service 层的数据分享类
        @RequestMapping("/sharedata")
        @ResponseBody
        @Auth(normaluser = "普通用户")
        public Object sharedata(@RequestBody JSONObject json, HttpServletRequest request,
                                HttpServletResponse response,HttpSession session) {
            /*此处省略了其他变量的解析和判断的逻辑*/
            JSONObject requestjsonobj = json.getJSONObject("request");
            //从请求数据中获取文件唯一标识
            String fileuniqueid = requestjsonobj.getString("fileuniqueid");
            //从请求数据中获取被分享者的用户名
            String sharedusername = requestjsonobj.getString ("sharedusername");
            HashMap<String, Object> savemessage = datashareser.sharedata (sessionid,
                        fileuniqueid,sharedusername);  //调用 Service 层的方法保存分享数据
            JSONObject ret = new JSONObject();
            ret.put("fileuniqueid", fileuniqueid);            //设置返回信息中的文件唯一标识的值
            ret.put("sharedusername", sharedusername);   //设置返回信息中被分享者标识用户名
            //向客户端返回结果（或消息）
            return response(method, "success", "8000","sharedata success", ret);
        }
    }
```

至此，数据分享的过程实现完成。下面介绍客户端如何获取分享数据列表。

4.2.9.2　获取分享数据列表

（1）定义客户端和服务端之间进行获取分享数据列表的“请求-响应”数据格式，具体如下。

① 客户端向服务端发送获取分享数据列表请求的格式如下：

```
POST /getsharelist HTTP/1.1                  //获取分享数据列表请求地址
Host: ip:port                                //服务端的 IP 地址和端口
sessionid: xxxx                              //客户端身份鉴别成功后获得的 sessionid
Content-Type: application/json               //请求的数据格式为 JSON

{
    "method":"getsharelist",                 //分享数据的方法名
    "timestamp":"2019-10-22 13:01:30",       //发送请求的时间
    "version":"1.0"                          //接口版本
}
```

② 服务端向客户端返回分享数据列表的数据格式如下：

```
/*因篇幅有限，此处省略了返回的 JSON 数据中 method、result、code、message、timestamp 字段*/
"details":{
    "filenumber": xxx,                       //分享文件总数量
    "filelist": [                            //服务端返回的文件信息 JSON 数组
    {
        "sharedusername": "xxxxxx",          //被分享者的用户名
        "sharetime": "xxxxxxxx",             //被分享的时间
        "filename": "xxxxxxxx",              //文件名
        "filesize": xxx,                     //文件大小
        /*其他数据元信息*/
    }
    /*其他数据分享信息*/
]}
```

（2）客户端获取分享数据列表的实现。单击客户端“分享列表”界面中的“我分享的文件”标签时，客户端向服务端发送获取分享数据列表请求，同时会接收并列出服务端返回的分享数据列表，具体实现过程如下。

第一步，在客户端项目中主界面类 SecurityCloudStorageClientWidget 的构造函数中添加信号与槽函数的连接，代码如下：

```
/*连接单击标签时触发的信号与槽函数，其中 ui->share_tabWidget 为分享列表界面的“我分享的文件”标签名，tabBarClicked()为单击标签触发的信号函数，slot_datashare_ tabwidget_clicked()为触发的槽函数*/
connect(ui->share_tabWidget, SIGNAL(tabBarClicked(int)), this,
                                    SLOT(slot_datashare_tabwidget_ clicked(int)));
```

第二步，实现主界面类中对应的槽函数，代码如下：

```
void SecurityCloudStorageClientWidget::slot_datashare_tabwidget_clicked (int index){
    if(0==index){       //index 为 0 时表示单击第一个标签
        /*初始化获取分享数据列表的 GetShareList 类，ishare_tableWidget 为“分享列表”界面中的“我分享的文件”标签中放置的 QTableWidget，该类的实现方法将在下文进行介绍*/
        GetShareList *getsharelist = new GetShareList(ui->ishare_ tableWidget,0);
        getsharelist->get_data();              //调用 get_data()函数获取分享数据列表
    }else if(1==index){                        //index 为 1 时表示单击第二个标签
        /*初始化获取被分享数据列表的 GetSharedList 类，shared_tome_tableWidget 为“分享列表”界面中的“被分享的文件”标签中放置的 QTableWidget，该类的实现方法将在 4.2.9.4 节中介绍*/
        GetSharedList *getsharedlist = new GetSharedList(ui->shared_tome_ tableWidget,0);
        getsharedlist->get_data();             //调用 get_data()函数获取被分享数据列表
    }
}
```

第三步，在项目中新建分享数据实体类，类名为“DataShareEntity”，继承自 QObject，如下：

```
class DataShareEntity : public QObject
{
    Q_OBJECT
public:
    explicit DataShareEntity(QObject *parent = nullptr);
    /*此处省略 get()和 set()函数*/
private:
    QString sharedusername;           //被分享者的用户名
    QString shareusername;            //分享者的用户名
    QDateTime sharetime;              //分享的时间
    QString filename;                 //文件名
    qint64 filesize;                  //文件大小
    QString fileuniqueid;             //文件唯一标识
    /*此处省略其他分享数据变量*/
    bool mark;                        //true 表示此类为分享数据，false 表示此类为被分享的数据
    QPushButton *pushbutton { pushbutton = nullptr};        //按钮
};
```

第四步，在项目中新建获取分享数据列表类，类名为“GetShareList”，继承自 QObject，头文件如下：

```
class GetShareList : public QObject{
    Q_OBJECT
public:
    explicit GetShareList(QTableWidget * tablewidget,QObject *parent = nullptr);  //定义构造函数
    void get_data();                                        //获取分享数据列表的函数
    void refreshsharelistview(QList<DataShareEntity*> *);   //刷新分享列表界面
    QList<DataShareEntity*> * parse_json_array(QJsonArray &filelistarray );       //解析 JSON 数据
public slots:
    void slot_replyFinished(QNetworkReply* reply);          //服务端响应的槽函数
private:
```

```
        //私有变量，其值为分享列表界面第一个标签中放置的 QTableWidget
        QTableWidget * tablewidget {tablewidget = nullptr};
        /*因篇幅限制，此头文件省略了一些变量和函数的定义*/
};
```

此类的源文件中实现了获取分享数据列表的逻辑，其中，get_data()函数实现了客户端向服务端发送请求的逻辑，具体实现方法请参考 3.2.2.1 节；slot_replyFinished()函数用于接收服务端返回的数据；parse_json_array()函数用于对 JSON 数据进行解析，将解析后的结果存储在“QList<DataShareEntity*>*”容器中，解析的实现方法请参考 4.2.7.2 节；refreshsharelistview()函数用于返回的分享数据显示在界面上，实现方法如下：

```
//初始化按钮，按钮上显示的内容为取消分享
QPushButton *pushbutton = new QPushButton("取消分享");
//将按钮添加到 tablewidget 的固定格点上，其中 row 为行数，col 为列数
this->tablewidget->setCellWidget(row, col, pushbutton);
```

在客户端“分享列表”界面中获取的分享数据列表如图 4.30 所示。

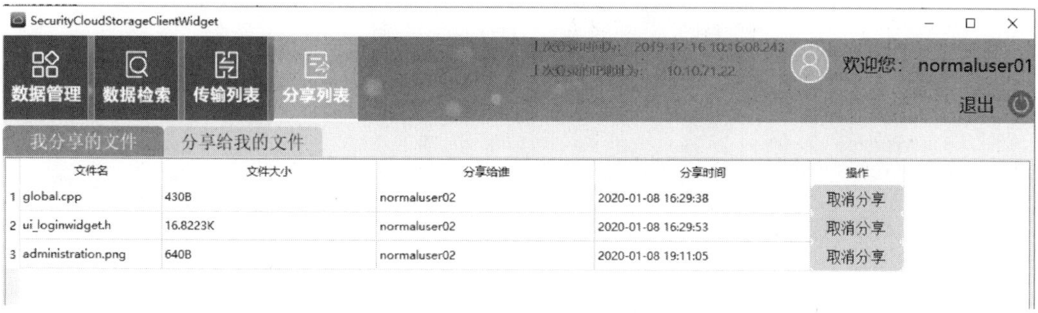

SecurityCloudStorageClientWidget

数据管理　数据检索　传输列表　分享列表

欢迎您：normaluser01

退出

我分享的文件　分享给我的文件

	文件名	文件大小	分享给谁	分享时间	操作
1	global.cpp	430B	normaluser02	2020-01-08 16:29:38	取消分享
2	ui_loginwidget.h	16.8223K	normaluser02	2020-01-08 16:29:53	取消分享
3	administration.png	640B	normaluser02	2020-01-08 19:11:05	取消分享

图 4.30　在客户端“分享列表”界面中获取的分享数据列表

（3）服务端获取分享数据列表的实现。服务端接收到客户端的获取分享数据列表请求后，在数据库中查询该用户的分享数据列表，并将其返回至客户端。其中，服务端获取分享数据列表的 Service 层的实现方法如下：

```
public HashMap<String, Object> getsharelist(String sessionid) {
    HashMap<String, Object> retmap = new HashMap<String, Object>(); //定义函数返回的 HashMap
    //根据 sessionid 查询当前登录用户信息
    RegisterUser fuser = registeruserrepository.findOneBySessionid (sessionid);
    //根据当前用户信息查询分享数据
    List<DataShareEntity> findout = datasharedao.findAllByFromid(fuser. getId());
    int filenumber = findout.size();            //获取分享数据的数量
    for (DataShareEntity one : findout) {       //遍历分享数据
    //根据被分享者的标识查询被分享者用户信息
        RegisterUser tuser = registeruserrepository.findOneById(one. getToid());
        //根据文件标识和用户标识查询数据元信息
        Metadata metadata = metadatadao.findOneByIdAndFileowner(one. getFileid(),fuser.getName());
        /*由于篇幅限制，这里省略了数据返回的逻辑*/
    }
}
```

服务端获取分享数据列表的 Controller 层实现方法与 4.2.9.1 节中的数据分享实现方法类似，这里就不再讲述了。

4.2.9.3 取消分享的实现

用户可以在“分享列表”界面单击“取消分享”按钮来取消相应文件的分享。定义客户端和服务端之间取消分享的“请求-响应”数据格式，具体如下。

客户端向服务端发送取消分享请求的格式如下：

```
POST /cancelshare HTTP/1.1                      //取消分享请求地址
Host: ip:port                                   //服务端的 IP 地址和端口
sessionid: xxxx                                 //客户端身份识别成功后获得的 sessionid
Content-Type: application/json                  //请求的格式为 JSON

{
    "method":"cancelshare",                     //取消分享的方法名
    "request":{
        "fileuniqueid": "xxxxxx",               //文件唯一标识
        "sharedusername": "xxxxxx"              //被分享者的用户名
    },
    "timestamp":"2019-10-22 13:01:30",          //发送请求的时间
    "version":"1.0"                             //接口版本
}
```

服务端向客户端返回取消分享结果的数据格式如下：

```
{
    "result": "success",                        //取消分享返回结果
    "code": "8000",                             //取消分享返回的状态码
    "method": "cancelshare",                    //取消分享方法名
    "details": {
        "fileuniqueid": "xxxxxx" ,              //被分享的文件唯一标识
        "sharedusername": "xxxxxx"              //被分享者的用户名
    },
    "message": "cancelshare success",           //取消分享返回消息
    "timestamp":"2019-10-22 13:01:30"           //消息返回的时间
}
```

（1）客户端取消分享的实现。当用户单击“我分享的文件”标签中的“取消分享”按钮时，会触发该按钮连接的槽函数，向服务端发送取消分享请求。信号与槽函数连接的实现代码如下：

```
connect(pushbutton,SIGNAL(clicked()),entity,SLOT(cancel_btn_clicked()));
connect(entity,SIGNAL(signal_cancel_result(QString)),this,SLOT(slot_cancel_result(QString)));
```

其中，在 cancel_btn_clicked()槽函数中，客户端向服务端发送取消分享请求，实现方法请参考 3.2.2.1 节，客户端收到服务端的响应后，发送 signal_cancel_result()信号函数，slot_cancel_result()槽函数处理服务端返回信息。客户端接收到服务端返回的取消分享结果后，需重新获取分享数据列表，并刷新界面显示。

（2）服务端取消分享的实现。服务端接收到客户端的取消分享请求后，根据分享者的用户名、数据元信息和被分享者的用户名等信息，删除数据库中的分享数据，并将结果返回至客户端。其中，服务端取消分享的 Service 层的实现方法如下：

```
//取消分享函数的实现方法
public HashMap<String, Object> cancelshare(String sessionid,String fileuniqueid,String sharedusername) {
    //根据 sessionid 查询当前登录用户
    RegisterUser fuser = registeruserrepository.findOneBySessionid (sessionid);
    //根据被分享者的用户名查询被分享者的用户信息
    RegisterUser tuser = registeruserrepository.findOneByName (sharedusername);
    Metadata metadata = metadatadao.findOneByFileuniqueidAndFileowner (fileuniqueid,
                        fuser.getName());   //根据文件唯一标识和分享者的用户名查询数据元信息
    //根据分享者的用户名、数据元信息和被分享者的用户名查询分享信息
    DataShareEntity findout = datasharedao. findOneByFromidAndFileidAndToid(fuser.getId(),
                                                metadata.getId(),tuser. getId());
    datasharedao.deleteById(findout.getId());      //根据分享信息标识删除对应数据库内容
}
```

服务端取消分享的 Controller 层实现方法与 4.2.9.1 节中的数据分享实现方法类似，这里就不再进行讲述了。

4.2.9.4 获取被分享数据列表的实现

（1）定义客户端和服务端之间获取被分享数据列表的“请求-响应”数据格式，具体如下：

① 客户端向服务端发送获取被分享数据列表请求的格式如下：

```
POST /getsharedlist HTTP/1.1                //获取被分享数据列表请求地址
Host: ip:port                               //服务端的 IP 地址和端口
sessionid: xxxx                             //客户端身份鉴别成功后获得的 sessionid
Content-Type: application/json              //请求的数据格式为 JSON

{
    "method":"getsharedlist",               //获取被分享数据列表的方法名
    "timestamp":"2019-10-22 13:01:30",      //发送请求的时间
    "version":"1.0"                         //接口版本
}
```

② 服务端向客户端返回被分享数据列表的数据格式如下：

```
/*因篇幅有限，此处省略了返回的JSON数据中method、result、code、message、timestamp字段*/
"details":{
    "filenumber": xxx,                      //分享文件总数量
    "filelist": [                           //服务端返回的文件信息 JSON 数组
    {
        "shareusername": "xxxxxx",          //分享者的用户名
        "sharetime": "xxxxxxxx",            //被分享的时间
        "filename": "xxxxxxxx",             //文件名
        "filesize": xxx,                    //文件大小
        /*其他数据元信息*/
    }
```

```
        /*其他数据分享信息*/
    ]}
```

（2）客户端获取被分享数据列表的实现。当用户单击“分享列表”界面的第二个标签“分享给我的文件”时，客户端向服务端发送获取被分享数据列表请求，同时将接收到的服务端返回信息显示在“分享给我的文件”标签下，具体实现方法与客户端获取分享数据列表部分相似，这里就不再进行介绍了。

客户端获取被分享数据列表的运行效果如图 4.31 所示。

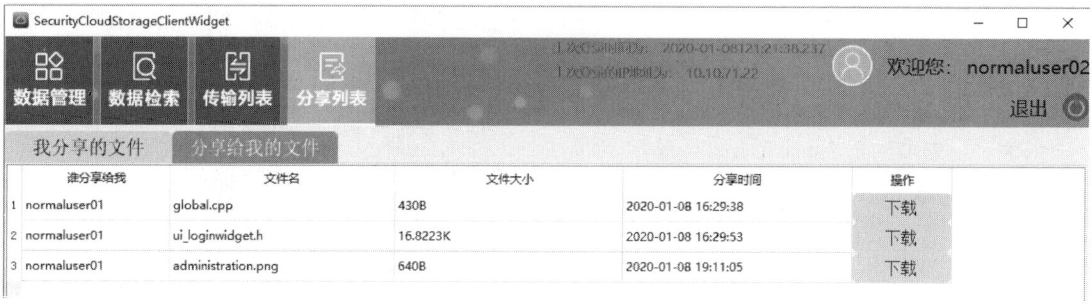

图 4.31　客户端获取被分享数据列表的运行效果

（3）服务端获取被分享数据列表的实现。服务端接收到客户端的获取被分享数据列表请求后，在数据库中查询分享给该用户的数据列表，并将其返回至客户端。其中，服务端获取被分享数据列表的 Service 层的实现方法如下：

```
//获取被分享列表数据列表的实现方法
public HashMap<String, Object> getsharedlist(String sessionid) {
    //根据 sessionid 查询被分享者的用户信息
    RegisterUser tuser = registeruserrepository.findOneBySessionid (sessionid);
    //根据被分享者的用户名查询数据分享信息
    List<DataShareEntity> findout = datasharedao.findAllByToid(tuser. getId());
    int filenumber = findout.size();                    //获取分享给该用户的数据的数量
    for (DataShareEntity one : findout) {
        JSONObject listItem = new JSONObject(true);
        //根据分享者的用户名查询用户信息
        RegisterUser fuser = registeruserrepository.findOneById(one.getFromid());
        //根据文件唯一标识和分享者的用户名查询数据元信息
        Metadata metadata = metadatadao.findOneByIdAndFileowner(one. getFileid(),fuser.getName());
    }
}
```

服务端获取被分享数据列表的 Controller 层实现方法与 4.2.9.1 节中的数据分享实现方法类似，这里就不再进行讲述了。

4.2.9.5　被分享数据的下载和打开

用户单击“分享给我的文件”中的“下载”按钮后就可以下载分享给该用户的数据。数据下载和打开的实现方法请参考 4.2.8 节，这里就不再进行详细介绍了。接下来要介绍的是服务端判断用户是否有权限访问被分享数据的方法。

在 DataShareRepository 接口中添加根据分享数据查询方法，代码如下：

```
//根据被分享数据标识和被分享者的用户名查询数据库
public DataShareEntity findOneByFileidAndToid(Integer fileid ,Integer toid);
```

在 DataShareSerimpl 类中添加 checkauth()函数的实现方法，代码如下：

```
@Autowired
private DataShareRepository datasharerepository;          //注入查询分享数据的 service 类
public boolean checkauth(String fileuniqueid,String sessionid){
    //根据文件唯一标识查询文件元信息
    Metadata metadata = metadatadao.findOneByFileuniqueid(fileuniqueid);
    //根据 sessionid 查询用户信息
    RegisterUser tuser = registeruserrepository.findOneBySessionid (sessionid);
    //根据文件元信息主链值和用户主键值查询分享数据信息
    DataShareEntity shareentity   = datasharerepository. findOneByFileidAndToid(metadata.getId(),
                                                                              tuser. getId());
    if(null!=shareentity){                                  //如果查询结果不为空，则返回 true
        return true;
    }else{
        return false;
    }
}
```

从以上实现方法可以看出，服务端检查了该文件是否被分享给了当前登录用户，如果是，那么该用户就可以下载这个文件，同样也可以获得这个文件对应的数据解密密钥；如果否，则该用户没有权限下载这个文件，也没有权限获得这个文件的数据解密密钥。

4.2.10　数据检索的实现

在安全云存储系统中，根据检索内容的不同，数据检索可分为元信息检索和密文内容检索。其中，元信息检索的主要检索目标是元信息集，密文内容检索的主要检索目标为数据的内容。下面分别介绍这两种数据检索的实现方法。

定义客户端和服务端之间进行数据检索时“请求-响应”的数据格式，具体如下。

客户端向服务端发送的数据检索请求的格式如下：

```
POST /datasearch HTTP/1.1                          //数据检索请求地址
Host: ip:port                                      //服务端的 IP 地址和端口
sessionid: xxxx                                    //身份鉴别成功后获得的 sessionid
Content-Type: application/json                     //请求的数据格式为 JSON

{
    "method":"datasearch",                         //普通检索的方法名
    "request":{
        "mode":"metadata" or "cipherindex",        //检索方式，元信息检索或者密文内容检索
        "condition":"AND" or "OR ",                //检索条件，与或者或
        "keywords": [                              //检索关键词
```

```
        "xxxx",  //如果为元信息检索，则为明文关键词；如果为密文内容检索，则为密文关键词
        "xxxx",
        …
        ],
        /*检索类型，值为*或字母 p、d、v、m 的任意组合，*表示不限制类型，字母 p、d、v 和
m 分别表示图片、文件、视频和音乐，如 pdv 表示检索类型为图片、文件和视频*/
        "type":"xxx",
        "timeregion":{                  //时间范围，该字段只有在高级检索中才出现
            "fromtime":"xxxx",          //起始时间
            "totime":"xxxx",            //结束时间
        },
        "pagenum":x,                    //分页查询，设置页数
        "pagesize":xx                   //分页查询，设置每页显示的数量
    },
    "timestamp":"2019-10-22 13:01:30",  //发送请求的时间
    "version":"1.0"                     //接口版本
}
```

服务端向客户端返回数据检索结果的格式与 4.2.7 节中服务端返回文件列表的数据格式相同。

4.2.10.1 服务端数据检索的实现

用户在进行数据检索时，通常需要根据实际情况增加或删除检索条件（数据检索的条件不固定），因此服务端的数据检索需要根据检索条件动态地拼接并执行数据库查询语句。在代码实现时，需要利用 SpringBoot 框架中对实体类进行操作的辅助类 EntityManager 执行自定义查询语句，实现动态条件的数据检索。下面介绍服务端数据检索的具体实现方法。

第一步，当服务端接收到客户端发送的数据检索请求时，在项目的 controller 包中新建 DataSearchController 类，用于接收、解析客户端发送的数据检索请求，并调用 Service 层的数据检索方法，最后将检索返回客户端。代码如下：

```
@RestController
public class DataSearchController {
    @Autowired
    private MetadataSer metadataser;          //注入数据元信息 service 类

    @RequestMapping("/datasearch")            //定义数据检索的访问网址
    @ResponseBody                             //将该方法返回的 Java 对象转换为 JSON 格式
    //设置该接口的访问权限，只有普通用户才能进行数据检索
    @Auth(normaluser = "普通用户")
    public Object datasearch(@RequestBody JSONObject json, HttpServletRequest request,
                        HttpServletResponse response, HttpSession session) {
        /*此处省略了 JSON 数据的解析和参数合法性判断的逻辑，假设已从客户端发送的请求中
解析了 sessionid、mode、condition、keywords，type、fromtime、totime、pagenum 和 pagesize 等值*/
        //调用 Service 层的 datasearch()函数实现数据检索
        HashMap<String, Object> retmap =  metadataser.datasearch (sessionid,mode,condition,
                        keywords,type,fromtime,totime,pagenum, pagesize);
```

```
            /*此处省略了函数返回逻辑，具体实现请参考 4.2.7.1 节*/
        }
    }
```

第二步，在 Service 层实现数据检索方法，分为元信息检索和密文内容检索。

（1）元信息检索。若检索方式为元信息检索，则直接根据检索条件拼接、构造查询语句，对数据元信息数据库进行查询，获取查询结果。实现方法为：在 service 包中的 MetadataSer 接口中添加 datasearch()方法，然后在 MetadataSerImpl 类中添加该方法的实现逻辑。

```
    @Autowired
    private EntityManager entityManager;                    //注入 EntityManager 类

    public HashMap<String, Object> datasearch(String sessionid,String mode,String condition,JSONArray
keywords,String type,String fromtime, String totime, int pageNo, int pageSize) {
        /*此处省略了参数合法性判断的逻辑*/
        //根据 sessionid 查询当前登录用户信息
        RegisterUser fuser = registeruserrepository.findOneBySessionid (sessionid);
        StringBuffer sqlStr = new StringBuffer("select * from metadata where ");  //定义数据库查询语句
        Map<String, Object> map = new HashMap<String, Object>(); //定义存放数据检索变量的容器
        int index = 0;                                           //定义查询变量的个数
        if (0 == mode.compareToIgnoreCase("metadata")) {          //如果检索方式为元信息检索
            sqlStr.append("(");                                  //拼接 SQL 语句
            for (int i = 0; i < keywords.size(); i++) {          //遍历关键词数组
                if (0 == i) {
                    sqlStr.append(" filename like :" + index);   //拼接 SQL 语句
                } else {
                    if(0==condition.compareToIgnoreCase("or")){  //如果检索条件为 or
                        sqlStr.append(" or ");                   //将关键词 or 添加到 SQL 语句中
                    }else{                                       //其他
                        sqlStr.append(" and ");                  //将关键词 and 添加到 SQL 语句中
                    }
                    sqlStr.append(" filename like :" + index);   //拼接 SQL 语句
                }
                map.put(index + "", "%" + keywords.get(i) + "%"); //将检索变量依次存入容器中
                index++;                                         //自增
            }
            sqlStr.append(")");                                  //拼接 SQL 语句
        }

        /*if (type.contains("*")){
            /*由于篇幅的原因，此处省略了根据检索类型、时间范围和用户名拼接 SQL 语句的实现
逻辑，具体实现请读者参考上面代码自行完成*/
        }*/

        //截取检索语句从开头到 from 之间的内容
        String substring = sqlStr.substring(0, sqlStr.indexOf("from"));
        StringBuffer countSql = new StringBuffer();              //定义新的检索语句
```

```
        countSql.append(sqlStr);                                    //将检索语句拼接到新的查询语句中
        String countstr = "select count(*) ";                       //定义数据库检索语句
        //将查询语句的 select *替换成 select count(*)
        StringBuffer ncSql = countSql.replace(0, substring.length(), countstr);
        /*调用 EntityManager 类中的 createNativeQuery()方法实现数据检索，Metadata.class 为检索结
果实体类*/
        Query aq = entityManager.createNativeQuery(sqlStr.toString(), Metadata.class);
        Query cq = entityManager.createNativeQuery(ncSql.toString());     //查询总数量
        for (String key : map.keySet()) {                           //遍历 map 容器
            aq.setParameter(key, map.get(key));                     //将检索变量按顺序添加到检索参数中
            cq.setParameter(key, map.get(key));                     //将检索变量按顺序添加到检索参数中
        }
        long total = ((BigInteger) cq.getSingleResult()).longValue();   //获取检索结果总数量
        aq.setFirstResult(pageNo * pageSize);                       //设置检索结果从指定项开始显示
        aq.setMaxResults(pageSize);                                 //设置检索结果显示的最大数量
        List<Metadata> list = aq.getResultList();                   //获取检索结果
        /*返回检索结果*/
    }
```

（2）密文内容检索。若检索方式为密文内容检索，则首先需根据检索条件调用云安全服务平台的密文检索接口，获取密文检索结果，具体实现过程请参考 4.2.6.5 节密文索引检索的实现部分；然后根据密文检索结果中的文件唯一标识对数据元信息表进行检索，从而得到完整的数据检索结果。实现方法为：对 MetadataSerImpl 类中的 datasearch()函数进行补充，添加密文检索的逻辑，代码如下：

```
    if (0 == mode.compareToIgnoreCase("cipherindex")) {            //如果检索方式为密文检索时
        //对接云安全服务平台，调用 searchcipherindex()接口进行密文检索，对接方法请参考 4.2.6.5 节
        String retstr = dockingsecuritycloudser.searchcipherindex (condition,keywords);
        JSONObject jsonObject = new JSONObject();                   //定义 JSON 对象
        jsonObject = JSONObject.parseObject(retstr);                //将 String 类型解析成 JSON 对象
        //从密文检索结果中获取 details 字段对应的值
        JSONObject details = jsonObject.getJSONObject("details");
        //从密文检索结果中获取 searchresult 字段对应的值
        JSONArray searchresult = details.getJSONArray("searchresult");
        sqlStr.append("(");                                         //拼接 SQL 语句
        for (int i = 0; i < searchresult.size(); i++) {
            if (0 == i) {
                sqlStr.append(" fileuniqueid = :" + index);
            } else {
                sqlStr.append(" or ");                              //将关键词 or 添加到 SQL 语句
                sqlStr.append("fileuniqueid = :" + index);          //拼接 SQL 语句
            }
            JSONObject obj = searchresult.getJSONObject(i);         //从 JSON 数组中获取 JSON 对象
            //将文件名唯一标识按顺序添加到检索参数中
            map.put(index + "", obj.getString("fileuniqueid"));
            index++;
        }
```

```
        sqlStr.append(")");                            //拼接 SQL 语句
    }
```

至此，服务端已实现了数据检索功能。

4.2.10.2 客户端数据检索的实现

安全云存储系统客户端的数据管理界面和数据检索界面均具备数据检索功能，其实现原理相似。下面以数据检索界面为例介绍客户端数据检索的具体实现方法。

第一步，获取数据检索条件。当用户输入检索词并单击“检索”按钮后，客户端自动检查用户的输入是否合规，若不合规，则进行提示；若合规，则从界面上获取 keywords（关键词）、type（检索类型）、mode（检索方式）、fromtime（起始时间）、totime（截止时间）等检索变量，并将其拼接成为 JSON 字符串，实现方法如下：

```
    QVariantMap var;                                   //定义 Map 容器
    var.insert("method", "datasearch");                //添加 method 值
    var.insert("version", "1.0");                      //添加 version 值
    //添加 timestamp 值
    var.insert("timestamp", QDateTime::currentDateTime().toString("yyyy-MM- dd HH:mm:ss"));
    QVariantMap requestvar;                            //定义 request 的 Map 容器
    QString condition = "AND";                         //初始化 condition 的值为 AND
    QStringList keywordslist;
    if(keywords.contains("|")){                        //如果关键词中包含“|”
        condition = "OR";                              //修改 condition 的值为 OR
        /*将关键词按照字符“|”进行分割形成字符串数组，其中“\\|”表示字符“|”，“+”表示匹配
前面的子表达式一次或多次*/
        keywordslist = keywords.split(QRegExp("\\|+"));
    }else{
        /*将关键词按照字符“&”或空格进行分割形成字符串数组，其中“&”表示字符“&”，“+”
表示匹配前面的子表达式一次或多次，“|”表示或的关系*/
        keywordslist = keywords.split(QRegExp("&+ | +"));
    }
    keywordslist.removeDuplicates();                   //去重
    keywordslist.removeOne("");                        //去除空字符
    requestvar.insert("condition", condition);         //在 request 的 Map 容器中添加 condition 值
    if(0==this->mode.compare("metadata")){             //如果检索方式为元信息检索
        requestvar.insert("mode", "metadata");         //在 request 的 Map 容器中添加 mode 值
        requestvar.insert("keywords",keywordslist);    //在 request 的 Map 容器中添加 keywords 值
    }else if(0==this->mode.compare("cipherindex")){    //如果检索方式为密文内容检索
        requestvar.insert("mode", "cipherindex");      //在 request 的 Map 容器中添加 mode 值
        QStringList cipherkeywordslist;                //定义密文关键词字符串数组
        for(int i = 0; i< keywordslist.size();++i){    //遍历关键词
            QString tmp = keywordslist.at(i);
            //调用安全组件的 YunLock_EncryptKeyword()接口生成密文关键词
            std::string out = YunLock_EncryptKeyword(tmp.toStdString());
            cipherkeywordslist.append(QString::fromStdString(out));
        }
```

```
        requestvar.insert("keywords",cipherkeywordslist);  //在 request 的 Map 容器中添加 keywords 值
    }else{
        return;
    }
    if(0!=type.compare("")){
        requestvar.insert("type",type);                    //在 request 的 Map 容器中添加 type 值
    }
    if(fromtime.isValid()&&totime.isValid()){
        QVariantMap timeregionvar;
        timeregionvar.insert("fromtime",fromtime.toString("yyyy-MM-dd HH:mm:ss"));//添加起始时间
        timeregionvar.insert("totime",totime.toString("yyyy-MM-dd HH:mm:ss"));     //添加结束时间
        requestvar.insert("timeregion",timeregionvar); //在 request 的 Map 容器中添加 timeregion 值
    }
    requestvar.insert("pagenum",current_page);                  //添加当前页
    requestvar.insert("pagesize",page_size);                    //添加每页显示的最大数量
    var.insert("request",requestvar);
    QJsonObject obJct = QJsonObject::fromVariantMap(var);       //将 Map 容器转成 JSON 对象
    QJsonDocument jsonDoc(obJct);
    QByteArray json = jsonDoc.toJson();
    QString messagejsonstr(json);
```

第二步，发送检索请求。客户端将数据检索条件拼接成 JSON 字符串后，根据请求的数据格式将其发送至客户端，具体实现方法参考 3.2.2.1 节。

第三步，接收检索结果。服务端根据检索条件完成数据检索后，将检索结果返回至客户端，客户端接收并解析检索结果。

第四步，显示检索结果。客户端完成对检索结果的解析后，将其显示至数据检索结果显示界面中。实现方法如下：

（1）设计数据检索结果显示界面。在项目中新建 Qt 设计师界面类，类名为“SearchResultWidget”，继承自 QWidget。新建完成后进入该类的设计模式来设计数据检索结果界面，界面布局如图 4.32 所示。

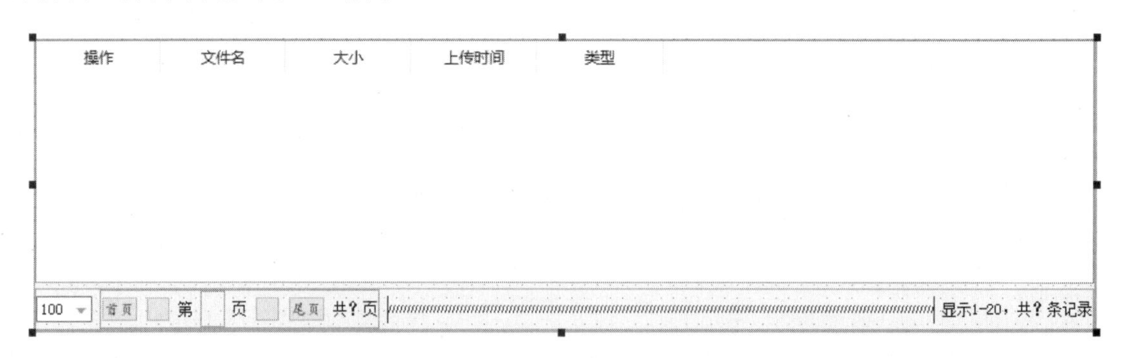

图 4.32　数据检索结果显示界面设计

该界面与数据管理界面类似，采用垂直布局，从上到下依次为内容栏和翻页栏。

① 内容栏布置一个 QTableWidget 元素，双击 QTableWidget 头部可编辑表格头部，添加操作、文件名、大小、上传时间、类型等列标题。

② 翻页栏采用水平布局，从左至右分别布置每页显示数目选择器、首页、上一页、跳页输入框、下一页、尾页、显示信息等元素。

（2）添加数据检索结果显示界面。设计完成后，将数据检索结果显示界面以新标签的形式添加至数据检索界面的 QTabWidget 元素中。QTabWidget 元素中除了第一个“检索首页”标签不具备关闭功能，其余标签都具备关闭功能，实现方法如下：

```
ui->search_tabWidget->setTabsClosable(true);             //设置 QTabWidget 中的标签是可关闭的
//设置 QTabWidget 的第一个标签关闭按钮为不可见
ui->search_tabWidget->tabBar()->tabButton(0,QTabBar::RightSide)->resize(0, 0);
//连接标签关闭触发的信号与槽函数
connect(ui->search_tabWidget,SIGNAL(tabCloseRequested(int)),this,SLOT(slot_search_result_tabwidg
et_closed(int)));
```

标签关闭的槽函数实现方法如下：

```
void SecurityCloudStorageClientWidget::slot_search_result_tabwidget_closed(int index){
    ui->search_tabWidget->removeTab(index);           //关闭标签
}
```

将标签添加到 QTabWidget 的实现代码如下：

```
SearchResultWidget * srwidget = new SearchResultWidget(); //初始化数据检索结果显示界面
srwidget->setToolTip("检索结果");                         //设置数据检索结果显示界面的提示名
ui->search_tabWidget->addTab(srwidget,"检索结果"); //将数据检索结果显示界面添加到 QTabWidget 上
ui->search_tabWidget->setCurrentWidget(srwidget);        //将添加的标签设为当前显示页
```

（3）列出数据检索结果。将数据检索结果显示界面以新标签的形式添加至数据检索界面后，将数据检索结果在显示界面中列出，具体实现方法请参考 4.2.7.2 节。数据检索结果显示界面如图 4.33 所示。

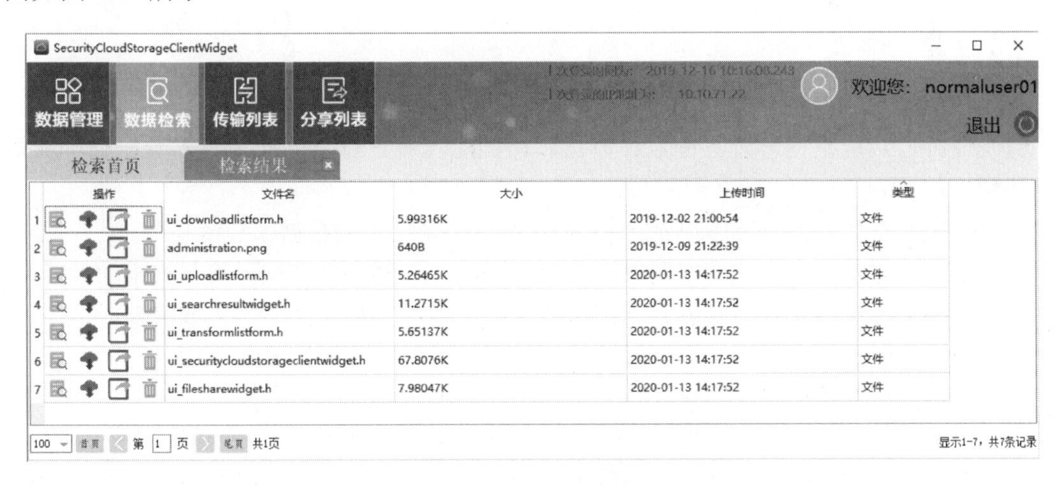

图 4.33　数据检索结果显示界面

4.2.11　数据的删除

数据删除是指客户端向服务端发送数据删除请求，服务端收到请求后将数据元信息从服

务端删除，将密文数据从安全云存储系统删除，将数据加密密钥和密文索引从云安全服务平台中删除。由于数据删除的实现原理在前文已有介绍，所以这里就不再进行讲述了。

4.3 小结

本章首先对安全云存储系统的数据安全服务进行了概述，然后详细介绍了数据安全服务的实现过程，读者可以根据本章提供的示例程序逐步实现各项数据安全服务。

在数据安全服务概述方面，分别介绍了数据加密服务、密钥管理服务和密文检索服务的含义、概要设计和实现流程，为编程实现奠定基础。

在数据安全服务实现方面，分别介绍了客户端界面、数据加/解密、数据元信息生成、密文索引生成、数据上传、数据存储、数据列出、数据下载和打开、数据分享、数据检索以及数据删除的具体实现过程。其中，客户端界面设计实现过程分为界面设计和界面初始化两个部分；数据加/解密的实现包括集成安全组件、加密接口调用和解密接口调用三部分；数据元信息和密文索引的生成介绍了对应功能的实现方法；数据上传的实现包括文件选择框的实现、数据上传界面的设计、数据上传过程的设计和数据上传过程的实现四个部分；数据存储的实现包括数据接收的实现、数据元信息的存储、公有云存储平台的对接、私有云存储平台的对接和云安全服务平台的对接五个部分；数据列出的实现分为服务端数据列出的实现和客户端数据列出的实现两个部分；数据下载和打开的实现分为服务端数据下载的实现、客户端数据下载的实现和客户端数据打开的实现三个部分；数据分享实现的分为客户端和服务端数据分享、获取分享列表、取消分享、获取被分享数据列表和被分享数据下载和打开五部分；数据检索的实现分为服务端数据检索的实现和客户端数据检索的实现两个部分，分别介绍了元信息检索和密文内容检索。以上每一部分均提供了详细的实现步骤、示例代码和关键过程解释，为读者提供详细指导。

习题 4

（1）根据客户端数据管理界面设计方法和初始化实现过程，完成客户端数据管理界面的设计和初始化。

（2）根据数据加密/解密的实现过程和示例程序，编程实现数据加解密功能。

（3）根据数据元信息生成的实现过程和示例程序，编程实现数据元信息生成功能。

（4）根据密文索引生成的实现过程和示例程序，编程实现密文索引生成的功能。

（5）根据数据上传功能的实现过程和示例程序，编程实现数据上传功能。

（6）根据数据存储功能的实现过程和示例程序，编程实现数据存储功能。

（7）根据数据列出功能的实现过程和示例程序，编程实现数据列出功能。

（8）根据数据下载和打开功能的实现过程和示例程序，编程实现数据下载和打开功能。

（9）根据数据分享功能的实现过程和示例程序，编程实现数据分享功能。

（10）根据数据检索的实现过程和示例程序，编程实现数据检索功能。

参考资料

[1] GB/T 17901.1—1999．信息技术　安全技术　密钥管理　第 1 部分：框架．

[2] 亚马逊 S3 官网．https://amazonaws-china.com/cn/s3．

[3] 亚马逊获取临时安全凭证官网．https://docs.aws.amazon.com/zh_cn/IAM/latest/UserGuide/id_credentials_temp.html．

[4] 阿里云对象存储官网．https://www.aliyun.com/product/oss．

[5] 腾讯云对象存储官网．https://cloud.tencent.com/product/cos．

[6] 华为云对象存储官网．https://www.huaweicloud.com/product/obs.html．

[7] 百度云对象存储官网．https://cloud.baidu.com/doc/BOS/index.html．

[8] OpenStack Swift 官网．https://docs.openstack.org/swift/latest．

[9] doctotext 官网．http://silvercoders.com/en/products/doctotext．

第5章 安全云存储系统的更新、测试与发布

系统更新、测试与发布是安全云存储系统开发周期中不可缺少的环节，在开发工作完成后通过更新功能对系统进行修改补充，通过测试工具对系统进行错误检测，通过发布功能实现系统上线运行，才能向用户提供完善、稳定、安全的云存储服务。本章首先介绍安全云存储系统客户端在线更新方法，然后介绍客户端和服务端测试方法，最后介绍客户端打包过程和服务端打包发布方法。

5.1 安全云存储系统的更新

在软件开发过程中，软件的早期版本一般无法满足用户的全部需求，同时也会存在许多潜在的漏洞，因此开发者必然会对软件持续地进行修改、补充和完善，从而要求软件必须具备在线更新功能，确保后续更新版本能够顺利地安装到用户终端上。安全云存储系统的在线更新功能是指客户端软件在连接网络的情况下，能够和服务端交互在线检测客户端版本的新旧变化，并下载、安装最新版本，从而确保客户端软件一直处于最新状态。在线更新功能非常有利于软件的升级迭代，给用户和开发者均带来极大的便利。

客户端在线更新包括服务端版本更新接口和客户端在线更新两部分，下面分别介绍这两个部分的具体实现过程。在在线更新过程中，客户端和服务端进行“请求-响应”交互的数据格式如下。

（1）客户端向服务端发送获取最新版本请求的数据格式如下：

```
POST /getcurrentversion HTTP/1.1                    //获取最新版本请求地址
Host: ip:port                                       //服务端的 IP 地址和端口
Content-Type: application/json                      //请求的数据格式为 JSON

{
    "method":"getcurrentversion",                   //获取最新版本的方法名
    "timestamp":"2019-10-22 13:01:30",              //请求的时间
    "version":"1.0"                                 //接口版本
}
```

（2）服务端向客户端返回最新版本信息的数据格式如下：

```
{
    "method": "getcurrentversion",                  //获取最新版本的方法名
    "result"： "success or fail",                    //返回结果
    "code":"xxx",                                   //返回的状态码
    "message": "getcurrentversion    success",      //返回的信息
```

```
        "details": {
            "currentversion": xxx                        //最新版本
        },
        "timestamp":"xxx"                                //返回消息的时间戳
    }
```

5.1.1　服务端版本更新接口的实现

服务端为客户端提供了最新版本信息获取接口和软件包下载接口。

（1）最新版本信息获取接口的具体实现过程如下：

第一步，在服务端项目的 application.properties 文件中添加最新版本的值，代码如下：

```
    sklois.client.version = 1.0
```

第二步，在项目中新建 CheckUpdateController 类，该类的实现方法如下：

```
    @RestController
    public class CheckUpdateController {
        @Value("${sklois.client.version}")
        private float currentversion;          //定义最新版本，其值在 application.properties 文件中定义
        @RequestMapping("/getcurrentversion")       //定义获取最新版本的网络接口
        @ResponseBody
        public Object getcurrentversion(@RequestBody JSONObject json, HttpServletRequest request)
throws IOException, ServletException {
            /*此处省略了参数解析和正确性判断逻辑*/
            JSONObject ret = new JSONObject();
            ret.put("currentversion",currentversion); //将最新版本信息添加到 JSONObject 中
            //返回 JSON 数据
            return response("getcurrentversion", "success", "8000", "getcurrentversion success", ret);
        }
    }
```

第三步，在项目拦截器中添加需要排除拦截的路径，即在项目 intercept 目录下的 AuthConfiguration 类中添加拦截器排除项，代码如下：

```
    loginRegistry.excludePathPatterns("/getcurrentversion");
```

这样，客户端无须用户鉴别就可以获得最新版本信息。

（2）软件包下载接口的具体实现过程如下：

第一步，将最新版本客户端安装包（客户端打包方法请参考 5.3.1 节）“安全云存储系统.exe”复制至服务端项目的“src/main/resources/static/client”目录下，如图 5.1 所示。

第二步，在项目拦截器中添加需要排除拦截的路径，即在项目 intercept 目录下的 AuthConfiguration 类中添加排除拦截项，代码如下：

```
    loginRegistry.excludePathPatterns("/client/安全云存储系统.exe");
```

这样，用户就可以通过访问网址“https://ip:port/client/安全云存储系统.exe”来下载最新版本安装包。

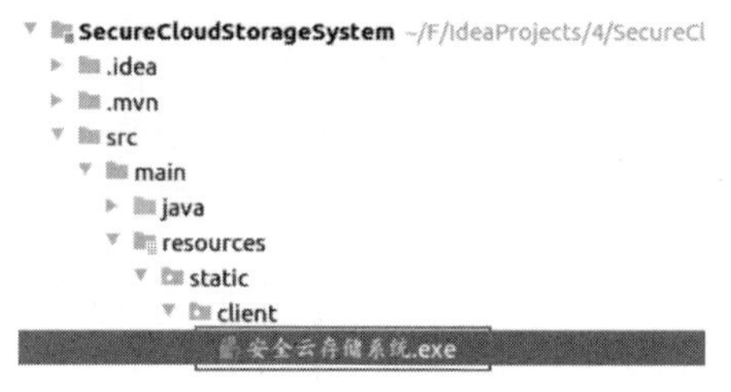

图 5.1 最新版本安装包在服务端中的存放目录

5.1.2 客户端在线更新的实现

客户端在线更新的实现过程包括在线更新过程的设计、在线更新界面的设计和最新版本的安装三部分，下面分别介绍各个部分的具体实现过程。

5.1.2.1 在线更新过程的设计

客户端在线更新的过程如下：

（1）客户端从服务端获取最新版本信息。

（2）客户端判断最新版本是否大于当前版本，若是，则弹出更新提示界面，若否，则不提示。

（3）用户下载并安装最新版本安装包。

客户端实现在线更新的 UML 类图如图 5.2 所示。

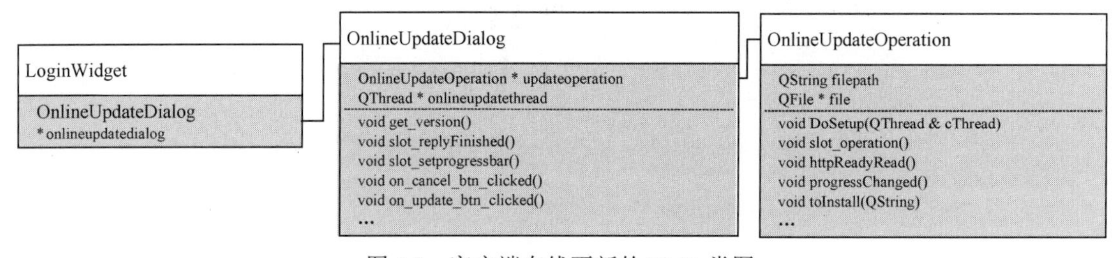

图 5.2 客户端在线更新的 UML 类图

图中，LoginWidget 是客户端登录界面主类，OnlineUpdateDialog 是在线更新弹框类，OnlineUpdateOperation 是在线更新线程类。用户登录客户端后，调用 OnlineUpdateDialog 类中的 get_version()方法获取最新版本信息，当用户选择在线更新时，就开启新线程下载并安装最新版本安装包。客户端在线更新 UML 类图中类、变量和方法的介绍如表 5.1 所示。

表 5.1 客户端在线更新 UML 类图中类、变量和方法的介绍

类、变量或方法	介　　绍
LoginWidget	客户端登录界面主类
OnlineUpdateDialog *onlineupdatedialog	在线更新弹框类局部变量
OnlineUpdateDialog	在线更新弹框类
OnlineUpdateOperation * updateoperation	在线更新线程类变量
QThread * onlineupdatethread	QThread 线程类
void get_version()	向服务端发送获取最新版本请求的实现方法

续表

类、变量或方法	介　　绍
void slot_replyFinished()	接收服务端返回最新版本信息的槽函数
void slot_setprogressbar()	设置下载进度条的槽函数
void on_cancel_btn_clicked()	单击“暂不更新”按钮触发的槽函数
void on_update_btn_clicked()	单击“更新”按钮触发的槽函数
OnlineUpdateOperation	在线更新线程类
QString filepath	最新版本安装包下载路径
QFile * file	最新版本安装包 QFile 类变量
void DoSetup(QThread & cThread)	线程和对象绑定的函数（具体使用方法请参考 2.1.3.4 节）
void slot_operation()	最新版本安装包下载实现方法
void httpReadRead()	最新版本安装包保存到本地的实现方法
void progressChanged()	数据下载进度槽函数
void toInstall(QString)	安装最新版本安装包的实现方法

客户端在线更新的实现方法与 4.2.8.2 节中的客户端数据下载的实现方法类似，这里就不再进行介绍了。

5.1.2.2　在线更新界面的设计

在线更新界面的设计和实现过程如下：在项目中新建 Qt 设计师界面类，类名为“OnlineUpdateForm”，该类继承自 QDialog。新建完成后进入该类的设计模式来设计在线更新界面。客户端在线更新界面设计如图 5.3 所示。

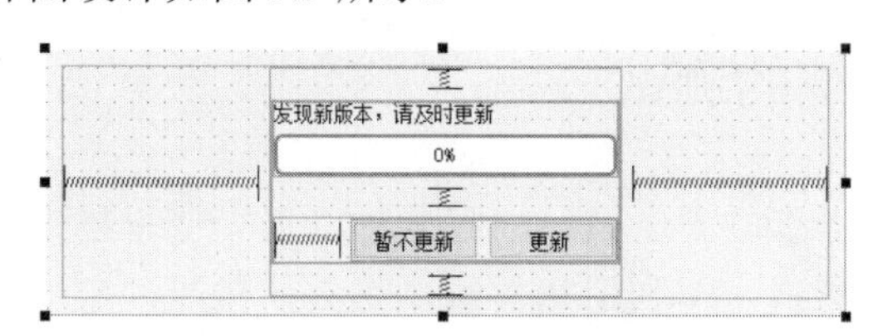

图 5.3　客户端在线更新界面设计

客户端在线更新界面采用水平布局，左右各添加一个水平间隔器（Horizontal Spacer），中间部分采用垂直布局，自上而下依次为提示更新的标签、进度条和按钮等。为防止窗口拉伸时导致元素变形，在垂直布局的最上方和最下方分别布置一个垂直间隔器（Vertical Spacer）。在检测到有最新版本时弹出在线更新界面，实现方法如下：

```
if(nullptr!=version&&version>currentversion){          //判断最新版本是否大于当前版本
    this->setWindowModality(Qt::ApplicationModal);  //设置此窗口为模态对话框，父窗口不可单击
    this->show();                                       //显示在线更新界面
}
```

5.1.2.3　最新版本安装包的安装

最新版本安装包下载完成后会自动进行安装，安装的实现方法如下：

```
//最新版本安装包自动安装的实现方法，其中 exePath 为最新版本安装包路径
void OnlineUpdateOperation::toInstall(QString exePath) {
    QProcess _mprocess;                        //实例化 QProcess 类
    _mprocess.startDetached(exePath);          //启动最新版本安装包执行程序
    QApplication::exit();                      //退出当前运行的程序
}
```

客户端在线更新界面的运行效果如图 5.4 所示。

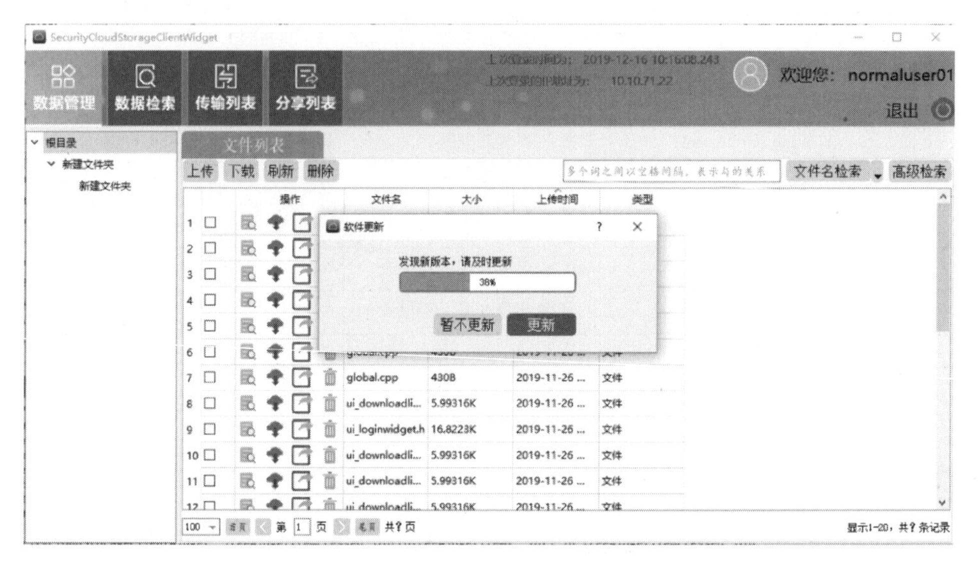

图 5.4　客户端在线更新界面的运行效果

5.2　安全云存储系统的测试

随着系统开发规模的逐步增大，系统的复杂程度也会变得越来越高。为了确保系统的运行正常，需要对系统进行测试，即利用相关测试工具，按照一定的测试方案和流程对系统的功能和性能进行测试，对可能出现的问题进行分析和评估，发现并跟踪解决错误，以确保所开发的系统能够满足用户的需求。安全云存储系统的测试包括客户端测试和服务端测试两部分，本节分别介绍各部分的测试方法和过程。

5.2.1　客户端测试

客户端测试包括客户端单元测试和客户端打印日志测试两种方式，下面分别介绍这两种方式的具体测试过程。

5.2.1.1　客户端单元测试

单元测试又称为模块测试，指对软件中的最小可测试单元进行检查和验证，是软件测试中最基本的测试活动，能够及时发现程序问题，便于早期修改，降低开发后期的测试和维护成本。根据实际情况，最小可测试单元可以是一个方法、一个类或者系统界面中的一个窗口或菜单。安全云存储系统客户端单元测试基于 Qt 单元测试工具 QTestLib 进行，本节分别介绍

QTestLib 的使用方法、客户端函数单元测试和客户端界面单元测试，更多 QTestLib 测试方法请参考 Qt 官方文档[1]。

（1）QTestLib 使用方法。在 QTestLib 单元测试体系中，每个测试文件都是一个测试集合，测试集合是一个继承自 QObject 的测试对象，测试对象的每个私有槽函数都是一个测试函数。QTestLib 单元测试框架通过 QObject::metaObject()获取测试对象的 QMetaObject 属性，通过 QMetaObject::method()依次获取测试对象的私有槽函数，逐个调用并输出测试结果。下面介绍 QTestLib 的具体使用方法。

在 Qt 的欢迎窗口中，单击“Projects→New Project”或直接按下快捷键“Ctrl+N”，在选择模板界面选择“其他项目”中的“Auto Test Project”项，然后单击“Choose”按钮，如图 5.5 所示。

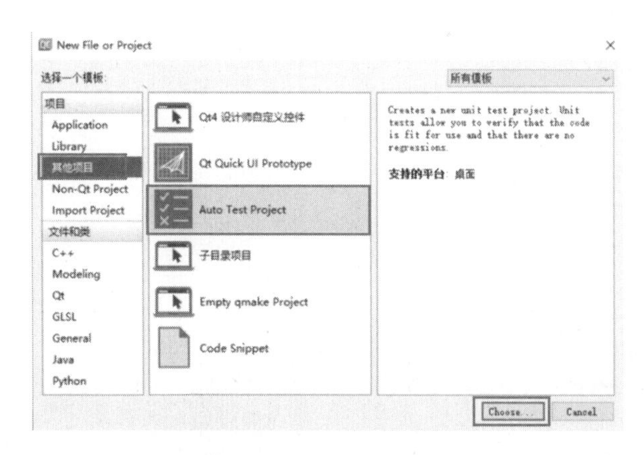

图 5.5 新建单元测试项目

在弹出的“Auto Test Project”对话框中输入测试项目的名称和创建路径，单击“下一步”按钮，弹出填写测试项目详细信息界面。测试框架（Test framework）选择“Qt Test”，测试用例名字（Test case name）填写测试类名称，如图 5.6 所示。

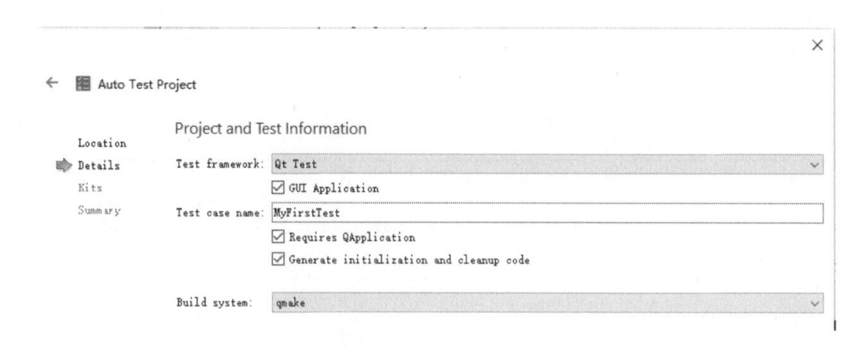

图 5.6 填写测试项目详细信息界面

其中，勾选“GUI Application”选项表示该项目依赖 GUI 组件，项目的 pro 文件中会添加“QT+=gui”；勾选“Requires QApplication”选项表示该项目依赖 QApplication 类；勾选“Generate initialization and cleanup code”选项表示该项目会自动添加初始化与清除函数。单击“下一步”按钮，在弹出对话框中选择构建套件后继续单击“下一步”按钮，在弹出的设置项目管理窗口中单击“完成”按钮后即可完成测试项目的创建。测试项目的目录如图 5.7 所示。

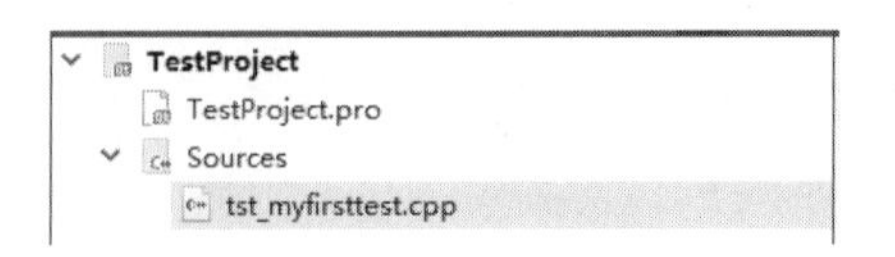

图 5.7　测试项目的目录

双击“tst_myfirsttest.cpp”即可查看测试代码，如下所示：

```
class MyFirstTest : public QObject
{
    Q_OBJECT
public:
    MyFirstTest();                          //构造函数
    ~MyFirstTest();                         //析构函数
private slots:
    void initTestCase();                    //初始化函数
    void cleanupTestCase();                 //清除函数
    void test_case1();                      //测试函数
};
MyFirstTest::MyFirstTest(){}                //构造函数的实现
MyFirstTest::~MyFirstTest(){}               //析构函数的实现
void MyFirstTest::initTestCase(){}          //初始化函数的实现
void MyFirstTest::cleanupTestCase(){}       //清除函数的实现
void MyFirstTest::test_case1(){}            //测试函数的实现
QTEST_MAIN(MyFirstTest)                     //测试启动宏
#include "sts_myfirsttest.moc"              //包含 moc 文件
```

MyFirstTest 测试类继承自 QObject，其私有槽函数就是测试函数。在上述测试代码中，initTestCase()和 cleanupTestCase()函数是 Qt Test 测试框架的专用槽函数，test_case1()函数为测试函数，测试者可在测试函数中添加单元测试逻辑。此外，测试者还可添加任意数量的自定义测试函数，测试函数的名称不可使用专用槽函数名称。专用槽函数说明如表 5.2 所示。

表 5.2　专用槽函数说明

函数名称	调用时间	作用
initTestCase()	在第一个测试函数执行前被调用	主要用于准备测试环境，包括构造测试相关的对象、初始化局部变量、进行数据库连接、准备测试数据等
initTestCase_data()	—	用于创建一个全局测试数据表，并向 initTestCase()函数传递初始化变量
cleanupTestCase()	在最后一个测试函数执行后被调用	主要用于销毁测试过程中构造的对象资源、删除测试过程中生成的数据等
init()	在每个测试函数执行前被调用	主要用于构造每个测试函数的测试环境，包括构造每个测试函数的初始化变量、准备测试数据等
cleanup()	在每个测试函数执行后被调用	主要用于删除或销毁每个测试函数生成的对象或数据等

在上述专用槽函数中，若 initTestCase()函数执行失败，则任何测试函数都不会执行。若 init()函数执行失败，则紧随其后的测试函数不会被执行，测试框架会继续执行下一个测试函数。

QTEST_MAIN()为测试的启动宏，宏中定义了测试项目的入口 main()函数，测试项目将从测试启动宏开始，逐个执行全部的测试函数。

在测试函数中添加测试逻辑，代码如下：

```
void MyFirstTest::test_case1()
{
    QString str = "Hello";
    QCOMPARE(str.toUpper(), QString("HELLO"));        //调用 QCOMPARE()函数比较字符串
}
```

单击 Qt 界面左下角的运行按钮或者按下快捷键“Ctrl+R”执行测试项目，默认测试结果以纯文本形式显示在控制台中，如下所示：

```
********************* Start testing of MyFirstTest *********************
Config: Using QtTest library 5.12.3, Qt 5.12.3 (x86_64-little_endian-llp64 shared (dynamic) release build; by GCC 7.3.0)
PASS    : MyFirstTest::initTestCase()
PASS    : MyFirstTest::test_case1()
PASS    : MyFirstTest::cleanupTestCase()
Totals: 3 passed, 0 failed, 0 skipped, 0 blacklisted, 2 ms
********************* Finished testing of MyFirstTest *********************
```

测试日志中显示了每个测试函数的执行结果。

此外，还可使用 AutoTest 插件实现直观的可视化效果，方法如下：在 Qt 界面中单击“Help→About Plugins→Utilities”，选中“AutoTest”，重启 Qt Creator 后会在下方出现“Test Results”标签，单击此标签可切换至 AutoTest 界面，单击上方的运行按钮即可运行所有测试函数。AutoTest 插件可以在进行单元测试后以红、绿色表示运行结果，上述测试项目的 AutoTest 运行界面如图 5.8 所示。

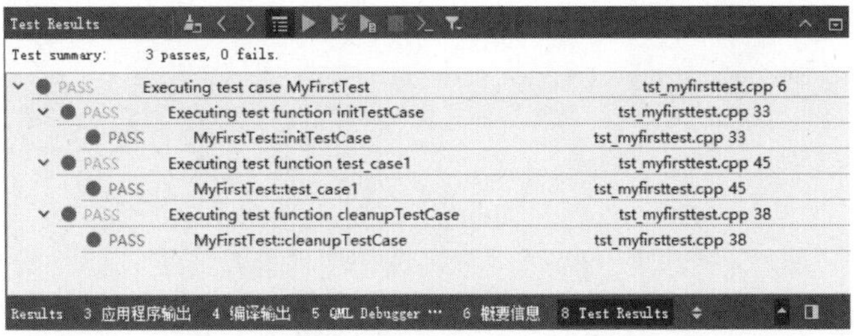

图 5.8　MyFristTest 的 AutoTest 运行界面

（2）客户端函数单元测试。QTestLib 框架能够非常容易地嵌入客户端项目中，完成客户端函数的单元测试。下面以测试数据加/解密接口为例，介绍客户端函数单元测试的具体实现方法。

① 测试类编写方法。

第一步，在客户端项目的.pro 文件中添加 QTestLib 依赖，代码如下：

```
QT += testlib
```

第二步，在项目的根目录下新建用于存放测试代码的 Test 文件夹。右键单击项目来新建 C++类，类名为“FunctionTest”，该类继承自 QObject。在该类的头文件中添加如下代码：

```
class FunctionTest : public QObject{
    Q_OBJECT
public:
    explicit FunctionTest(QObject *parent = nullptr);    //构造函数的定义
private slots:
    void initTestCase();                                 //初始化函数
    void cleanupTestCase();                              //清除函数
    void testcryptoalg();                                //测试函数
private:
    //定义上传操作实体私有变量，变量的初始值为空，此类的具体实现请参考 4.2.5 节
    UploadOperation *uploadoperation {uploadoperation = nullptr };
    //定义下载操作实体私有变量，变量的初始值为空，此类的具体实现请参考 4.2.8 节
    DownloadOperation *downloadoperation {downloadoperation = nullptr };
};
```

针对数据加/解密接口的测试，该类的实现如下：

```
FunctionTest::FunctionTest(QObject *parent) : QObject(parent){}     //构造函数
void FunctionTest::initTestCase(){                                  //初始化函数的实现
    if(nullptr==uploadoperation){                                   //如果变量为空
        uploadoperation = new UploadOperation();                    //实例化上传操作实体类
    }
    if(nullptr==downloadoperation){                                 //如果变量为空
        downloadoperation = new DownloadOperation();                //实例化下载操作实体类
    }
}
void FunctionTest::cleanupTestCase(){                 //清除函数的实现
    if(nullptr!=uploadoperation){                     //如果变量不为空
        delete uploadoperation;                       //销毁对象
        uploadoperation = nullptr;                    //对象置为空
    }
    if(nullptr!=downloadoperation){                   //如果变量不为空
        delete downloadoperation;                     //销毁对象
        downloadoperation = nullptr;                  //对象置为空
    }
}
void FunctionTest::testcryptoalg(){                   //测试函数的实现
    QString inputstr = "xxxxxxx";                     //初始化明文字符串
    char output [83]="\0";                            //定义解密后数据的存放变量
    //使用 sessionkey 作为密钥，将 sessionkey 由 QString 类型转成 QByteArray 类型
    QByteArray sessinkeyarray = sessionkey.toUtf8();
```

```
        char * key = sessinkeyarray.data();                     //将 QByteArray 类型转成 char *类型
        int keylen = sessinkeyarray.length();                   //获取密钥长度
        QByteArray inputbyte = inputstr.toUtf8();               //将明文数据字符串转成 QByteArray 类型
        char * input = inputbyte.data();                        //将 QByteArray 类型转成 char *类型
        int inputlen = inputbyte.length();                      //获取明文数据字符串长度
        char cipherkeyout[109] = "\0";                          //定义密文数据变量
        //调用上传操作实体类中的加密函数实现数据加密，具体函数实现请参考 4.2.5 节
        uploadoperation->aes_cbc_pkcs5_encrypt(key,keylen,input,inputlen, cipherkeyout);
        //调用下载操作实体类中的解密函数实现数据解密，具体函数实现请参考 4.2.8 节
        downloadoperation->aes_cbc_pkcs5_decrypt(key,keylen,cipherkeyout,strlen(cipherkeyout),output);
        QString decryptstr(output);                             //将 char *类型转成 QString 类型
        //调用 QCOMPARE()函数比较加密前的数据和解密后的数据是否相同
        QCOMPARE(inputstr,decryptstr);
}
QTEST_MAIN(FunctionTest);                                       //调用 QTEST_MAIN()函数启动测试类
```

第三步，切换至 Test Results 界面，运行所有测试，运行结果如图 5.9 所示。

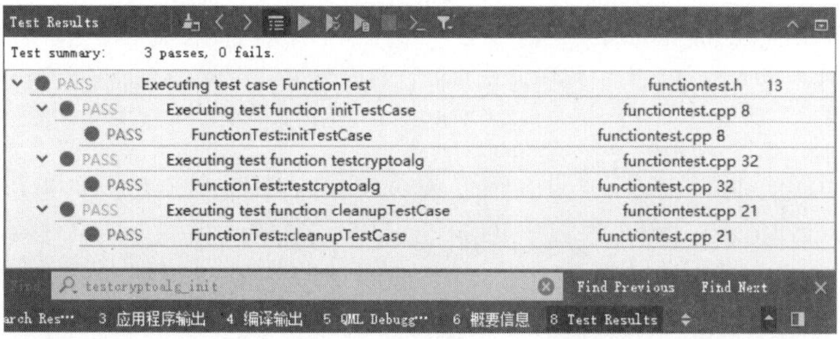

图 5.9　函数单元测试运行结果

图 5.9 表明初始化函数、测试函数和清除函数的单元测试均已通过。

注意： 由于在 QTEST_MAIN()函数启动宏中定义了 main()函数，所以执行测试函数前需要将项目中的原 main()函数注释掉，否则会出现“多次定义 main()函数”的错误。

② 增加测试数据方法。根据上述测试代码编写方法，如果需要对某个函数进行多组输入数据测试，则需新增很多测试用例。为避免测试函数重复，QTestLib 具有向测试函数增加测试数据的机制，仅需在测试类中增加一个私有槽函数，实现方法如下。

第一步，在测试类 FunctionTest 中增加为测试函数提供测试数据的槽函数，该函数必须与测试函数同名，并加上“_data”后缀，代码如下：

```
class FunctionTest: public QObject
{
        Q_OBJECT
private slots:
        void testcryptoalg_data();       //新增一个向测试函数提供测试数据的私有槽函数
        void testcryptoalg();
};
```

第二步，实现该槽函数，代码如下：

```
void FunctionTest::testcryptoalg_data(){        //向测试函数提供测试数据的私有槽函数的实现方法
    //定义测试数据表的一列元素，数据类型为 QString，数据名为 inputstr
    QTest::addColumn<QString> ("inputstr");
    //向测试数据表中添加数据，名称为 parameter1，值为 xxxxxx1
    QTest::addRow("parameter1")<<"xxxxxx1";
    //向测试数据表中添加数据，名称为 parameter2，值为 xxxxxx2
    QTest::addRow("parameter2")<<"xxxxxx2";
}
```

其中，QTest::addColumn()函数用于定义测试数据表的一列元素，数据类型为“QString”，变量名为“inputstr”；QTest::newRow()函数用于向测试数据表中增加一行数据，数据名称为“parameter”，值为“xxxxxx”。

第三步，对测试函数进行修改。使用 QFETCH()宏接收 testcryptoalg_data()函数中变量的值，变量类型为“QString”，变量名称为“inputstr”，代码如下：

```
void FunctionTest::testcryptoalg(){        //测试函数的实现
    QFETCH(QString,inputstr);              //使用 QFETCH()函数接收变量的值
    /*此处测试代码与上文中实现方法相同，省略*/
}
```

由于 testcryptoalg_data()函数添加了两行测试数据，因此 testcryptoalg()函数会执行两次。测试者可以在 testcryptoalg_data()函数中添加任意数量的测试数据，在不修改测试函数的情况下实现任意次数的函数单元测试的调用。为了使测试程序正常执行，同样需在测试代码最后添加“QTEST_MAIN(FunctionTest)”。向测试函数增加测试数据的运行结果如图 5.10 所示。

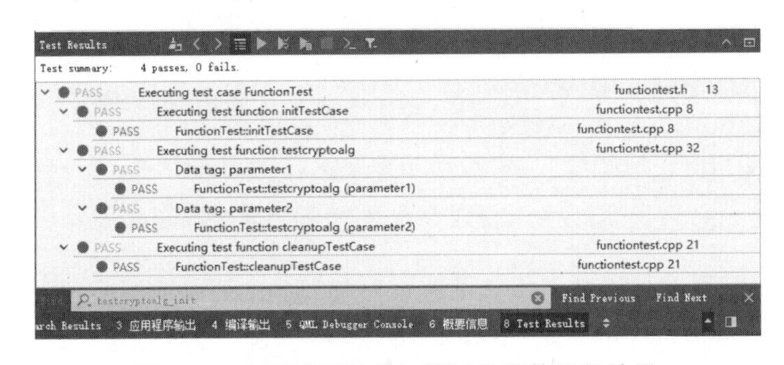

图 5.10　向测试函数增加测试数据的运行结果

可以看到，针对数据加/解密接口的测试函数 testcryptoalg()被调用了两次，测试数据名称分别为“parameter1”和“parameter2”，均测试通过。

（3）客户端界面单元测试。除外函数单元测试，QTestLib 框架还提供了界面单元测试，可通过模拟人机交互的鼠标单击和键盘输入等事件，捕捉界面元素属性，检查界面的执行结果。下面以测试用户登录界面为例，介绍具体客户端界面单元测试的实现方法。

① 测试类编写方法。

第一步，在被测试的界面类 LoginWidget 中添加测试友元类，代码如下：

```
class LoginWidget : public QWidget
{
    Q_OBJECT
public:
    friend class TestLoginGui;    //添加测试友元类，类名与即将新建的测试类类名保持一致
    explicit LoginWidget(QWidget *parent = nullptr);
    /*此处省略了此类中的其他代码，具体实现请参考 3.2.3 节*/
};
```

第二步，在项目的 Test 目录下新建 TestLoginGui 类，该类继承自 QWidget，编写测试函数。TestLoginGui 类的头文件如下：

```
#include <QtTest>                           //在头文件中添加 QtTest 依赖
#include "./Login/loginwidget.h"            //添加被测试的界面类的依赖
#include "ui_loginwidget.h"                 //添加界面类 ui 头文件依赖
class TestLoginGui : public QObject
{
    Q_OBJECT
public:
    explicit TestLoginGui(QObject *parent = nullptr);
private slots:
    void test_logingui();                   //定义测试函数
};
```

TestLoginGui 类的源文件如下：

```
void TestGui::test_logingui(){              //测试函数的实现
    LoginWidget login;                      //初始化界面类
    //使用 QTest::keyClicks()方法模拟输入用户名字符串
    QTest::keyClicks(login.ui->lineEdit_username,"xxxxx");
    //使用 QTest::keyClicks()方法模拟输入口令字符串
    QTest::keyClicks(login.lineEdit_password," xxxxxxx");
    //使用 QCOMPARE()函数比较用户名输入框内容与期望值是否相同
    QCOMPARE(login.ui->lineEdit_username->text(),"xxxxx");
    //使用 QCOMPARE()函数比较口令输入框内容与期望值是否相同
    QCOMPARE(login.lineEdit_password->text(),"xxxxxxx");
}
QTEST_MAIN(TestLoginGui);
```

第三步，在 AutoTest 插件中运行测试函数，运行结果如图 5.11 所示。

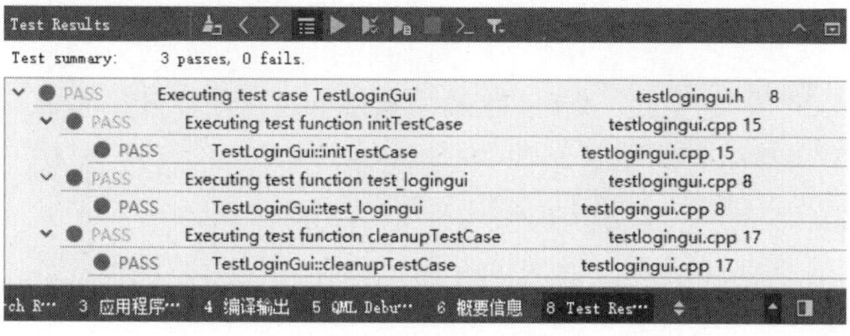

图 5.11　用户登录界面单元测试运行结果

图 5.11 表明用户登录界面单元测试已经通过。

② 重复测试方法。与函数单元测试类似，QTestLib 框架也提供针对界面的重复单元测试，具体实现方法如下。

第一步，在测试类 TestLoginGui 中新增一个向测试函数提供数据的私有槽函数，与测试函数同名且后缀为“_data”，如下：

```
/*此处省略了头文件的引用，具体请参考上文 TestLoginGui 类头文件的实现方法*/
class TestLoginGui : public QObject
{
    Q_OBJECT
    explicit TestLoginGui(QObject *parent = nullptr);
    private slots:
    void test_logingui();            //定义测试函数
    void test_logingui_data();   //新增一个向测试函数提供数据的私有槽函数
};
```

第二步，实现该槽函数，代码如下：

```
void TestLoginGui::test_logingui_data(){            //数据函数实现方法
    /*定义测试数据表的一列元素，数据类型为 QTestEventList，数据名为 event1，该列数据表示
用户名输入键盘操作*/
    QTest::addColumn<QTestEventList>("event1");
    /*定义测试数据表的一列元素，数据类型为 QTestEventList，数据名为 event2，该列数据表示
口令输入键盘操作*/
    QTest::addColumn<QTestEventList>("event2");
    /*定义测试数据表的一列元素，数据类型为 QString，数据名为 uexp，该列数据表示用户名期
望值*/
    QTest::addColumn<QString>("uexp");
    //定义测试数据表的一列元素，数据类型为 QString，数据名为 pexp，该列数据表示口令期望值
    QTest::addColumn<QString>("pexp");
    QTestEventList ulist1;
    ulist1.addKeyClicks("xxxx");          //为 ulist1 添加一个键盘输入操作，输入的内容为 xxxx
    QTestEventList plist1;
    plist1.addKeyClicks("xxxxx");         //为 plist1 添加一个键盘输入操作，输入的内容为 xxxxx
    //添加一行测试数据，此行数据的名称为 parameter1，值分别为 ulist1、plist1、xxxx、xxxxx
    QTest::newRow("parameter1")<<ulist1<<plist1<<"xxxx"<<"xxxxx";
    QTestEventList ulist2;                //初始化 QTestEventList 类
    ulist2.addKeyClicks("xxxxxx");        //为 ulist2 添加一个键盘输入操作，输入的内容为 xxxxxx
    QTestEventList plist2;                //初始化 QTestEventList 类
    plist2.addKeyClicks("xxxxxxx");       //为 plist2 添加一个键盘输入操作，输入的内容为 xxxxxxx
    //添加一行测试数据，此行数据的名称为 parameter2，值分别为 ulist2、plist2、xxxxxx、xxxxxxx
    QTest::newRow("parameter2")<<ulist2<<plist2<<"xxxxxx"<<"xxxxxxx";
}
```

第三步，对测试函数进行修改，新增接收测试数据和模拟按键的逻辑，具体实现方法如下：

```
void TestLoginGui::test_logingui(){
    //从测试数据中取出第一列数据，该数据的类型为 QTestEventList，该数据的名字为 event1
```

```
        QFETCH(QTestEventList,event1);
        //从测试数据中取出第二列数据，该数据的类型为 QTestEventList，该数据的名字为 event2
        QFETCH(QTestEventList,event2);
        QFETCH(QString,uexp);       //从测试数据中取出第三列数据，该数据的名字为 uexp
        QFETCH(QString,pexp);       //从测试数据中取出第四列数据，该数据的名字为 pexp
        LoginWidget login;          //初始化界面类
        event1.simulate((login.ui->lineEdit_username));     //模拟用户名输入
        event2.simulate((login.lineEdit_password));         //模拟口令输入
        //获取用户名输入框的内容并与期望值进行比较
        QCOMPARE(login.ui->lineEdit_username->text(),uexp);
        //获取口令输入框的内容并与期望值进行比较
        QCOMPARE(login.lineEdit_password->text(),pexp);
    }
```

第四步，修改完成后，在 AutoTest 插件中运行测试函数，运行结果如图 5.12 所示。

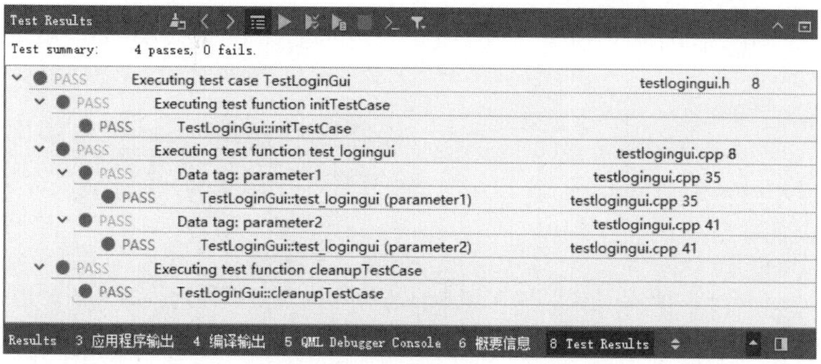

图 5.12　用户登录界面重复单元测试运行结果

可以看到，针对用户登录界面的测试函数 test_logingui()运行了两次，均通过了测试。

5.2.1.2　客户端打印日志测试

除了单元测试，打印日志测试也是一种常用的客户端测试方法。在 Qt 中，通常使用 QDebug 类中的 qDebug()方法来打印日志，使用方法如下：

```
    #include <QDebug>                          //头文件中添加 QDebug 类的引用
    /*调用 qDebug()方法打印日志，Q_FUNC_INFO 宏定义表示当前方法名，log message 为打印的日
志信息*/
    qDebug()<<Q_FUNC_INFO<<"log message";
```

通过上述代码，程序执行时的运行日志便会输出至控制台。然而，在实际项目开发中，这种打印日志的方法存在日志信息混乱、拖慢程序运行速度、难以快速去除日志逻辑、程序离开 Qt 环境后无法实时查看运行日志等问题。为了解决这些问题，下面介绍一种自定义的日志打印窗口、支持日志分级打印、可快速去除日志逻辑的日志调试方法，该方法包括日志打印窗口的设计、日志打印窗口的激活、日志调用接口的定义三部分。

（1）日志打印窗口的设计。首先，设计、实现日志打印窗口，具体实现过程如下：

第一步，在项目中新建 Qt 设计师界面类，类名为“LocalLogDialog”，该类继承自 QDialog。新建完成后进入该类的设计模式来设计日志打印窗口，如图 5.13 所示。

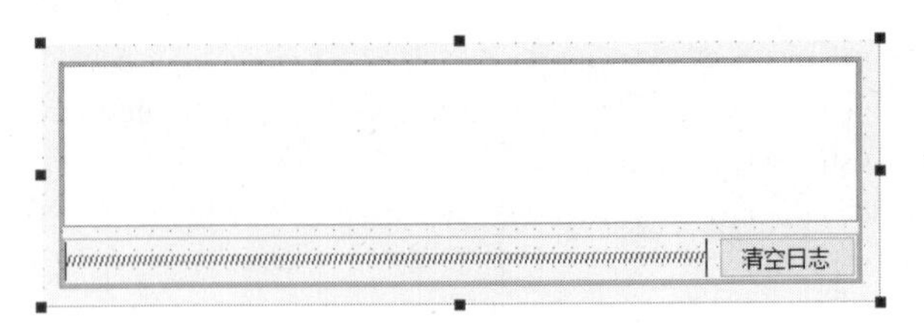

图 5.13　日志打印窗口设计

日志打印窗口整体采用水平布局，其中包含一个 QScrollArea 滚动窗口，该滚动窗口对应的组件为部件列表窗口中的 Scroll Area。QScrollArea 滚动窗口内部采用垂直布局，从上至下依次为 QTextEdit 组件、水平间隔器与清空日志按钮。其中，QTextEdit 组件用于显示日志，清空日志按钮用于清空 QTextEdit 组件中的日志内容。

第二步，切换至日志打印窗口类的头文件 localloggdialog.h，定义如下方法和变量：

```
    public:
        void addlogtext(QString str);              //定义 addlogtext()公有方法，调用此方法可以在日志打
印窗口中显示日志
    private slots:
        void on_clear_pushButton_clicked();   //单击“清空日志”按钮触发的槽函数
        void relayout(QString);                    //刷新日志打印窗口的函数
    private:
        QString logtext;                           //定义日志变量
        /*定义锁变量，此处的锁是为了避免日志打印函数被多线程同时调用时造成日志打印不准确
的问题*/
        static QMutex _mutex;
```

第三步，实现日志打印窗口类的源文件 locallogdialog.cpp，代码如下：

```
    QMutex LocalLogDialog::_mutex;                   //初始化锁变量
    //构造函数的实现方法
    LocalLogDialog::LocalLogDialog(QWidget *parent):QDialog(parent),ui(new Ui::LocalLogDialog){
        ui->setupUi(this);
        //当滚动窗口垂直方向内容填充不下时显示垂直滚动拉框
        ui->scrollArea->setVerticalScrollBarPolicy(Qt::ScrollBarAsNeeded);
        //当滚动窗口水平方向内容填充不下时显示水平滚动拉框
        ui->scrollArea->setHorizontalScrollBarPolicy(Qt::ScrollBarAsNeeded)
    }
    void LocalLogDialog::relayout(QString str){         //刷新界面
        _mutex.lock();                                   //加锁
        if(nullptr==str){                                //判断 str 是否为空
            this->logtext = "";                          //如果为空，则清空日志
        }else{                                           //如果 str 不为空
            QDateTime time = QDateTime::currentDateTime(); //获取系统现在的时间
            //将时间转换成固定格式
            QString str_currenttime = time.toString("yyyy-MM-dd hh:mm:ss ddd");
            //在变量 this-> logtext 尾部拼接当前时间和日志
            this->logtext+="\n["+str_currenttime +":] "+ str;
        }
```

```
        ui->log_textEdit->setText(this->logtext);                //将 QTextEdit 的内容设置为日志
        QTextCursor cursor = ui->log_textEdit->textCursor();   //获取 QTextEdit 光标
        cursor.movePosition(QTextCursor::End);                  //设置光标移动到最末尾
        ui->log_textEdit->setTextCursor(cursor);                //QTextEdit 显示最后一行
        _mutex.unlock();                                        //解锁
    }
    void LocalLogDialog::addlogtext(QString str){
        relayout(str);              //调用 relayout()函数，传参 str 不为空，表示在日志打印窗口显示日志
    }
    void LocalLogDialog::on_clear_pushButton_clicked()
    {
        relayout(nullptr);          //调用 relayout()函数，传参是 nullptr，表示清空日志
    }
```

LocalLogDialog 类对外提供 addlogtext(QString)方法，调用该方法即可实现自定义日志打印窗口动态显示地日志。

（2）日志打印窗口的激活。调用 addlogtext(QString)方法之前，需要动态激活日志打印窗口，激活的方式为按下特殊按键，下面介绍具体实现方法。

第一步，定义全局变量。在 global.h 文件中添加如下内容：

```
    extern LocalLogDialog *locallogdialog;          //定义 LocalLogDialog 全局变量
    #define _DEBUG_SWITCH_                          //日志开关的宏定义
```

在 global.cpp 文件中添加如下内容：

```
    LocalLogDialog *locallogdialog = nullptr;       //初始化 locallogdialog 变量为空
```

第二步，在项目的登录界面（LoginWidget 类）和客户端主界面（SecurityCloudStorageClientWidget 类）中添加按键检测逻辑，在对应类的头文件中定义按键检测方法，如下：

```
    protected:
        void keyReleaseEvent(QKeyEvent *event);
```

在对应类的 cpp 文件中添加按键检测的实现逻辑，如下：

```
    void MainWidget::keyReleaseEvent(QKeyEvent * event) { //按键检测的实现逻辑
        if (nullptr != event&& Qt::Key_F3 == event->key()) { //检测 F3 键按下
    #ifdef _DEBUG_SWITCH_           //如果定义了_DEBUG_SWITCH_，则编译执行如下逻辑
            if (nullptr == locallogdialog) {                   //如果全局变量 locallogdialog 为空
                locallogdialog = new LocalLogDialog();  //实例化全局变量
            }
            if (!locallogdialog ->isActiveWindow()) {          //如果日志打印窗口未显示
                locallogdialog ->show();                       //显示日志打印窗口
            }
            if (!locallogdialog >isVisible()) {                //如果日志打印窗口不可见
                locallogdialog->setVisible(true);              //设置日志打印窗口为可见状态
            }
    #endif
        }
    }
```

通过上述方法，当按下“F3”按键时，便可弹出日志打印窗口。

（3）日志调用接口的定义。完成日志打印窗口的设计并将其动态激活后，还需定义统一的日志调用接口，下面介绍具体实现方法。

第一步，添加全局变量。在 global.h 文件中添加如下定义：

```
extern int loglevel;                //定义日志显示等级
```

在 global.cpp 文件中初始化 loglevel 变量的值，代码如下：

```
int loglevel = 0;                   //设置日志显示等级为 0，也就是显示所有日志
```

第二步，在项目中新建 C++类，命名为“SecCloudLog”，在其头文件中添加静态方法 PringLog()的定义，代码如下：

```
public:
void static PringLog(QString, QString, int);
```

在 seccloudlog.cpp 文件中添加 PringLog()的实现方法，代码如下：

```
//打印日志的实现函数，参数分别是函数名、日志、日志等级
void SecCloudLog::PrintLog(QString funcinfo ,QString message,int level) {
    /*level 为当前日志等级，loglevel 为全局变量值定义的日志等级，如果 level 大于或等于
loglevel，则执行如下逻辑*/
    if(level>=loglevel){
        //判断日志打印窗口是否为空，是否为可见
        if (nullptr != locallogdialog&&locallogdialog->isVisible()) {
            //调用日志打印窗口的 addlogtext()函数将日志打印到日志打印窗口中
            locallogdialog->addlogtext(funcinfo + message);
        }else{                                  //如果日志打印窗口不可用
            qDebug() << funcinfo << message;    //将日志打印到控制台中
        }
    }
    return;
}
```

在代码中调用 PrintLog()实现日志打印，具体调用方法如下：

```
#ifdef _DEBUG_SWITCH_       //如果定义了_DEBUG_SWITCH_，则编译执行如下逻辑
    QString logmessage;                         //定义 logmessage 变量
    QTextStream logmessageout(&logmessage);     //定义 QTextStream 变量
    logmessageout << "log message";             //将日志输入到 QTextStream 变量中
    /*调用静态方法 PrintLog()实现日志打印，其中 Q_FUNC_INFO 为当前函数名，logmessage 为
日志，1 代表当前日志等级*/
    SecCloudLog::PrintLog(Q_FUNC_INFO, logmessage,1);
#endif
```

通过上述方法，测试者可以通过控制全局变量中的日志等级和日志开关宏定义来实现日志分级打印和快速去除日志逻辑等功能。自定义的日志打印窗口运行效果如图 5.14 所示。

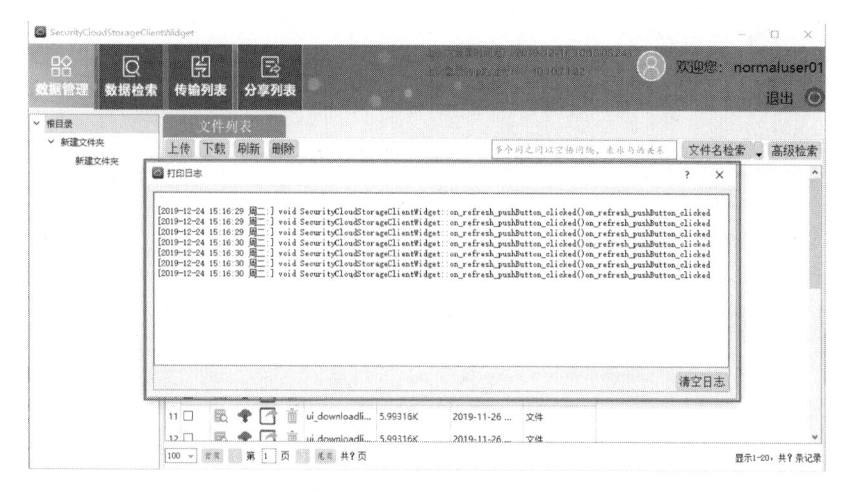

图 5.14　自定义的日志打印窗口运行效果

5.2.2　服务端测试

服务端测试包括服务端单元测试和服务端网络通信测试，下面分别进行介绍。

5.2.2.1　服务端单元测试

安全云存储系统的服务端单元测试是基于 Java 的单元测试框架 JUnit 进行的，接下来就介绍 JUnit 的使用方法、服务端函数单元测试和服务端网络接口单元测试。

（1）JUnit 的使用方法。JUnit 是一种面向 Java 单元测试的开源框架，能够帮助程序员自动地进行 Java 程序测试。当被测试模块出现错误时，JUnit 会自动提示 Failure 或 Error，帮助程序员判断代码实际运行结果与期望值是否相同，提高测试效率。在 Java 程序开发过程中使用 JUnit 进行单元测试将会大幅提高程序质量，保证程序正确运行。

SpringBoot 框架为开发者提供完整的 JUnit 测试框架，在创建 SpringBoot 项目时，SpringBoot 框架会自动添加测试依赖和测试类。其中，测试依赖位于 pom.xml 文件中，内容如下：

```
<dependency>
    <groupId>org.springframework.boot</groupId>
    <artifactId>spring-boot-starter-test</artifactId>
    <scope>test</scope>
</dependency>
```

测试类位于“src/test/java”的根目录下，如图 5.15 所示。

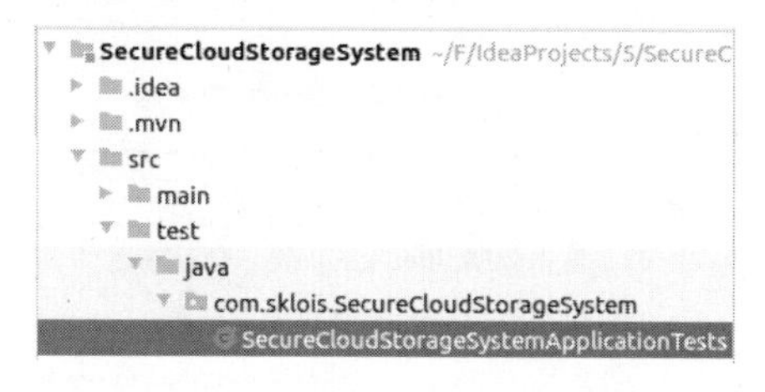

图 5.15　测试类在项目中的位置

测试类的包名与项目包名一致，类名为“项目启动类名称+Tests”。测试类的内容如下：

```
//该注解用来获取程序启动类（被@SpringBootApplication 注解的启动类），并启动应用程序上下文
@SpringBootTest
//运行 SpringBoot 的测试环境，获得 SpringBoot 测试环境的上下文的支持
@RunWith(SpringRunner.class)
public class SecureCloudStorageSystemApplicationTests {
    @Test                          //使用@Test 注解的一个测试方法
    public void contextLoads(){
    }
}
```

测试者可在 IDEA 中测试该函数，方法如下：右键单击 contextLoads()函数，在弹出的快捷菜单中选择“Run 'contextLoads()'”，如图 5.16 所示。

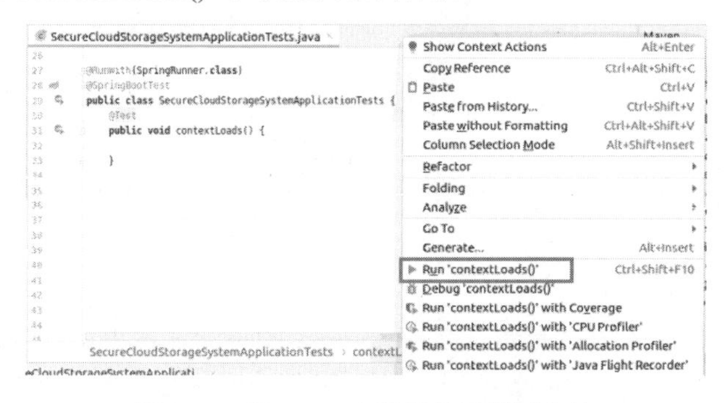

图 5.16　在 IDEA 中运行单元测试方法

函数测试通过后的界面如图 5.17 所示。

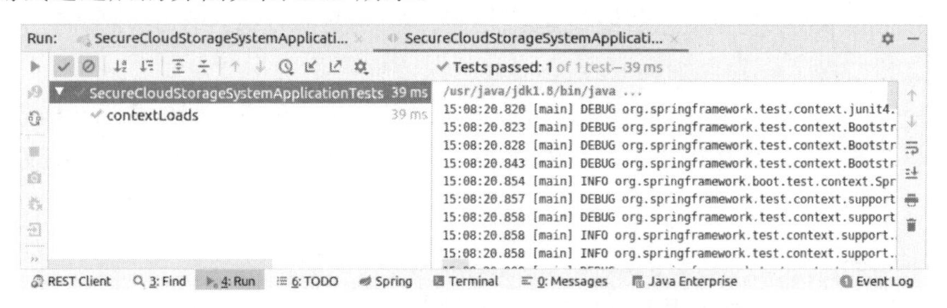

图 5.17　函数测试通过后的界面

在上述测试代码中，每个添加@Test 注解的函数都是一个测试函数，测试者可根据需求添加任意数量的测试函数。除了@Test 注解，JUnit 还提供很多其他常用的注解，以 JUnit5 版本为例，常用的注解如表 5.3 所示。

表 5.3　Junit5 中常用的注解

注　解	描　述
@BeforeAll	在 JUnit4 版本中，名称为@BeforeClass，表示所注解的方法在所有测试方法之前运行，所注解的方法必须为静态方法，方法中可以包含一些初始化代码
@AfterAll	在 JUnit4 版本中，名称为@AfterClass，表示所注解的方法在所有测试方法之后运行，所注解的方法必须为静态方法，方法中可以包含一些清理代码

续表

注　解	描　述
@BeforeEach	在 JUnit4 版本中，名称为@Before，表示该方法在每个测试方法之前运行，所注解的方法为非静态方法，在该方法中运行一些可重新初始化的代码
@AfterEach	在 JUnit4 版本中，名称为@After，表示该方法在每个测试方法之后运行，所注解的方法为非静态方法，在该方法中运行每个测试函数的清除代码
@Tag	给测试函数添加标记，便于测试用例的区分和筛选
@Timeout	表示测试该函数运行时间是否超过特定时间

此外，在 JUnit 中编写测试类时，还需要注意以下几点：

- 测试方法上必须使用@Test 进行修饰；
- 测试方法必须使用 public void 进行修饰，函数不能带任何参数；
- 新建一个源代码目录，用于存放测试代码，以便区分测试代码和项目代码；
- 测试类所在的包名应该和被测试类所在的包名保持一致；
- 测试单元中的每个方法必须可以独立测试，测试方法间不能有任何依赖关系；
- 测试类建议使用 Test 作为类名的后缀；
- 测试方法建议使用 test 作为方法名的前缀。

更多关于 JUnit 单元测试的内容，可参考 JUnit 官方文档[2]。

（2）服务端函数单元测试。在服务端程序开发过程中，很多 Service 层和 Repository 层的函数均需要进行单元测试，下面分别介绍这些函数的单元测试方法。

① Service 层函数单元测试方法。下面以 DatabaseSerImpl 类中的数据库加/解密函数为例介绍 Service 层函数单元测试的方法。

在 SecureCloudStorageSystemApplicationTests 测试类中添加如下测试代码：

```
@Autowired
DatabaseSerImpl databaseser;              //注入 Service 层的 DatabaseSerImpl 类
@Test
public void testAlgorithm() {
    String plaintext = UUID.randomUUID().toString().replaceAll("-", "");        //生成随机的明文数据
    String key = "xxxxx";                //定义数据加密密钥
    //调用 Service 层的数据加密方法对数据进行加密
    byte[] encryptout = databaseser.aesCbcEncrypt(key, plaintext. getBytes());
    //对密文数据进行 BASE64 编码
    String encryptoutbase64 = Base64.getEncoder().encodeToString(encryptout);
    //对数据进行 BASE64 解码
    byte[] encryptedBytes = Base64.getDecoder().decode(encryptoutbase64);
    //调用 Service 层的数据解密方法对数据进行解密
    byte[] bytes = databaseser.aesCbcDecrypt(key, encryptedBytes);
    String decrypts = new String(bytes); //将解密后的数据转成 String 类型
    assertEquals(plaintext, decrypts);   //对比明文数据和解密后的数据是否相同
}
```

Service 层的 DatabaseSerImpl 类可以直接注入到测试类中，无须再进行任何处理，可以在测试代码中直接调用注入类的方法。测试方法最后使用断言来判断加密前的数据和解密后的

数据是否相同。Service 层函数单元测试如图 5.18 所示。

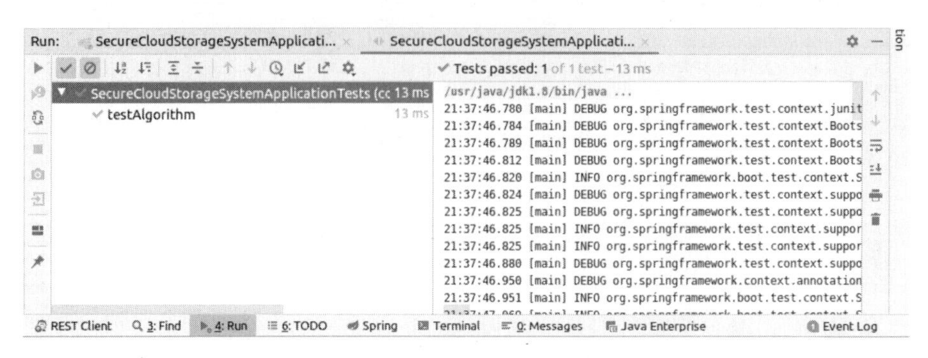

图 5.18 Service 层函数单元测试

② Repository 层函数单元测试方法。下面以写入审计信息为例介绍 Repository 层函数单元测试的方法。

在进行数据库测试时，有时不希望将测试数据写入数据库，而希望测试完成后将测试数据进行回滚删除。SpringBoot 单元测试提供数据库回滚功能，实现方法如下：

```
//配置单元测试完成后默认会将数据回滚
@AutoConfigureTestDatabase(replace = AutoConfigureTestDatabase.Replace. NONE)
//测试类继承自单元测试的数据库事务类
public class SecureCloudStorageSystemApplicationTests extends AbstractTransactionalJUnit4Spring
                                                                        ContextTests {
    @Autowired
    AuditRepository auditrepository;                                 //注入 Repository 层类
    @Test
    public void testRepository() {
        LocalDateTime currentTime = LocalDateTime.now();        //获取当前时间
        //检查参数是否合法
        AuditEntity auditentity = new AuditEntity();     //实例化审计日志实体类
        auditentity.setTime(currentTime);                //设置当前时间
        auditentity.setIpaddress("xx.xx.xx.xx");         //设置 IP 地址
        auditentity.setUsername("xxxx");                 //设置用户名
        /*此处省略了设置实体类中的其他变量*/
        //调用 Repository 层的 save()方法保存数据
        AuditEntity saveresult = auditrepository.save(auditentity);
        //使用断言判断保存到数据库中的 IP 地址是否和数据元信息一致
        assertEquals(auditentity.getIpaddress(), saveresult.getIpaddress());
    }
}
```

Repository 层函数单元测试如图 5.19 所示。

（3）服务端网络接口单元测试。服务端开放的各个网络接口也需要进行单元测试，下面以数据列出接口为例（该接口的实现方法请参考 4.2.7.1 节）介绍具体的测试方法。

第一步，在 SecureCloudStorageSystemApplicationTests 测试类中加入如下注解：

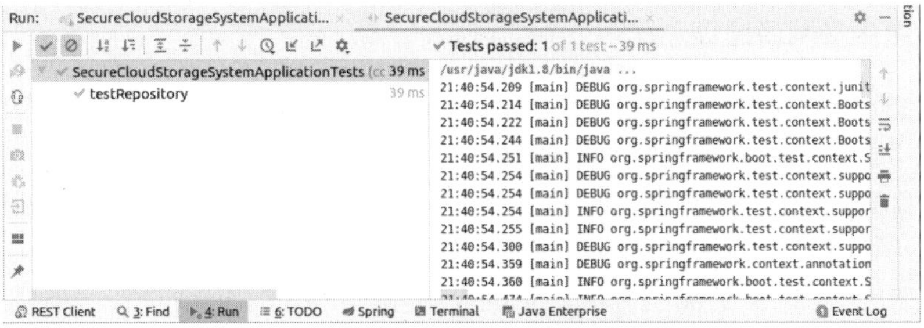

图 5.19　Repository 层函数单元测试

```
@WebAppConfiguration
@AutoConfigureMockMvc
```

第二步，在测试类中添加测试函数，代码如下：

```
@Autowired
private MockMvc mockmvc;                                        //注入 MockMvc 类
@Test
public void testfolderstructurelist() throws Exception {
    JSONObject param = new JSONObject();                        //实例化 JSON 对象
    param.put("method","folderstructurelist");                  //JSON 对象中添加 method 值
    param.put("timestamp","folderstructurelist");               //JSON 对象中添加 timestamp 值
    param.put("version","1.0");                                 //JSON 对象中添加 version 值
    String paraJson = JSONObject.toJSONString(param);           //JSON 对象转 String 类型
    String sessionid = "xxx";                                   //定义 sessionid 的值
    //设置发送请求的地址
    MvcResult mvcresult =mockmvc.perform(MockMvcRequestBuilders.post ("/folderstructurelist")
    .header("sessionid",sessionid)                              //设置消息头 sessionid 的值
    .contentType(MediaType.APPLICATION_JSON)                    //设置请求参数的类型
    .content(paraJson))                                         //设置发送请求 Body 的内容
    .andReturn();
    String ret = mvcresult.getResponse().getContentAsString();       //获取服务端返回数据
}
```

第三步，执行上述测试函数，运行效果如图 5.20 所示。

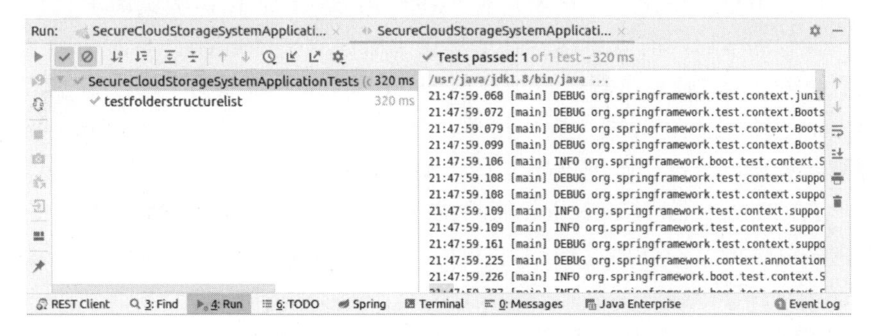

图 5.20　网络接口单元测试运行效果

5.2.2.2 服务端网络通信测试

除了单元测试，服务端还需对网络通信功能进行测试。与服务端网络接口单元测试不同，服务端网络通信测试通过 IDEA 自带的网络测试工具模拟发送 HTTP 请求，测试网络通信功能是否正常。IDEA 自带了两种网络测试工具，即 REST Client 和 HTTP Requests Collection，下面分别介绍这两种网络测试工具的具体使用方法。

（1）基于 REST Client 的测试方法。下面介绍基于 REST Client 进行服务端网络通信测试的具体过程。

第一步，在 IDEA 菜单栏中选择“Tools→HTTP Client→Test RESTful Web Service”，打开 REST Client 界面，如图 5.21 所示。

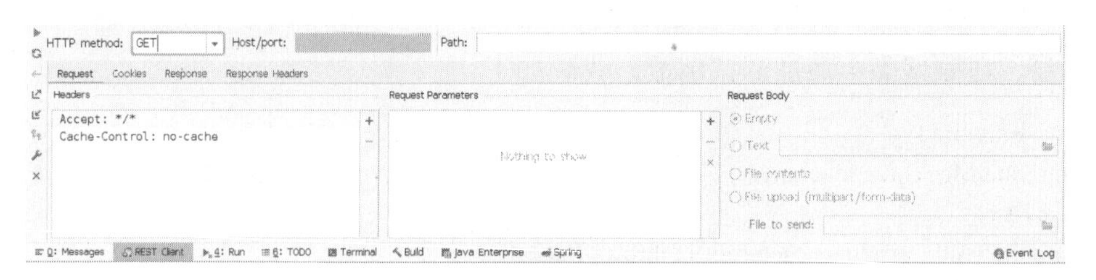

图 5.21 REST Client 界面

第二步，在 REST Client 界面中编辑和填写网络请求，具体操作包括：

① 在“HTTP method”选项中选择 HTTP 请求类型，如 GET、POST、PUT、PATCH、DELETE、HEAD、OPTIONS，常用的网络请求类型是 GET 和 POST。

② 在“Host/port”输入框中填写请求的服务器 IP 地址和端口。

③ 在“Path”输入框中填写服务应用路径和详细的接口路径名称。

④ 若需在 HTTP 请求中添加“Header”字段，则在“Headers”中单击加号按钮进行添加设置，如添加“Content-Type”的类型为“application/json”。

⑤“Request Parameters”是请求参数，添加方式和“Header”字段类似。

⑥“Requst Body”是请求 Body，在使用 POST 请求时，可将请求参数添加至 Body 中进行传输。

⑦ 在“Cookies”标签中添加和编辑 Cookie 信息。

第三步，请求信息填写完毕后单击运行按钮，执行 HTTP 接口测试请求。

第四步，查看测试返回的信息内容，如单击“Response Headers”标签可查看响应信息的头部，若响应码为 200，则表示测试成功；单击“Respone”标签可查看实际响应的内容。

REST Client 提供可视化界面，操作简单，使用方便，适合单个网络接口的实时测试。由于在测试时需要手动单击执行，因此不支持自动化测试。

（2）基于 HTTP Requests Collection 的测试方法。下面介绍基于 HTTP Requests Collection 进行服务端网络通信测试的具体过程，包括测试单个网络请求和同时测试多个网络请求。

① 测试单个网络请求。

第一步，在 IDEA 菜单栏中选择“Tools→HTTP Client→Open HTTP Requests Collection”，打开网络请求类型选择框，如图 5.22 所示。

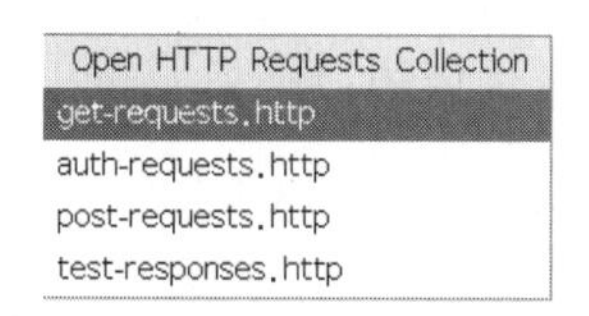

图 5.22　网络请求类型选择框

选择“get-requests.http”后，界面显示 GET 请求的示例脚本；选择“auth-requests.http”后，界面显示含有认证信息的网络请求的示例脚本；选择“post-requests.http”后，界面显示 POST 请求的示例脚本；选择“test-responses.http”后，界面显示系统提供的示例测试脚本，这些测试脚本为只读模式，仅供参考和试用，不能编辑修改，在实际使用时还需新建 HTTP Requests 文件。

第二步，在项目的“src/test/java/”包名目录下新建 test_folderstructurelist.http 文件，以数据列出接口为例进行测试。右键单击包名，在弹出的快捷菜单中选择“New→New HTTP Request”，输入“test_folderstructurelist”文件名即可新建测试脚本文件，如图 5.23 所示。

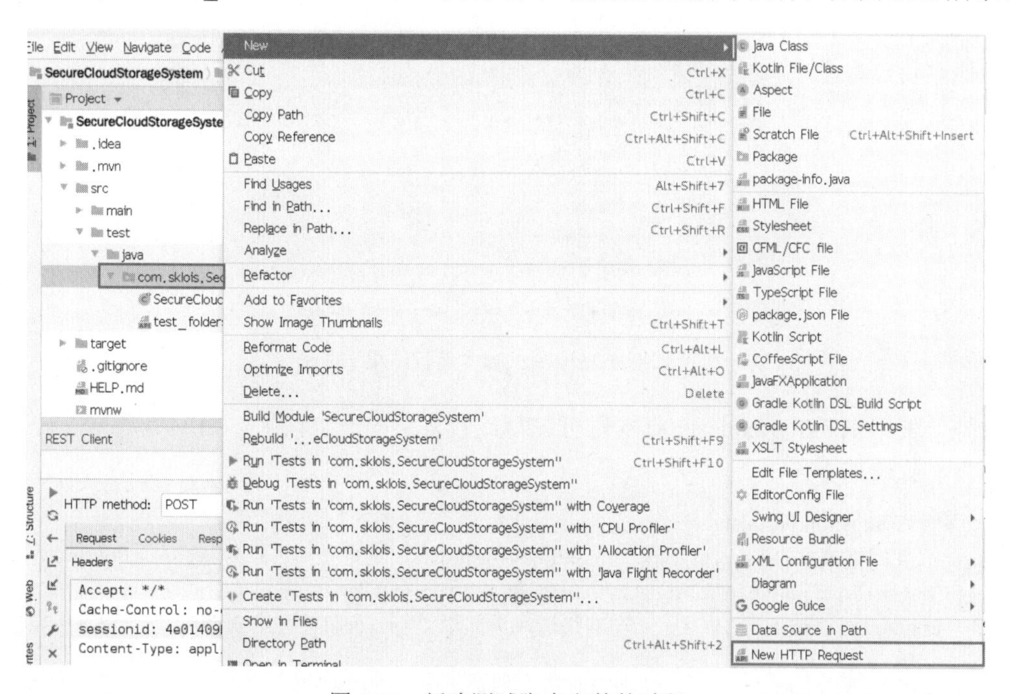

图 5.23　新建测试脚本文件的过程

第三步，编写测试脚本。测试脚本内容默认为空，可根据上述示例脚本编写针对数据列出接口的测试脚本，代码如下：

```
POST https://ip:port/folderstructurelist
Accept: */*
Cache-Control: no-cache
sessionid: xxxxx
Content-Type: application/json

{"method":"folderstructurelist","timestamp":"2019-10-22 13:01:30","version":"1.0"}
```

第四步，单击测试脚本左侧的运行按钮，在弹出框中单击运行按钮，如图 5.24 所示。

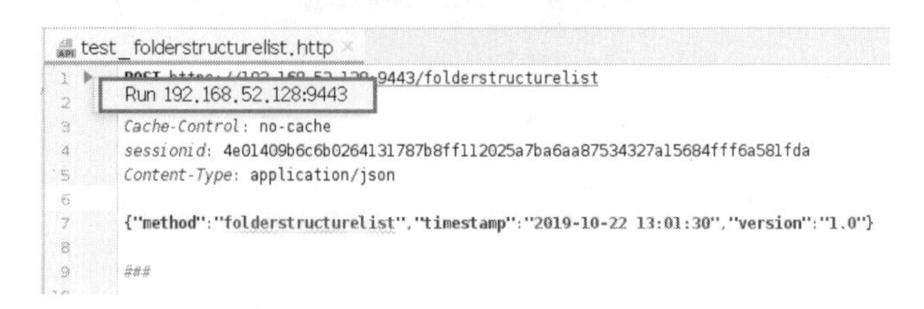

图 5.24　运行测试脚本

第五步，在 IDEA 的 Run 输出窗口中查看网络返回结果。测试脚本运行结果，如图 5.25 所示。

图 5.25　测试脚本运行结果

此外，使用 HTTP Requests 脚本也可编写比较复杂的网络请求，如编写数据上传的网络请求脚本，代码如下：

```
POST https://ip:port/dataupload                              //POST 请求的网址
//设置网络请求的 Content-Type 为 multipart/form-data，设置分割边界为 WebAppBoundary
Content-Type: multipart/form-data; boundary=WebAppBoundary
sessionid:xxxxxxxx                //在网络请求头部添加 sessionid 字段和对应的值

--WebAppBoundary
Content-Type: application/octet-stream                       //设置发送的类型为二进制数据流
//设置上传的内容为文件类型，文件名为 filename
Content-Disposition: form-data; name="file";filename="filename"
metadata:{"filename":"xxx","fileuniqueid":"xxxx",…}  //设置数据元信息 metadata 的值
cipherindex:{"xxxxxxxxxxxx":x,…}                             //设置密文索引 cipherindex 的值
encryptkey:xxxxxxxxxxxxxxxxxxxxx                             //设置 encryptkey 的值

< dir/filename                                               //上传文件的本地路径
--WebAppBoundary
```

使用该脚本即可对数据上传接口进行测试。

② 同时测试多个网络请求。在一个测试脚本中可以同时编写多个请求，每个请求使用“###”隔开。然而，多个请求可能使用相同的网址、端口或参数，当请求数量很多时则容易出现大量重复内容；同时，若某个参数发生改变，则需修改多处内容。为了避免这种情况的发生，就需要使用参数配置方法，下面介绍具体测试过程。

第一步，在与测试脚本同级的目录下新建参数配置文件 http-client.env.json，在其中添加网络地址和端口，如图 5.26 所示。

```
http-client.env.json
1 {
2   "model": {
3     "host": "https://192.168.52.128",
4     "port": 9443
5   }
6 }
```

图 5.26　在 http-client.env.json 文件中添加网络地址和端口

第二步，修改测试脚本。将原测试脚本中的网络地址和端口修改为参数配置文件中定义的变量名称，并用双花括号包括封装，如图 5.27 所示。

```
test_folderstructurelist.http
1 POST {{host}}:{{port}}/folderstructurelist
2 Accept: */*
3 Cache-Control: no-cache
4 sessionid: 4e01409b6c6b0264131787b8ff112025a7ba6aa87534327a15684fff6a581fda
5 Content-Type: application/json
6
7 {"method":"folderstructurelist","timestamp":"2019-10-22 13:01:30","version":"1.0"}
8
9 ###
```

图 5.27　修改后的测试脚本

第三步，单击左侧运行按钮，然后单击“Run with'mode1'environment”，运行测试脚本，如图 5.28 所示。

```
test_folderstructurelist.http
1  Run with 'model' environment   ...ructurelist
2  Run {{host}}:{{port}}
3
4 sessionid: 4e01409b6c6b0264131787b8ff112025a7ba6aa87534327a15684fff6a581fda
5 Content-Type: application/json
6
7 {"method":"folderstructurelist","timestamp":"2019-10-22 13:01:30","version":"1.0"}
8
9 ###
```

图 5.28　运行测试脚本

注意： 参数配置文件的默认文件名是 http-client.env.json，且必须保存在当前项目中。

5.3 安全云存储系统的发布

测试工作完成后，即可对系统进行打包和发布，包括客户端打包和服务端打包发布两部分，本节分别介绍具体操作方法。

5.3.1 客户端打包

客户端打包过程包括添加管理员权限、生成发布程序、打包依赖库和生成客户端安装包等步骤，下面分别进行介绍。

5.3.1.1 添加管理员权限

为了防止打包后的客户端软件在安装和运行时出现权限不足的情况，需对添加管理员权限，具体实现方法如下：

第一步，在项目的根目录下新建 administrator.manifest 文件，添加如下代码：

```
<?xml version="1.0" encoding="UTF-8" standalone="yes"?>
<assembly xmlns="urn:schemas-microsoft-com:asm.v1" manifestVersion="1.0">
<assemblyIdentity
    version="1.0.0.0"
    processorArchitecture="X86"
    name="mulitray.exe.manifest"
    type="win32"
/>
<trustInfo xmlns="urn:schemas-microsoft-com:asm.v3">
    <security>
        <requestedPrivileges>
            <requestedExecutionLevel level="requireAdministrator" uiAccess= "false"/>
        </requestedPrivileges>
    </security>
</trustInfo>
</assembly>
```

第二步，在项目的根目录下新建 admin.rc 文件，添加如下代码：

```
IDI_ICON1 ICON DISCARDABLE "./resources/img/logo.ico"
1 24 administrator.manifest
```

第三步，在 SecurityCloudStorageClient.pro 文件中添加如下代码：

```
RC_FILE += \
    admin.rc
```

5.3.1.2 生成发布程序

在客户端打包时需要生成程序的发布版本，具体操作过程如下：

第一步，单击 Qt 界面左下角的编译选项按钮，如图 5.29 所示。

第二步，在弹出的菜单中选择“Release”，表示此版本为发布版本。

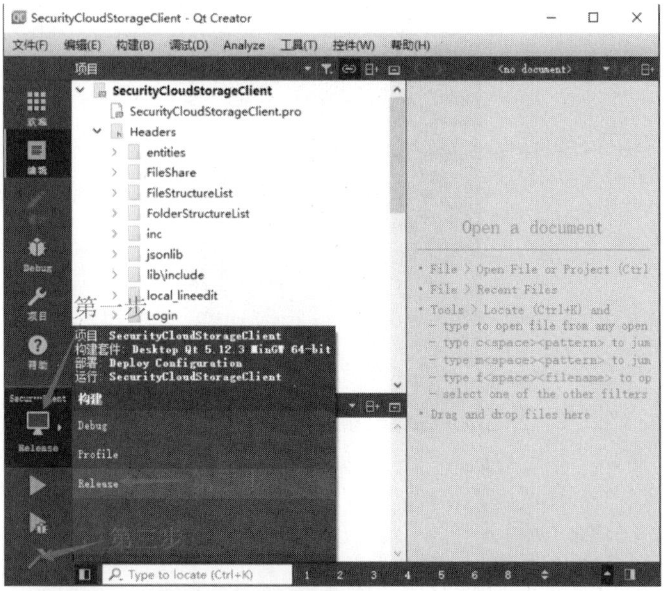

图 5.29　编译客户端程序的发布版本

第二步，编译完成后，打开项目发布版本的生成目录。若该项目的目录为“D:\QtWorkspace\SecurityCloudStorageClient”，则其发布版本的生成目录为“D:\QtWorkspace\build-SecurityCloudStorageClient-Desktop_Qt_5_12_3_MinGW_64_bit-Release\”，发布版本的可执行文件 SecurityCloudStorageClient.exe 在 release 目录中，如图 5.30 所示。

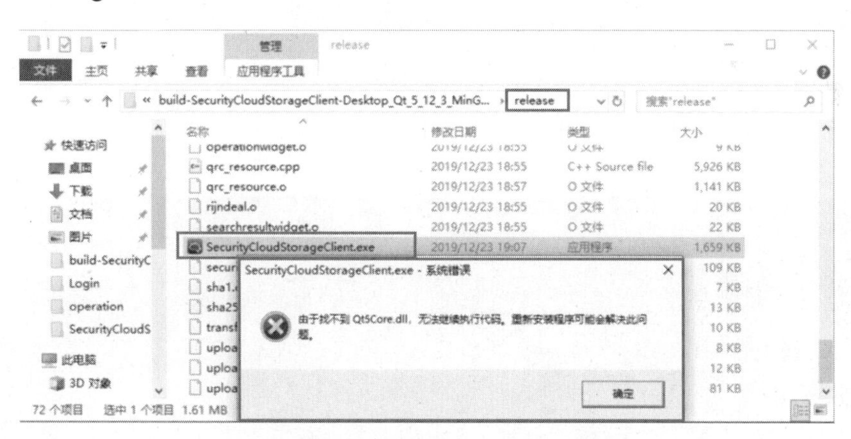

图 5.30　项目发布版本的生成目录

5.3.1.3　打包依赖库

编译生成的可执行文件需要一些依赖库，直接双击可执行文件将提示系统错误。下面介绍使用 Qt 自带的 windeployqt 工具自动添加可执行文件依赖库的具体实现方法。

第一步，新建一个打包目录，如“C:\Users\root\Desktop\package”，将编译生成的可执行文件 SecurityCloudStorageClient.exe 复制至该目录中。

第二步，以本书使用的 Qt 版本为例，单击 Windows 操作系统的“开始→Qt 5.12.3→Qt 5.12.3(MinGW 7.3.0 64-bit)”，如图 5.31 所示，打开命令行窗口。

Qt 5.12.3
Assistant 5.12.3 (MinGW 7.3.0 6...
Assistant 5.12.3 (MSVC 2017 64...
Designer 5.12.3 (MinGW 7.3.0 6...
Designer 5.12.3 (MSVC 2017 64...
Linguist 5.12.3 (MinGW 7.3.0 64...
Linguist 5.12.3 (MSVC 2017 64-...
Qt 5.12.3 (MinGW 7.3.0 64-bit)
Qt 5.12.3 (MSVC 2017 64-bit)
Qt 5.12.3 for UWP x64 (MSVC 2...

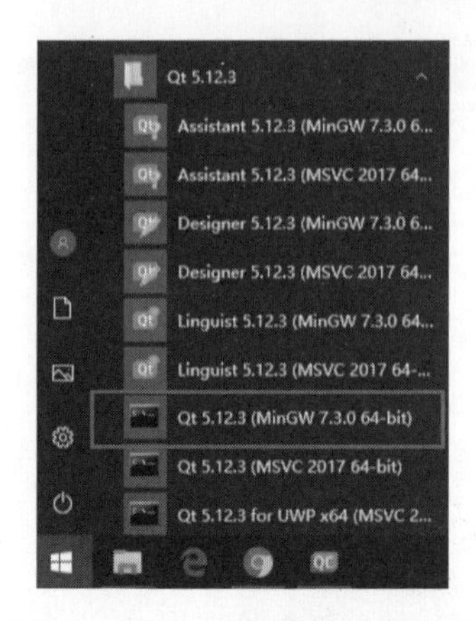

图 5.31　打开命令行窗口的方法

第三步，在命令行窗口中输入命令，切换至打包目录“C:\Users\root\Desktop\package”，如图 5.32 所示。

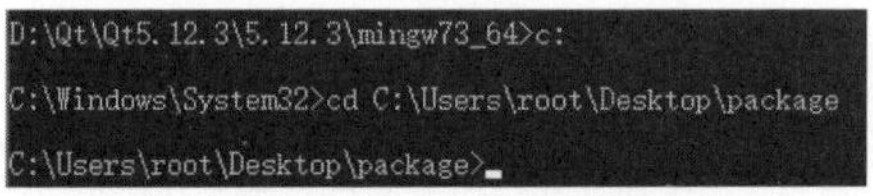

D:\Qt\Qt5.12.3\5.12.3\mingw73_64>c:
C:\Windows\System32>cd C:\Users\root\Desktop\package
C:\Users\root\Desktop\package>

图 5.32　切换至打包目录

第四步，执行如下命令：

```
windeployqt SecurityCloudStorageClient.exe
```

通过 windeployqt 工具将可执行文件的依赖库自动复制至当前打包目录下，运行结果如图 5.33 所示。

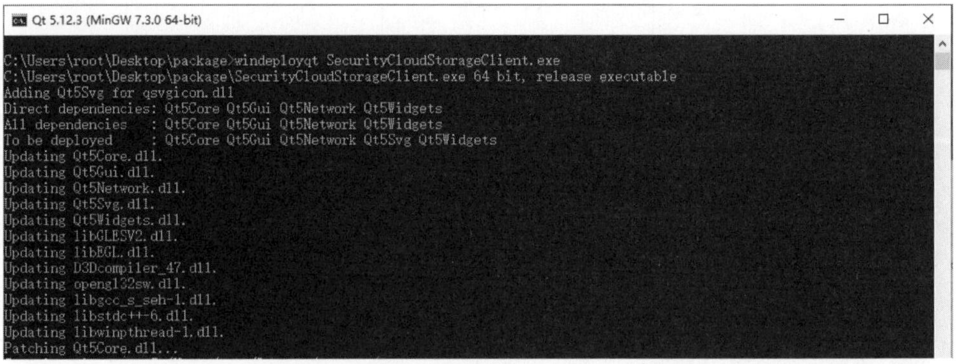

Qt 5.12.3 (MinGW 7.3.0 64-bit)
C:\Users\root\Desktop\package>windeployqt SecurityCloudStorageClient.exe
C:\Users\root\Desktop\package\SecurityCloudStorageClient.exe 64 bit, release executable
Adding Qt5Svg for qsvgicon.dll
Direct dependencies: Qt5Core Qt5Gui Qt5Network Qt5Widgets
All dependencies : Qt5Core Qt5Gui Qt5Network Qt5Widgets
To be deployed : Qt5Core Qt5Gui Qt5Network Qt5Svg Qt5Widgets
Updating Qt5Core.dll.
Updating Qt5Gui.dll.
Updating Qt5Network.dll.
Updating Qt5Svg.dll.
Updating Qt5Widgets.dll.
Updating libGLESV2.dll.
Updating libEGL.dll.
Updating D3Dcompiler_47.dll.
Updating opengl32sw.dll.
Updating libgcc_s_seh-1.dll.
Updating libstdc++-6.dll.
Updating libwinpthread-1.dll.
Patching Qt5Core.dll...

图 5.33　使用 windeployqt 工具复制可执行文件的依赖库到打包目录

第五步，命令执行完成后，打包目录中便生成了发布客户端可执行文件所需的依赖包，包括 dll 和 qm 文件等，如图 5.34 所示。

此时，双击可执行文件，便可直接运行。

图 5.34　可执行文件的依赖库中的文件

注意：windeployqt 工具只解决 Qt 系统库的依赖问题，不解决外部库依赖问题，所以当程序需要依赖外部库时，还需要手动将外部依赖库复制至发布文件夹中。此外，windeployqt 工具除了能够解决可执行文件的依赖库，还可解决动态库的依赖问题，操作方法与解决可执行文件的依赖库的方法一样。

5.3.1.4　生成客户端安装包

将客户端可执行文件和依赖库打包到一个目录中后，还需要生成一个完整的可发布的安装包。下面介绍使用专业打包工具 NSIS（Nullsoft Scriptable Install System）生成客户端安装包的具体过程。

第一步，下载安装 NSIS。NSIS 是一个专业开源的 Windows 安装程序制作工具，包括 NSIS 编译器和 HM NIS Edit 两部分，其中 NSIS 编译器用于打包软件，HM NIS Edit 用于编写 NSIS 脚本，二者的安装包可在 NSIS 官网中获取[3,4]。

第二步，NSIS 编译器和 HM NIS Edit 安装完成后，打开 HM NIS Edit，单击文件，选择“新建脚本向导”。软件打包向导如图 5.35 所示。

第三步，单击“下一步”按钮，设置应用程序信息，包括应用程序名称、应用程序版本、应用程序出版人和应用程序网站，如图 5.36 所示。

图 5.35　软件打包向导

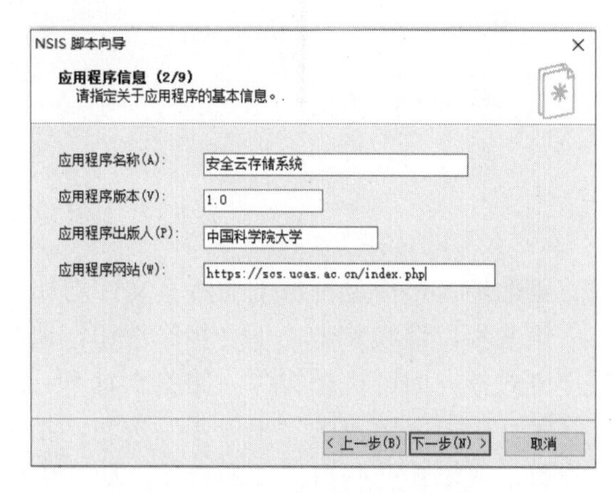

图 5.36　设置应用程序信息

第四步，设置完成后单击“下一步”按钮，在新弹出的对话框中设置安装程序图标和安装程序文件，选择安装程序语言为“SimpChinese”，设置完成后继续单击“下一步”按钮，如图 5.37 所示。

第五步，在弹出的对话框中设置授权文件。用户可自行新建一个 txt 文件或 rft 文件并写入软件授权信息，其他保留默认设置，设置完成后继续单击“下一步”按钮，如图 5.38 所示。

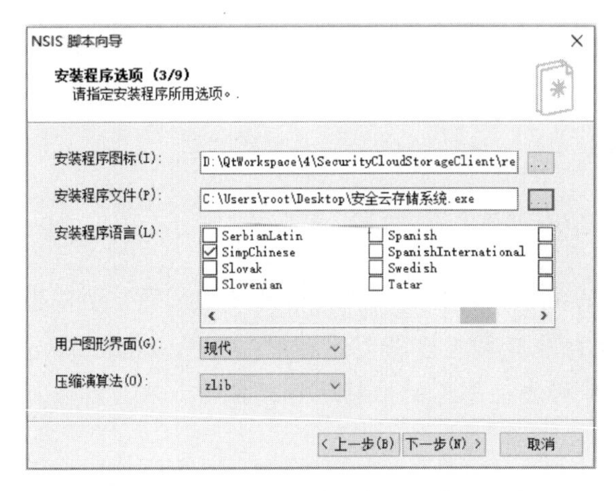

图 5.37　设置安装程序图标、文件和语言

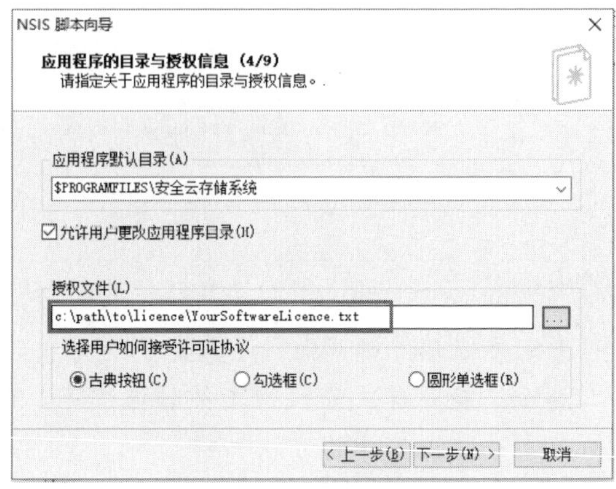

图 5.38　设置授权文件

第六步，选择需要打包的应用程序文件。首先将箭头所指的“c:\path\to\file\AppMainExe.exe”和“c:\path\to\file\Example.file”删除，然后单击上方树状图按钮，选择需要发布的*.exe 程序所在的目录，在“目的目录”中选择“$INSTDIR”，其余保留默认设置，单击“确定”按钮，如图 5.39 所示。

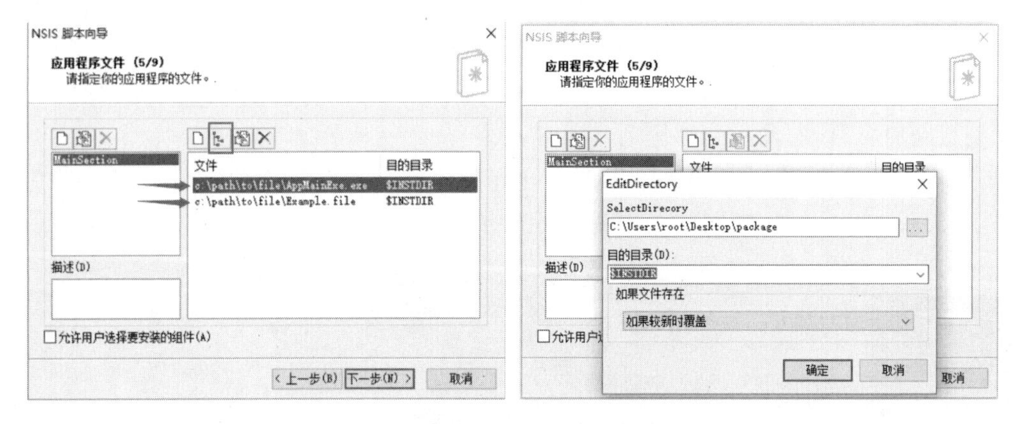

图 5.39　选择需要打包的应用程序文件

第七步，将指定目录下的所有文件均加载至界面中，如图 5.40 所示。

第八步，继续单击“下一步”按钮，选择应用程序创建方式，单击“编辑”标签，设置快捷方式指向的可执行文件，如图 5.41 所示。

第九步，继续单击“下一步”按钮，指定当安装程序完成时需要运行的动作，可保留默认设置，或添加一些自定义的自述，如汉化说明等，如图 5.42 所示。

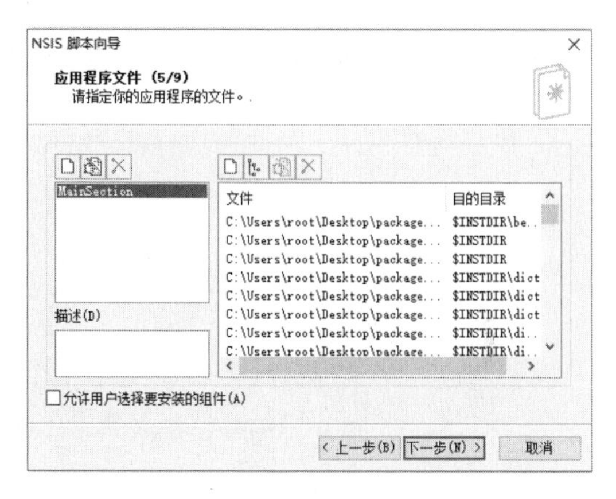

图 5.40　将指定目录下的所有文件加载至界面中

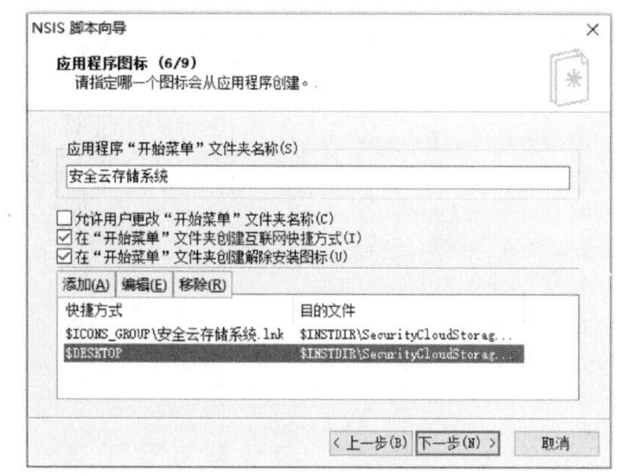

图 5.41　选择应用程序创建方式

第十步，继续单击“下一步”按钮，修改解除安装程序图标，其他项保留默认设置，如图 5.43 所示。

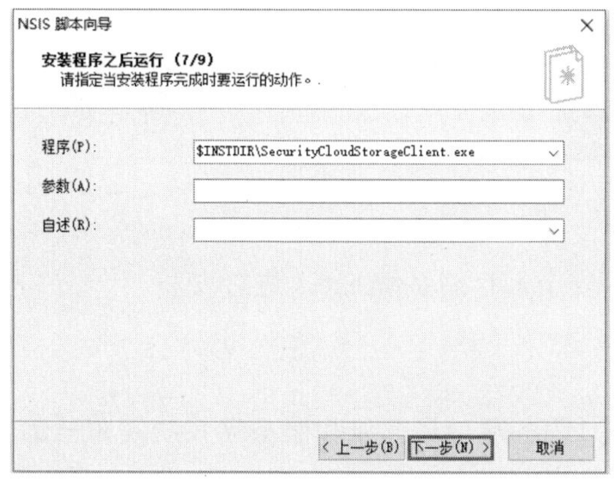

图 5.42　当安装程序完成时要运行的动作

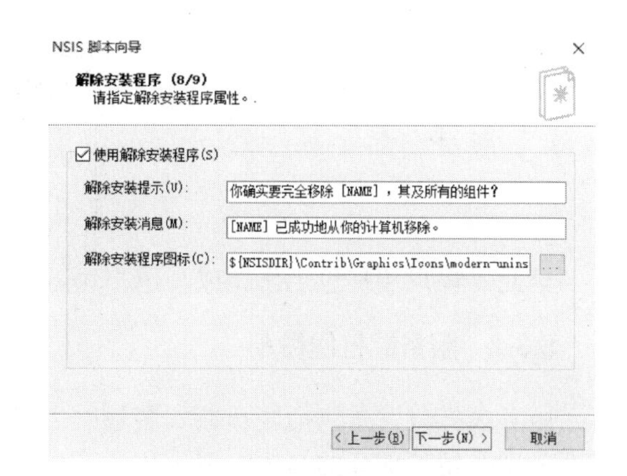

图 5.43　解除安装程序的设置

第十一步，继续单击“下一步”按钮，在向导已完成界面中选中“保存脚本”“转换文件路径到相对路径”复选框，如图 5.44 所示。

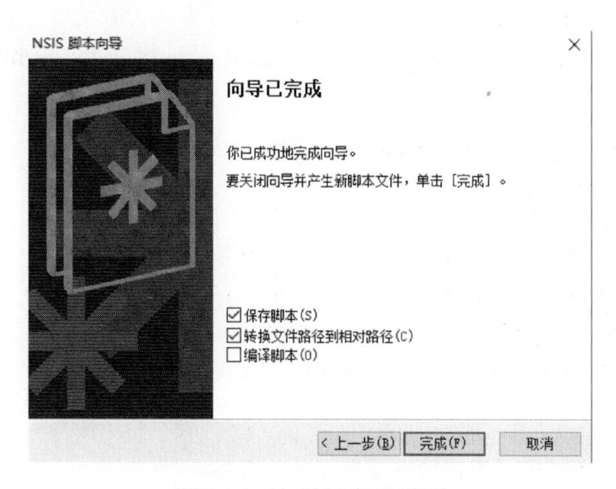

图 5.44　向导已完成界面

第十二步，单击“完成”按钮后进入编译脚本界面，单击编译脚本按钮进行编译，如图 5.45 所示。

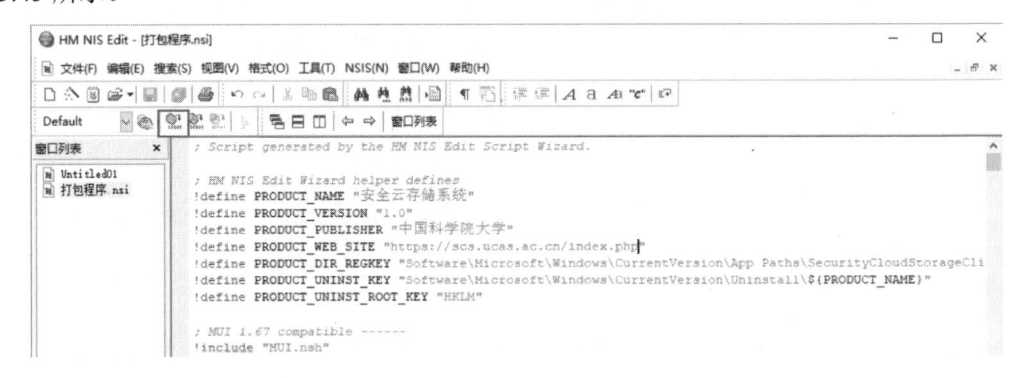

图 5.45　进行编译

编译完成后，生成的客户端安装包“安全云存储系统.exe”如图 5.46 所示。

图 5.46　生成的客户端安装包

至此，客户端打包工作完成，用户可双击“安全云存储系统.exe”进行安装。

5.3.2　服务端打包发布

服务端打包发布包括客户端安装包网上发布、服务端项目打包和服务端系统发布三部分，下面分别介绍各部分的具体实现过程。

5.3.2.1　客户端安装包网上发布

安全云存储系统的客户端安装包需要发布至安全云存储系统的网站上，以便用户进行下载。在 5.1.1 节中已经介绍了最新版本信息获取接口的实现方法。

第一步，在服务端项目的“resources/static”目录下新建 index.html 网页文件，代码如下：

```
<!DOCTYPE html>
<html lang="en" data-ng-app="downloadfileapp">
<head >
    <meta charset="UTF-8">
    <title>安全云存储系统</title>
    <script type="text/javascript" src="./jquery.min.js"></script>
    <script type="text/javascript" src="./angular.min.js"></script>
    <script type="text/javascript" src="./index.js"></script>
</head>
<body data-ng-controller="downloadfilecontroller">
<h1 align="center">安全云存储系统客户端下载</h1>
<div style="text-align: center;">
```

```
        <tr align="center">
            <td>
                <button type="button" ng-click=ng_Func_Downloadfile()>客户端下载</button>
            </td>
        </tr>
    </div>
    </body>
    </html>
```

以上网页的代码依赖了开源的 JavaScript 的库文件 angular.min.js 和 angular.min.js，用户使用浏览器访问“https://jquery.com”和“https://www.angularjs.net.cn”即可下载这两个 JavaScript 库文件，这两个文件同样放置在服务端项目的“resources/static”目录下。

第二步，在服务端项目的“resources/static”目录下编写网页依赖的 index.js 文件，代码如下：

```
var app = angular.module('downloadfileapp', []);
app.controller('downloadfilecontroller', ['$scope' , '$http', '$window', function ($scope , $http, $window) {
    $scope.ng_Func_Downloadfile = function () {
        if (!$window.saveAs) {
            !$window.saveAs && $window.console.log('Your browser dont support ajax download,
                                                    downloading by default');
            $window.open('/client/安全云存储系统.exe');
        } else {
            $http({
                method: 'POST',
                url: '/client/安全云存储系统.exe'
            }).then(function successCallback(response) {
                //请求成功执行代码
                var bin = new $window.Blob([response]);
                deferred.resolve(response);
                $window.saveAs(bin, toFilename);
            }, function errorCallback(response) {
                console.log("failed " + response);
            });
        }
    };
}]);
```

第三步，启动服务端程序，使用浏览器访问“https://ip:port/index.html”，下载安全云存储系统的客户端安装包。客户端下载界面如图 5.47 所示。

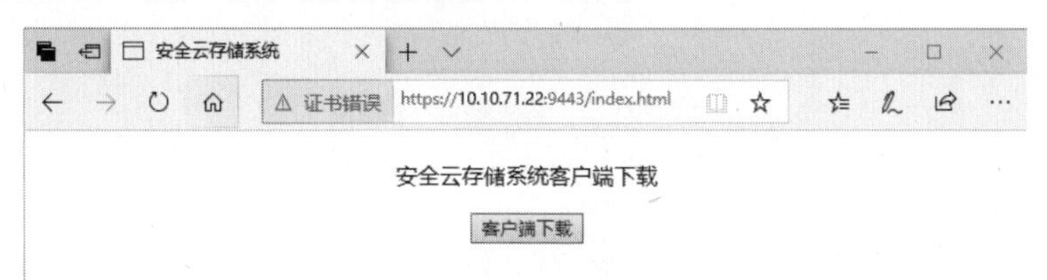

图 5.47　客户端下载界面

5.3.2.2　服务端项目打包

服务端程序开发完成后，为了便于发布，需要打包生成可直接运行的程序。常见的打包方式包括 Jar 包和 War 包两种，下面分别介绍具体的打包过程。

（1）Jar 包形式。在新建 SpringBoot 项目时，系统默认的打包方式为 Jar 形式。打包方式包括命令行打包和图形界面打包两种，下面分别对其进行介绍。

① 命令行打包。通过命令行对服务端工程进行打包的具体过程如下：

第一步，在 IDEA 的命令行执行窗口中如下命令：

```
mvn package
```

第二步，若运行结果提示 mvn 未找到命令，则需配置 mvn 系统环境变量。打开 Centos 操作系统的“/etc/profile”文件，在文件末尾添加如下代码：

```
export IDEA_MAVEN=/{IDEAPath}/plugins/maven/lib/maven3
export PATH=$IDEA_MAVEN/bin:$PATH
```

其中，IDEAPath 表示 IDEA 的安装目录。

第三步，执行如下命令：

```
source /etc/profile
```

第四步，若运行结果提示权限不足，则需添加权限，代码如下：

```
chmod a+x /{IDEAPath}/plugins/maven/lib/maven3/bin/mvn
```

第五步，在 IDEA 的命令行窗口中执行打包命令来完成打包操作，如图 5.48 所示。

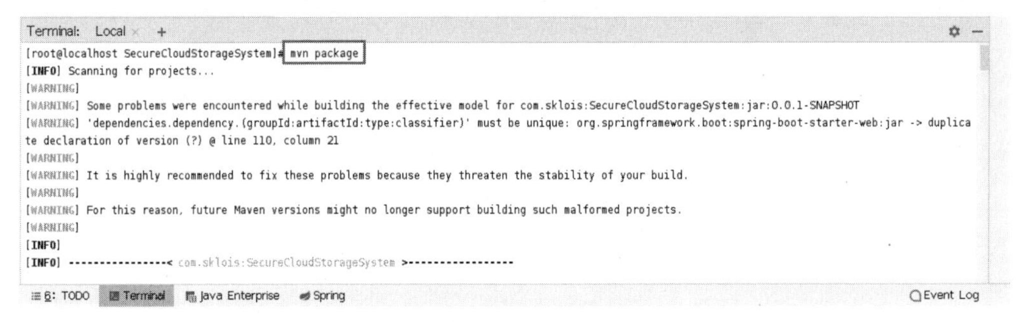

图 5.48　使用命令行打包 Jar 包

② 图形界面打包。在 Maven 窗口中双击 package 进行打包，如图 5.49 所示。

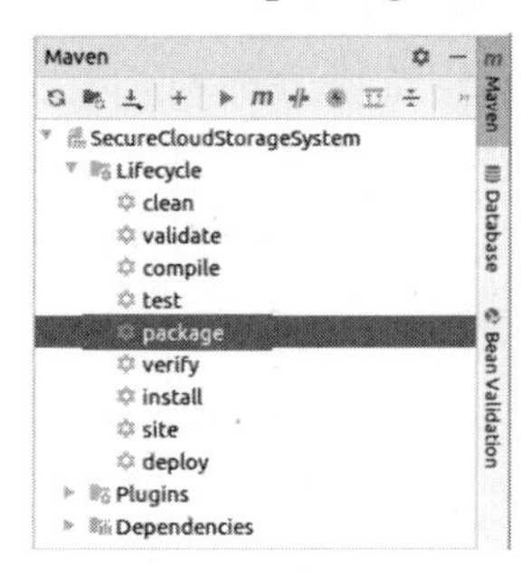

图 5.49　在 Maven 窗口中双击 package 进行打包

打包程序开始运行后，在 IDEA 命令行窗口中将会显示打包信息，包括打包后的存储位置和打包成功等信息，如图 5.50 所示。

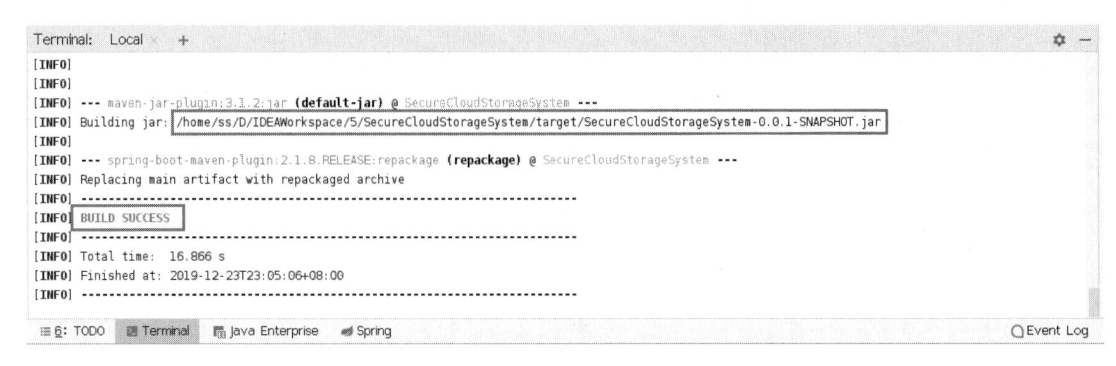

图 5.50　IDEA 命令行窗口中显示的打包信息

通过上述两种方式打包完成后，项目的“target”目录下将会生成服务端 Jar 包，如图 5.51 所示。

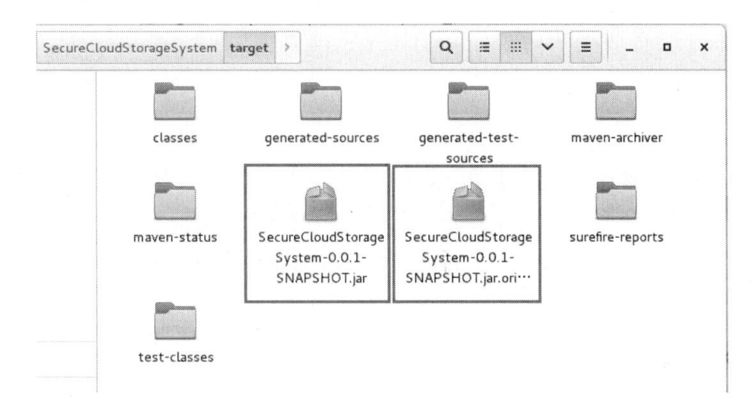

图 5.51　生成的服务端 Jar 包

（2）War 包形式。用户可将 Spring Boot 项目打包方式修改为 War 包形式，只需在配置文件 pom.xml 中将打包方式修改为“war”，如图 5.52 所示。

图 5.52　在配置文件 pom.xml 中修改打包方式

打包方法支持命令行打包和图形界面打包，具体方法请参考Jar包的打包方式，打包完成后项目的“target”目录下将会生成服务端War包，如图5.53所示。

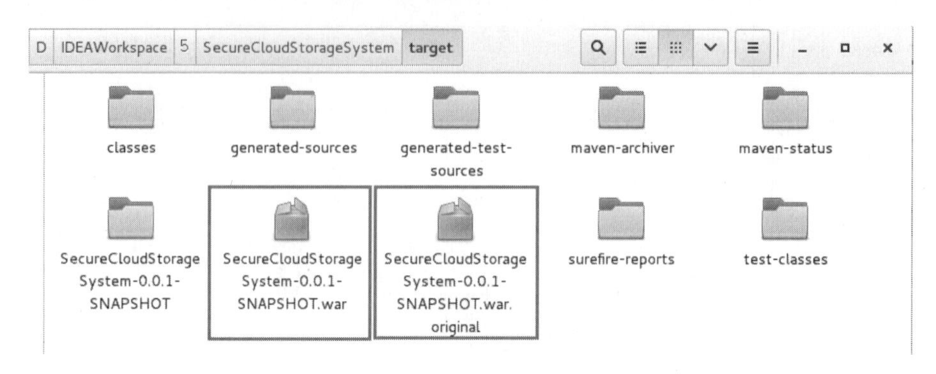

图5.53 生成的服务端War包

5.3.2.3 服务端系统发布

将服务端项目打包成Jar包或War包后，还需要将其注册发布成为一项服务，以便系统管理员通过命令快速开启、关闭或开机启动服务端程序。下面以在Centos7.6中将服务端Jar包注册发布成为Linux服务为例，介绍服务端系统的注册发布的具体过程。注册发布包括基于init.d的注册发布和基于Systemd的注册发布两种，下面分别对其进行介绍。

（1）基于init.d的注册发布。基于init.d将服务端Jar包注册发布成Linux服务的具体过程如下：

第一步，在配置文件pom.xml中将spring-boot-maven-plugin的配置修改为true，如图5.54所示。

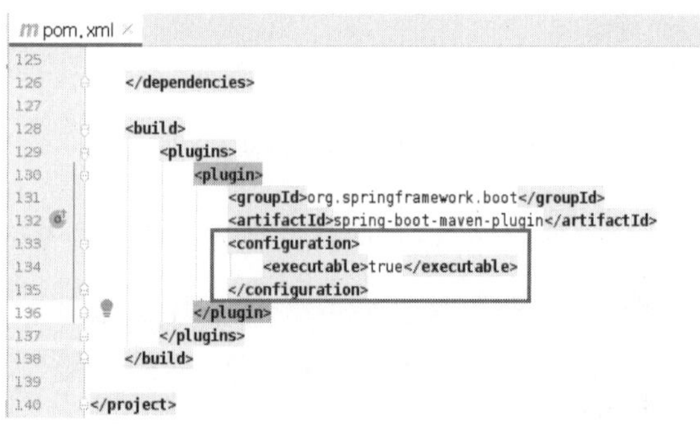

图5.54 在配置文件pom.xml中修改配置

第二步，将打包生成的Jar包复制至Centos7.6的“/var/apps”目录下。

第三步，在Centos7.6的命令行窗口中执行如下命令，将服务端程序注册发布成服务名为“SCSS”的服务：

```
sudo ln –s /var/apps/SecureCloudStorageSystem-0.0.1-SNAPSHOT.jar /etc/init.d/SCSS
```

第四步，通过以下命令快速管理服务。

① 启动服务：

```
service SCSS start
```

② 停止服务：

```
service SCSS stop
```

③ 查看服务状态：

```
service SCSS status
```

④ 开机启动服务：

```
chkconfig SCSS on
```

（2）基于 Systemd 的注册发布。基于 Systemd 将服务端 Jar 包注册发布成 Linux 服务的具体过程如下：

第一步，在“/etc/system/system”目录下新建文件 SCSS.service，并进行如下设置，其中的 Description 和 ExecStart 由开发者根据实际情况修改。

```
[Unit]
Description=SCSS
After=syslog.target

[Service]
ExecStart=java –jar /var/apps/SecureCloudStorageSystem-0.0.1-SNAPSHOT. jar

[Install]
WantedBy=multi-user.target
```

第二步，通过以下命令快速管理服务：

① 启动服务：

```
systemctl start SCSS
```

或

```
systemctl start SCSS.service
```

② 停止服务：

```
systemctl stop SCSS
```

或

```
systemctl stop SCSS.service
```

③ 查看服务状态：

```
systemctl status SCSS
```

或

```
systemctl status SCSS.service
```

④ 开机启动服务：

```
systemctl enable SCSS
```

或

```
systemctl enable SCSS.service
```

⑤ 查看服务日志：

```
journalctl –u SCSS
```

或

```
journalctl –u SCSS.service
```

通过上述方法，安全云存储系统的客户端安装包即可成功发布并上线运行，用户可通过访问安全云存储系统的官方网站下载、安装客户端安装包，从而获取安全、稳定、可靠的云存储服务。

5.4 小结

本章对安全云存储系统的更新、测试和发布进行了详细介绍。

在系统更新方面，分别介绍了服务端版本更新接口的实现方法和客户端在线更新的实现方法。其中，客户端在线更新的实现过程分为在线更新过程的设计、在线更新界面的设计和最新版本安装包的安装三个部分，每一部分均提供了详细的实现步骤、示例代码和关键过程解释，为读者提供了详细的指导。

在系统测试方面，分别介绍了客户端测试方法和服务端测试方法。其中，客户端测试包括客户端单元测试和客户端打印日志测试两种方式。客户端单元测试包括 QTestLib 的使用方法、客户端函数单元测试和客户端界面单元测试三个部分，客户端打印日志测试包括日志打印窗口的设计、日志打印窗口的激活、日志调用接口的定义三个部分。服务端测试包括服务端单元测试和服务端网络通信测试两种方式。服务端单元测试包括 JUnit 的使用方法、服务端函数单元测试和服务端网络接口单元测试三个部分，服务端网络通信测试包括基于 REST Client 的测试和基于 HTTP Requests Collection 的测试两个部分。每一部分均提供了详细的实现步骤、示例代码和关键过程解释，为读者提供了详细的指导。

在系统发布方面，分别介绍了客户端打包方法和服务端打包发布方法。其中，客户端打包包括添加管理员权限、生成发布程序、打包依赖库、生成客户端安装包四个部分，服务端打包发布包括客户端安装包网上发布、服务端项目打包和服务端系统发布三个部分。每一部分均提供了详细的实现步骤、示例代码和关键过程解释，为读者提供了详细的指导。

在安全云存储系统的设计、开发、更新、测试与发布过程中，开发者不仅需要持续学习安全理论知识、动手实践掌握编程实现方法，更需要坚定信心、克服困难，投入充足的时间和精力，最终才能建立一个完善、稳定、安全、可靠的安全云存储系统，并在实践中不断加深对云计算安全和云存储安全的认识和理解。

习题 5

（1）根据系统更新功能的实现过程和示例程序，编程实现客户端在线升级更新功能。

（2）根据客户端单元测试的实现过程和示例程序，完成客户端函数单元测试工作和界面单元测试工作。

（3）根据客户端打印日志测试的实现过程和示例程序，编程练习客户端打印日志测试方法。

（4）根据服务端单元测试的实现过程和示例程序，完成服务端函数单元测试和网络接口单元测试工作。

（5）根据服务端网络通信测试的实现过程和示例程序，编程练习基于 REST Client 的网络通信测试方法和基于 HTTP Requests Collection 的网络通信测试方法。

（6）根据客户端打包的实现过程和示例程序，完成客户端打包工作。

（7）根据服务端发布的实现过程和示例程序，完成服务端发布工作。

参考资料

[1] QTest 官方文档．https://doc.qt.io/qt-5/qtest.html．

[2] JUnit 5 用户指南官方文档．https://junit.org/junit5/docs/current/user-guide/．

[3] NSIS 编译器官方网站．https://nsis.sourceforge.io．

[4] HM NIS Edit 官方网站．http://hmne.sourceforge.net．